FTTx 光纤接入网络工程系列教材

U0159742

FTTx 光纤接入网络工程

(勘察设计篇)

总主编　孙青华

主　编　王　喆　陈佳莹　林　磊

西安电子科技大学出版社

内 容 简 介

本书主要介绍 FTTx 光纤接入网络工程理论基础知识，实践部分重点介绍通信工程建设流程、通信工程概预算、通信工程设计、FTTx 光纤接入网络架构、PON 网络技术等知识，并结合通信工程建设真实场景对其中的重点概念进行详细介绍，同时介绍相关的国家行业技术规范。本书依据 FTTx 在通信网络工程中的发展趋势，结合 FTTx 光纤接入工程实际应用，对一个通信网络从建设初期到建设完毕所需实施的项目一一进行阐述。

本书共 9 章，第 1 章和第 2 章主要介绍通信工程概论及接入网基础理论，第 3 章和第 4 章主要介绍 FTTx 的概念与主要设备材料，第 5 章主要介绍 PON 技术，第 6～9 章主要介绍通信工程的设计基础和概预算的编制。

本书可作为高职院校通信工程技术和通信工程管理专业的教材和参考书，也可作为 FTTx 通信工程建设相关设计人员、施工人员、监理人员和管理人员的培训教材。

图书在版编目(CIP)数据

FTTx 光纤接入网络工程. 勘察设计篇 / 王喆，陈佳莹，林磊主编. —西安：西安电子科技大学出版社，2021.3
ISBN 978-7-5606-5916-9

Ⅰ. ①F… Ⅱ.① 王… ②陈… ③林… Ⅲ. ①光纤接入网—网络工程—工程设计 Ⅳ.①TN915.63

中国版本图书馆 CIP 数据核字(2020)第 215694 号

策划编辑 高 樱
责任编辑 马 凡 雷鸿俊
出版发行 西安电子科技大学出版社(西安市太白南路 2 号)
电 话 (029)88242885 88201467 邮 编 710071
网 址 www.xduph.com 电子邮箱 xdupfxb001@163.com
经 销 新华书店
印刷单位 陕西精工印务有限公司
版 次 2021 年 4 月第 1 版 2021 年 4 月第 1 次印刷
开 本 787 毫米×1092 毫米 1/16 印张 16.5
字 数 389 千字
印 数 1～3000 册
定 价 42.00 元
ISBN 978-7-5606-5916-9 / TN
XDUP 6218001-1
***如有印装问题可调换

前　言

21 世纪第二个十年以来，世界各国为了促进经济发展，打造新的信息环境，分别提出了建设新的高速宽带网络的计划，其中光通信网络是下一代高速宽带网络最重要的实现形式之一。我国政府也在 2013 年提出"宽带中国"战略。自 2013 年"宽带中国"战略实施以来，国内三大运营商大力推进固定宽带网络建设，FTTx 固网光纤接入因具有能承载大带宽、成本低廉等优势成为国内运营商固网宽带主流的建设方式。截至 2019 年 6 月底，三家基础电信企业的固定互联网宽带接入用户总数达 4.35 亿户。其中，光纤接入(FTTH/O)用户为 3.96 亿户，占固定互联网宽带接入用户总数的 91%。我国宽带接入用户持续向高速率迁移，100 Mb/s 及以上接入速率的用户达 3.35 亿户，占总用户数的 77.1%，居全球第一。随着光纤宽带网络大规模推广覆盖，用户量激增，产业规模持续扩大，相关光纤宽带网络建设人才(工程施工人员、工程监理人员、工程设计人员、工程维护人员)成为制约产业发展升级的最大瓶颈。为了满足市场需求，深圳艾优威科技有限公司(IUV-ICT)教学研究室针对FTTx 光纤接入网络工程的初学者，结合 FTTx 光纤接入网络工程实训软件编写了这套 FTTx 接入网络工程系列教材，旨在通过虚拟仿真技术和互联网技术提供专注于实训的教学方案。

本套教材采用 2+1 的结构编写，即 2 本理论教材+1 本实训教材。理论教材根据 FTTx 网络结构并配合 FTTx 实训软件，分为《FTTx 光纤接入网络工程(勘察设计篇)》与《FTTx 光纤接入网络工程(施工管理篇)》，实训教材为《FTTx 光纤接入网络工程(实训指导篇)》。

本书为应用型书籍，知识结构循序渐进、环环相扣，详细介绍了 FTTx 网络原理、FTTx 网络概念及应用场景，并介绍了网络组网方式及从 FTTx 网络工程设计初期项目阶段到后期预算文档编制阶段的整个过程。此外，在书末附有"信息通信建设工程定额宣贯"二维码，可供读者了解。本书涵盖内容广泛并结合实际，难度适中，读者可通过学习本书快速掌握 FTTx 网络知识点，又可通过学习配套的实训教材进行实际操作，加深学习印象。

　　本书由石家庄邮电职业技术学院孙青华教授和 IUV 团队联合编著。第 1～6 章由孙青华编写；第 7～9 章由 IUV 团队王喆、陈佳莹和林磊编写。全书由 IUV 团队统稿。

　　在编写本书的过程中，作者参考了许多专家、学者的研究论文和专著，在此一并表示衷心的感谢。

作　者

2020 年 10 月

目　　录

第 1 章　通信工程概论

 本章内容

- 建设工程的基本概念
- 建设程序及相关工作

 本章重点、难点

- 通信工程的分类
- 通信工程建设程序

 本章学习目的和要求

- 理解建设项目的概念
- 熟悉通信工程的分类
- 掌握通信工程建设程序

 本章学时数

- 建议 6 学时

1.1　建　设　项　目

本节主要介绍建设项目的基本概念、特征和分类。

1.1.1　建设项目的基本概念

1. 建设项目

建设项目按一个总体设计进行建设，经济上实行统一核算，行政上有独立的组织形式，并实行统一管理。凡属于一个总体设计中分期、分批进行建设的主体工程、附属配套工程以及综合利用工程都应作为一个建设项目。不能把不属于一个总体设计的工程，按各种方式归算为一个建设项目；也不能把同一个总体设计内的工程，按地区或施工单位分为几个建设项目。

2. 建设项目与工程的区别

一个建设项目一般可以包括一个或若干个单项工程。

单项工程是指具有单独的设计文件，建成后能够独立发挥生产能力或效益的工程。单项工程是建设项目的组成部分。工业建设项目的单项工程一般是指能够生产出符合设计规定的主要产品的车间或生产线；非工业建设项目的单项工程一般是指能够发挥设计规定的主要能效的各个独立工程，如教学楼、图书馆、通信大楼的建设等。

单位工程是指具有独立的设计，可以独立组织施工的工程。单位工程是单项工程的组成部分。一个单位工程包含若干个分部、分项工程。

通信建设项目的工程设计可按不同通信系统或专业划分为若干个单项工程进行设计。对于内容复杂的单项工程，或一个单项工程分别由几个单位设计施工时，还可将这种单项工程分为若干个单位工程。单位工程根据具体情况由设计单位自行划分。

1.1.2　建设项目的特征

建设项目具有以下几个特征：

(1) 有特定的对象。任何建设项目都有具体的对象，是建设项目的基本特征。根据建设项目的概念，一个建设项目要有一个总体的设计，否则不能称为一个建设项目。

(2) 可进行统一的、独立的项目管理。由于建设项目是一次性的特定任务，是在固定的建设地点，经过专门的设计并应根据实际条件建立一次性组织进行施工生产活动，因此建设项目一般在行政上实行统一管理，在经济上实行统一核算，由一次性的组织机构实行独立的项目管理。

(3) 建设过程具有程序性。一个建设项目从决策开始到项目投入使用，取得投资效益，要遵循必要的建设程序和经历特定的建设过程。

(4) 项目的组织和法律条件。建设项目的组织是一次性的，随项目开始而产生，随项目结束而消亡。项目参加单位之间主要以合同作为纽带而相互联系，同时以合同作为分配工作、划分权利和责任关系的依据。建设项目的建设和运行要遵循相关法律，如建筑合同法、招标投标法等。

1.1.3　建设项目的分类

为了加强建设项目管理，正确反映建设项目的内容及规模，建设项目可按不同标准、原则或方法进行分类。

1. 按投资用途划分

按投资的用途不同，建设项目可以分为生产性建设和非生产性建设两大类。

1) 生产性建设

生产性建设是指直接用于物质生产或用于满足物质生产需要的建设，包括工业建设、建筑业建设、农林水利气象建设、运输邮电建设、商业物资供应建设和地质资源勘探建设。

上述运输邮电建设和商业物资供应建设两项也可以称为流通建设。因为流通过程是生产过程的继续，所以流通过程列入生产建设中。

2) 非生产性建设

非生产性建设一般是指用于满足人民物质生活和文化生活需要的建设，包括住宅建设、文教卫生建设、科学实验研究建设、公用事业建设和其他建设。

2. 按投资性质划分

按投资性质的不同，建设项目可以划分为基本建设项目和技术改造项目两大类。

1) 基本建设项目

基本建设是指利用国家预算内基建拨款投资、国内外基本建设贷款、自筹资金以及其他专项资金进行的，以扩大生产能力为主要目的的新建、扩建等工程的经济活动。长途传输、卫星通信、移动通信及电信机房等类的建设属于基本建设项目。基本建设项目具体包括以下五个方面。

(1) 新建项目：从无到有，"平地起家"，新开始建设的项目。有的建设项目原有基础很小，重新进行总体设计，经扩大建设规模后，其新增加的固定资产价值超过原有的固定资产价值 3 倍以上的，也属于新建项目。

(2) 扩建项目：原有企业和事业单位为扩大原有产品的生产能力和效益或增加新产品的生产能力和效益而新建的主要电信机房或工程等项目。

(3) 改建项目：原有企业和事业单位为提高生产效率，改进产品质量或调整产品方向，对原有设备、工艺流程进行技术改造的项目。有些企业和事业单位为了提高综合生产能力，增加一些附属和辅助设施或非生产性工程，以及企业为改变产品方案而改装设备的项目，也属于改建项目。

(4) 恢复项目：企业和事业单位的固定资产因自然灾害、战争或人为的灾害等原因已全部或部分报废，而后又投资恢复建设的项目。无论是按原来规模恢复建设，还是在恢复的同时进行扩建的都属于恢复项目。

(5) 迁建项目：原有企业和事业单位由于各种原因迁到另外的地方建设的项目。搬迁到另外的地方建设，不论其建设规模是否维持原来的规模，都是迁建项目。

2) 技术改造项目

技术改造是指利用自有资金、国内外贷款、专项基金和其他资金，通过采用新技术、新工艺、新设备和新材料对现有固定资产进行更新、技术改造及其相关的经济活动。通信技术改造项目的主要范围如下：

(1) 现有通信企业增装和扩大数据通信、多媒体通信、软交换、移动通信、宽带接入等设备，以及营业服务的各项业务的自动化、智能化处理设备，或采用新技术、新设备的更新换代及相应的补缺配套工程。

(2) 原有电缆、光缆、微波传输系统、卫星通信系统和其他无线通信系统的技术改造、更新换代和扩容工程。

(3) 原有本地网的扩建增容、补缺配套，以及采用新技术、新设备的更新和改造工程。

(4) 电信机房或其他建筑物推倒重建或移地重建。

(5) 增建、改建的职工住宅以及其他列入改造计划的工程。

3. 按建设阶段划分

按建设阶段不同，建设项目可划分为筹建项目、本年正式施工项目、本年收尾项目、竣工项目和停缓建项目五大类。

1) 筹建项目

筹建项目是指尚未正式开工，只是进行勘察设计、征地拆迁、场地平整等为建设做准备工作的项目。

2) 本年正式施工项目

本年正式施工项目是指本年正式进行建筑安装施工活动的建设项目，包括本年新开工的项目、以前年度开工跨入本年继续施工的续建项目、本年建成投产项目和本年恢复施工的以前年度全部停缓建的项目。

(1) 本年新开工项目：报告期内新开工的建设项目。

(2) 本年续建项目：本年以前已经正式开工，跨入本年继续进行建筑安装和购置活动的建设项目。以前年度全部停缓建，在本年恢复施工的项目也属于续建项目。

(3) 本年建成投产项目：报告期内按设计文件规定建成主体工程和相应配套的辅助设施，形成生产能力(或工程效益)，经过验收合格，并且已正式投入生产或交付使用的建设项目。

3) 本年收尾项目

本年收尾项目是指以前年度已经全部建成投产，但尚有少量不影响正常生产或使用的辅助工程或非生产性工程在报告期继续施工的项目。

4) 竣工项目

竣工项目是指整个建设项目按设计文件规定的主体工程和辅助、附属工程全部建成，并已正式验收移交生产或使用部门的项目。建设项目的全部竣工是建设项目建设过程全部结束的标志。

5) 停缓建项目

停缓建项目是指经有关部门批准停止建设或近期内不再建设的项目。停缓建项目分为全部停缓建项目和部分停缓建项目。

4. 按建设规模划分

按建设规模不同，建设项目可划分为大中型和小型两类。

建设项目大中小型是按项目的建设总规划或总投资确定的。生产单一产品的工业企业，按产品的设计能力划分；生产多种产品的工业企业，按其主要产品的设计能力划分；产品种类繁多，难以按生产能力划分的，按全部投资额划分。新建项目按整个项目的全部设计能力所需要的全部投资划分，改、扩建项目按新增加的设计能力或改、扩建所需要的全部投资划分。对国民经济具有特殊意义的某些项目，如产品为全国服务，或者生产新产品、采用新技术的重大项目，以及对发展边远地区和少数民族地区经济有重大作用，虽然设计能力或全部投资不够大中型标准，但是经国家批准、指定列入大中型项目计划的项目，也要按照大中型项目管理。

根据原邮电部(1987)251 号《关于发布邮电固定资产投资计划管理的暂行规定的通知》，通信固定资产投资计划项目的划分标准分为基建大中型项目和技改限上项目以及基建小型项目和技改限下项目两类。

1) 基建大中型项目和技改限上项目

基建大中型项目是指长度在 500 km 以上的跨省区长途通信电缆、光缆，长度在 1000 km 以上的跨省区长途通信微波，以及总投资在 5000 万元以上的其他基本建设项目。技术改造限上项目是指限额在 5000 万元以上的技术改造项目。

2) 基建小型项目和技改限下项目(即统计中的技改其他项目)

基建小型项目是指建设规模或计划总投资在大中型以下的基本建设项目。技术改造限下项目是指计划投资在限额以下的技术改造项目。

5. 通信建设工程按单项工程划分

通信建设工程按单项工程划分如表 1-1 所示。

表 1-1 通信建设单项工程项目划分

专业类别	单项工程名称	备 注
通信线路工程	① ××光、电缆线路工程 ② ××水底光、电缆工程(包括水线房建筑及设备安装) ③ ××用户线路工程(包括主干及配线光缆、电缆、交接及配线设备、集线器、杆路等) ④ ××综合布线系统工程	进局及中继光(电)缆工程可按每个城市作为一个单项工程
通信管道建设工程	通信管道建设工程	
通信传输设备安装工程	① ××数字复用设备及光、电设备安装工程 ② ××中继设备、光放设备安装工程	
微波通信设备安装工程	××微波通信设备安装工程(包括天线、馈线)	
卫星通信设备安装工程	××地球站通信设备安装工程(包括天线、馈线)	
移动通信设备安装工程	① ××移动控制中心设备安装工程 ② 基站设备安装工程(包括天线、馈线) ③ 分布系统设备安装工程	
通信交换设备安装工程	××通信交换设备安装工程	
数据通信设备安装工程	××数据通信设备安装工程	
供电设备安装工程	××电源设备安装工程(包括专用高压供电线路工程)	

6. 通信建设工程按类别划分

通信建设工程按类别划分如表 1-2 所示。

表 1-2　通信建设工程类别

工程类别	条　件	备　注
一类工程	① 大中型项目或投资在 5000 万元以上的通信工程项目 ② 省际通信工程项目 ③ 投资在 2000 万元以上的部定通信工程项目	具备条件之一即成立
二类工程	① 投资在 2000 万元以下的部定通信工程项目 ② 省内通信干线工程项目 ③ 投资在 2000 万元以上的省定通信工程项目	
三类工程	① 投资在 2000 万元以下的省定通信工程项目 ② 投资在 500 万元以上的通信工程项目 ③ 地市局工程项目	
四类工程	① 县局工程项目 ② 其他小型项目	

1.2　建设程序

本节需重点掌握通信工程建设的三个阶段：① 立项；② 实施；③ 验收投产。

工程项目的建设程序是指一个工程项目从策划、选择、评估、决策、设计、施工到竣工验收、投入生产或交付使用的整个建设过程中，各项工作必须遵循的先后顺序和相互关系。建设程序是工程建设项目的技术经济规律的要求，也是由工程项目的特点决定的，是工程建设过程客观规律的反映，是工程项目科学决策和顺利进行的重要保证，是建设管理经验总结的高度概括，也是取得较好投资效益必须遵循的工程建设管理方法。按照建设项目进展的内在联系和过程，建设程序分为若干阶段。这些进展阶段有严格的先后顺序，不能任意颠倒，违反它的规律就会使建设工作出现严重失误，甚至造成建设资金的重大损失。

通信工程的大中型和限额以上的建设项目从建设前期工作到建设投产要经过立项、实施和验收投产三个阶段，如图 1-1 所示。

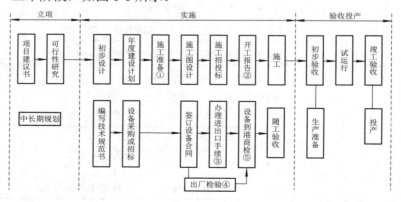

注：① 施工准备：包括征地、拆迁、三通一平、质地勘察等；② 开工报告：对于引进项目或设备安装项目(没有新建机房)，设备发运后，即可写出开工报告；③ 办理进口手续：引进项目按国家有关规定办理报批及进口手续；④ 出厂检验：对复杂设备(无论购置国内、国外的)都要进行出厂检验工作；⑤ 非引进项目为设备到货检查

图 1-1　基本建设程序图

1.3　立项阶段

立项阶段是通信工程建设的第一阶段，包括项目建议书、可行性研究、专家评估等内容。

1.3.1　项目建议书

项目建议书是工程建设程序中最初阶段的工作，是投资决策前拟定该工程项目的轮廓设想，主要内容有：项目提出的背景、建设的必要性和主要依据。项目建议书介绍国内外主要产品的对比情况和引进理由，以及几个国家同类产品的技术、经济分析；建设规模、地点等初步设想；工程投资估算和资金来源；工程进度、经济及社会效益估计。

项目建议书提出后，可根据项目的规模、性质报送相关主管部门审批，批准后即可进行可行性研究工作。

1.3.2　可行性研究

建设项目可行性研究是对拟建项目在决策前进行方案比较、技术与经济论证的一种科学分析方法，是建设前期工作的重要组成部分。

可行性研究是根据国民经济长期规划和地区、行业规划的要求，对拟建项目在技术上是否可行、经济上是否合理、环境上是否允许，项目建成需要的时间、资源、投资以及资金来源和偿还能力等方面进行系统的分析、论证与评价，其研究结论直接影响到项目的建设和投资效益。可行性研究不仅涉及面广、编制任务重、技术含量高，而且政策性强，如合理利用资源、节约用地、不占或少占良田、注重环保。通信建设项目的可行性研究要从通信全程全网特点出发，兼顾近期与远期、局部与全局的关系。原信息产业部对通信基建项目规定：凡是大中型项目、利用外资项目、技术引进项目、主要设备引进项目、国际出口局新建项目、重大技术改造项目等都要进行可行性研究。有些项目也可以将提出项目建议书同可行性研究合并进行，但对于大中型项目还是应分两个阶段进行。

可行性研究报告是在可行性研究的基础上编制的，是编制初步设计概算的依据。

1. 可行性研究报告的内容

可行性研究报告的内容根据建设行业的不同面各有所侧重，通信建设工程的可行性研究报告一般应包括以下几项主要内容。

(1) 总论：包括项目提出的背景、建设的必要性和投资效益、可行性研究的依据及简要结论等。

(2) 需求预测与拟建规模：包括业务流量、流向预测，通信设施现状，国家从战略、边海防等需要出发对通信特殊要求的考虑，拟建项目的构成范围及工程拟建规模容量等。

(3) 建设与技术方案论证：包括组网方案、传输线路建设方案、局站建设方案、通路组织方案、设备选型方案、原有设施利用、挖潜和技术改造方案以及主要建设标准的考虑等。

(4) 建设可行性条件：包括资金来源、设备供应、建设与安装条件、外部协作条件、环境保护与节能等。

(5) 配套及协调建设项目的建议：如进城通信管道、机房土建、市电引入、空调以及配套工程项目的提出等。

(6) 建设进度安排的建议。

(7) 维护组织劳动定员与人员培训。

(8) 主要工程量与投资估算：包括主要工程量、投资估算、配套工程投资估算、单位造价指标分析等。

(9) 经济评价：包括财务评价和国民经济评价。

财务评价是从通信企业或通信行业的角度考察项目的财务可行性，计算的财务评价指标主要有财务内部收益率和静态投资回收期等。

国民经济评价是从国家角度考察项目对整个国民经济的净效益，论证建设项目的经济合理性，计算的主要指标是经济内部收益率等。

当财务评价和国民经济评价的结论发生矛盾时，项目的取舍取决于国民经济评价。

(10) 需要说明的有关问题。

2. 可行性研究报告的编制程序

在项目建议书被批准后，就要进行可行性研究，编写可行性研究报告一般可分为以下几个步骤：

(1) 筹划、准备及材料搜集。

筹划、准备及材料搜集的主要内容包括：技术策划、人员组织与分工；征询工程主管或建设单位对本项目的建设意图和设想，了解项目产生的背景及建设的紧迫性；研究项目建议书，搜集项目其他相关文件、资料和图纸，研究分析本项目与已建项目及近、远期规划的关系，初拟建设方案；落实本项目的资金筹措方式、贷款利率等问题。

(2) 现场条件调研与勘察。

① 调研项目所在地区现有通信业务需求及设备状况。

② 建设和资源条件调查，如能源、地址、气象、防洪、考古以及水、电、路、矿等。

③ 市场条件调查，如工、料、机械价格及现场费用，运输、劳动力市场及物价指数等。

④ 施工及维护条件调查，如地形、土质、场地、环保等。

⑤ 机房装机条件及配套项目调查，如土建、电源、空调、管道等。

⑥ 经济分析资料调查，如企业损益表，收入、支出明细表，主要指标表及资产负债表。

⑦ 实地进行勘察，掌握现场情况，补充及修改初拟方案并进行排序。

(3) 确立技术方案。

对初步确立的各种方案从技术、经济等各方面作全面、系统的比较之后，确定出 2～3 个技术方案，并整理出详细的资料和数据，供上级工程主管、建设单位及相关专家进行审定，最终确定一个最佳方案。

(4) 投资估算和经济评价分析。

　　在方案确定之后，下面就要对如何实现设计目标作更详细的分析、研究和测算，通过对设备的选型和配置，确定本项目的主要工程量，进行项目的投资估算和经济评价。

　　经过分析研究，证明所选方案在设计和施工方面是可以顺利实现的，在经济上、财务上是值得投资建设的。为了检验建设项目的效果，还要进行敏感性分析，表明成本、价格、销售量等不确定因素变化时对企业收益率所产生的影响。

　　(5) 编写报告书。

　　编写报告书的主要内容是编写说明、绘制图纸、各级校审、文件印刷等。可行性研究报告书中对一些特殊要求(如国际贷款机构要求等)要单独说明。

　　(6) 项目审查。

　　项目审查一般由该项目的上级主管单位负责组织，建设、设计部门的有关专家参加，以对建设项目各建设方案技术上的可行性、经济上的合理性和主要建设标准等进行全面的审查。

1.3.3　专家评估

　　专家评估是由项目主要负责部门组织行业领域内的相关专家，对可行性研究报告所作结论的真实性和可靠性进行评价，并提出具体的意见和建议。专家评估报告是主管领导决策的依据之一，对于重点工程技术引进等项目进行专家评估是十分必要的。

1.4　实　施　阶　段

　　通信建设程序的实施阶段由初步设计及技术设计、年度计划安排、建设单位施工准备、施工图设计、施工招投标、开工报告、施工等七个步骤组成。

　　实施阶段的主要任务就是工程设计和施工，这是建设程序最关键的阶段。根据通信工程建设特点及工程建设管理需要，一般通信建设项目设计按初步设计和施工图设计两个阶段进行；对于通信技术复杂的、采用新通信设备和新技术的项目，可增加技术设计阶段，按初步设计、技术设计、施工图设计三个阶段进行；对于规模较小、技术成熟或套用标准的通信工程项目，可直接做施工图设计，称为"一阶段设计"，例如设计施工比较成熟的市内光缆通信工程项目等。

1. 初步设计及技术设计

　　初步设计是根据批准的可行性研究报告，以及有关的设计标准、规范，并通过现场勘察工作取得设计基础资料后进行编制的。初步设计的主要任务是确定项目的建设方案、进行设备选型以及编制工程项目的总概算。其中，初步设计中的主要设计方案及重大技术措施等应通过技术经济分析，进行多方案比较论证，将未采用方案的扼要情况及采用方案的选定理由均写入设计文件。

　　技术设计是根据已批准的初步设计，对设计中比较复杂的项目、遗留问题或特殊需要，通过更详细的设计和计算，进一步研究和阐明其可靠性和合理性，准确地解决各个主要技术问题。技术设计的深度和范围，基本上与初步设计一致，应编制修正概算。

2. 年度计划安排

建设单位根据批准的初步设计和投资概算，经过资金、物资、设计、施工能力等的综合平衡，做出年度计划安排。年度计划中包括通信基本建设拨款计划、设备和主要材料(采购)储备贷款计划、工期组织配合计划等内容。年度计划中应包括整个工程项目和年度的投资进度计划。

经批准的年度建设项目计划是进行基本建设拨款或贷款的主要依据，是编制保证工程项目总进度要求的重要文件。

3. 建设单位施工准备

施工准备是通信基本建设程序中的重要环节，主要内容包括：征地、拆迁、三通一平、地质勘察等。此阶段以建设单位为主进行。

为保证建设工程的顺利实施，建设单位应根据建设项目或单项工程的技术特点，适时组成建设工程的管理机构，做好以下具体工作：

(1) 制定本单位的各项管理制度和标准，落实项目管理人员。

(2) 根据批准的初步设计文件汇总拟采购的设备和主要专用材料的技术资料。

(3) 落实项目施工所需的各项报批手续。

(4) 落实施工现场环境的准备工作(完成机房建设，包括水、电、暖等)。

(5) 落实特殊工程验收指标审定工作。

特殊工程验收指标包括：被应用在工程项目中的(没有技术标准的)新技术、新设备的指标；由于工程项目的地理环境、设备状况的不同，要对工程的验收指标进行讨论和审定的指标；由于工程项目的特殊要求，需要重新审定验收标准的指标；由于建设单位或设计单位对工程提出特殊的技术要求或高于规范标准要求的工程项目，需要重新审定验收标准的指标。

4. 施工图设计

建设单位委托设计单位根据批准的初步设计文件和主要通信设备订货合同进行施工图设计。设计人员在对现场进行详细勘察的基础上，对初步设计做必要的修正；绘制施工详图，标明通信线路和通信设备的结构尺寸、安装设备的配置关系和布线；明确施工工艺要求；编制施工图预算；以必要的文字说明表达意图，指导施工。

各个阶段的设计文件编制出版后，根据项目的规模和重要性组织主管部门以及设计、施工建设、物资、银行等单位的人员进行会审，然后上报批准。工程设计文件一经批准，执行中不得任意修改变更。施工图设计文件是承担工程实施部门(即具有施工执照的线路、机械设备施工队)完成项目建设的主要依据。

同时，施工图设计文件是控制建筑安装工程造价的重要文件，是办理价款结算和考核工程成本的依据。

5. 施工招标

施工招标是指建设单位将建设工程发包，鼓励施工企业投标竞争，从中评定出技术水平及管理水平高、信誉可靠且报价合理、具有相应通信工程施工等级资质的通信工程施工企业。推行施工招标对于择优选择施工企业、确保工程质量和工期具有重要意义。

建设工程招标依据《中华人民共和国招标投标法》和《通信建设项目招标投标管理暂

行规定》的规定,可采用公开招标和邀请招标两种形式。由建设单位编制标书,公开向社会招标,预先明确在拟建工程的技术、质量和工期要求的基础上,建设单位与施工企业各自应承担的责任与义务,依法组成合作关系。

6. 开工报告

经施工招标签订承包合同后,建设单位落实年度资金拨款、设备和主材供货及工程管理组织,并于开工前一个月由建设单位会同施工单位向主管部门提出建设项目开工报告。在项目开工报批前,应由审计部门对项目的有关费用计取标准及资金渠道进行审计后,方可正式开工。

7. 施工

施工承包单位应根据施工合同条款、批准的施工图设计文件和施工组织设计文件进行施工准备和施工实施,在确保通信工程施工质量、工期、成本、安全等目标的前提下,满足通信施工项目竣工验收规范和设计文件的要求。

1) 施工单位现场准备工作主要内容

施工的现场准备工作主要是为了给施工项目创造有利的施工条件和物资保证。不同的项目类型对应的准备工作内容也不尽相同,此处按光(电)缆线路工程、光(电)缆管道工程、设备安装工程和其他准备工作分类叙述。

(1) 光(电)缆线路工程。

① 现场考察:熟悉现场情况,考察项目所在位置及影响项目实施的环境因素;确定临时设施建立地点,电力、水源给取地,材料、设备临时存储地;了解地理和人文情况对施工的影响因素。

② 地质条件考察及路由复测:考察线路的地质情况与设计是否符合,确定施工的关键部位(障碍点),制定关键点的施工措施及质量保证措施。对施工路由进行复测,若与原设计不符,则应提出设计变更请求,复测结果要作详细的记录备案。

③ 建立临时设施:包括项目经理部办公场地、财务办公场地、设备存放地、宿舍、食堂设施的建立,安全设施、防火设施、防水设施的设置,保安防护设施的设立。建立临时设施的原则是:距离施工现场近;运输材料、设备、机具便利;通信、信息传递方便;人身及物资安全。

④ 建立分屯点:在施工前应对主要材料和设备进行分屯,建立分屯点的目的是便于施工、便于运输,还应建立必要的安全防护设施。

⑤ 材料与设备进场检测:按照质量标准和设计要求(没有质量标准的按出厂检验标准),对所有进场的材料和设备进行检验。材料与设备进场检验应有建设单位和监理在场,并由建设单位和监理确认,将测试记录备案。

⑥ 安装、调试施工机具:做好施工机具和施工设备的安装、调试工作,避免施工时设备和机具发生故障,造成窝工,影响施工进度。

(2) 光(电)缆管道工程。

① 管道线路实地考察:熟悉现场情况,考察临时设施建立地点,电力、水源给取地,做好建筑构(配)件、制品和材料的储存和堆放计划,了解地理和其他管线情况对施工的影响。

② 考察其他管线情况及路由复测：考察路由的地质情况与设计是否相符，确定路由上其他管线的情况，制定交叉、重合部分的施工方案，明确施工的关键部位，制定关键点的施工措施及质量保证措施。对施工路由进行复测，若与原设计不符，则应提出设计变更请求，复测结果要作详细的记录备案。

③ 建立临时设施：应包括项目经理部办公场地、建筑构(配)件以及制品和材料的储存和堆放场地、宿舍、食堂设施、安全设施、防火及防水设施、保安防护设施、施工现场围挡与警示标志、施工现场环境保护设施。

建立临时设施的原则：距离施工现场近；运输材料、设备、机具便利；通信、信息传递方便；人身及物资安全。

④ 材料与设备进场检测：按照质量标准和设计要求(没有质量标准的按出厂检验标准)，对所有进场的材料和设备进行检验。材料与设备进场检验应有建设单位和监理在场，并由建设单位和监理确认。将测试记录备案。

⑤ 光(电)缆和塑料子管配盘：根据复测结果、设计资料和材料订货情况，进行光、电缆配盘及接头点的规划。

⑥ 安装、调试施工机具：做好施工机具和施工设备的安装、调试工作，避免施工时设备和机具发生故障，造成窝工，影响施工进度。

(3) 设备安装工程。

① 施工机房的现场考察：了解现场、机房内的特殊要求，考察电力配电系统、机房走线系统、机房接地系统、施工用电和空调设施。

② 办理施工准入证件：了解现场、机房的管理制度，服从管理人员的安排；提前办理必要的准入手续。

③ 设计图纸现场复核：依据设计图纸进行现场复核，复核的内容有需要安装的设备位置、数量是否准确有效；线缆走向、距离是否准确可行；电源电压、熔断器容量是否满足设计要求；保护接地的位置是否有冗余；防静电地板的高度是否和抗震机座的高度相符。

④ 安排设备、仪表的存放地：落实施工现场的设备、材料存放地，是否需要防护(防潮、防水、防暴晒)，是否配备必要的消防设备，仪器、仪表的存放地要求安全可靠。

⑤ 在用设备的安全防护措施：了解机房内在用设备的情况，严禁乱动内部与工程无关的设施、设备，制定相应的安全防范措施。

⑥ 机房环境卫生的保障措施：了解现场的卫生环境，制定保洁及防尘措施，配备必要的设施。

(4) 其他准备工作。

① 做好冬雨期施工准备工作：包括施工人员的防护措施；施工设备运输及搬运的防护措施；施工机具、仪表安全使用措施。

② 特殊地区施工准备：高原、高寒、沼泽等地区的特殊准备工作。

2) 施工单位技术准备工作主要内容

施工前的技术准备工作是认真审核施工图设计，了解设计意图，做好设计交底、技术示范，统一操作要求，使参加施工的每个人都明确施工任务及技术标准，严格按施工图设计施工。

(1) 施工图设计审核。

在工程开工前，使参与施工的工程管理及技术人员充分地了解和掌握设计图纸的设计意图、工程特点和技术要求；通过审核发现施工图设计中存在的问题和错误，在施工图设计会审会议上提出，为施工项目实施提供一份准确、齐全的施工图纸。审查施工图设计的程序通常分为自审和会审两个阶段。

① 施工图的自审。

施工单位收到施工项目的有关技术文件后，应尽快地组织有关的工程技术人员对施工图设计进行熟悉，写出自审的记录。自审施工图设计的记录应包括对设计图纸的疑问和对设计图纸的有关建议等。

施工图设计审核的内容：施工图设计是否完整、齐全，以及施工图纸和设计资料是否符合国家有关工程建设的法律法规和强制性标准；施工图设计是否有误，各组成部分之间有无矛盾；工程项目的施工工艺流程和技术要求是否合理；对施工图设计中工程复杂、施工难度大和技术要求高的施工部分或应用新技术、新材料、新工艺的部分，现有施工技术水平和管理水平能否满足工期和质量要求；明确施工项目所需主要材料、设备的数量、规格、供货情况；施工图中穿越铁路、公路、桥梁、河流等技术方案的可行性；找出施工图上标注不明确的问题并记录。判断工程预算是否合理。

② 施工图设计会审。

会审一般由建设单位主持，由设计单位、施工单位和监理单位参加，四方共同进行施工图设计的会审。由设计单位的工程主设计人向与会者说明拟建工程的设计依据、意图和功能要求，并对特殊结构、新材料、新工艺和新技术提出设计要求。施工单位根据自审记录以及对设计意图的了解，提出对施工图设计的疑问和建议；在统一认识的基础上，对所探讨的问题逐一做好记录，形成"施工图设计会审纪要"，由建设单位正式行文，作为与设计文件同时使用的技术文件和指导施工的依据，以及建设单位与施工单位进行工程结算的依据。

审定后的施工图设计与施工图设计会审纪要，都是指导施工的法定性文件；在施工中既要满足规范、规程，又要满足施工图设计和会审纪要的要求。

(2) 技术交底。

为确保所承担的工程项目满足合同规定的质量要求，保证项目的顺利实施，应使所有参与施工的人员了解并熟悉项目的概况、设计要求、技术要求、工艺要求。技术交底是确保工程项目质量的关键环节，是质量要求、技术标准得以全面认真执行的保证。

① 技术交底的依据：技术交底应在合同交底的基础上进行，主要依据有施工合同、施工图设计、工程摸底报告、设计会审纪要、施工规范、各项技术指标、管理体系要求、作业指导书、建设单位或监理工程师的其他书面要求等。

② 技术交底的内容包括：工程概况、施工方案、质量策划、安全措施、"三新"(新技术、新工艺、新材料)技术、关键工序、特殊工序(如果有的话)和质量控制点、施工工艺(遇有特殊工艺要求时统一标准)、法律、法规、对成品和半成品的保护措施、质量通病的预防措施及注意事项。

③ 技术交底的要求：施工前项目负责人对分项分部负责人进行技术交底，施工中对

建设单位或监理提出的有关施工方案、技术措施及设计变更的要求在执行前进行技术交底。技术交底要做到逐级交底，随接受交底人员岗位的不同，交底的内容有所不同。

(3) 制定技术措施。

技术措施是为了克服生产中的薄弱环节，挖掘生产潜力，保证完成生产任务，获得良好的经济效果，在提高技术水平方面采取的各种手段或方法。它不同于技术革新，技术革新强调一个"新"字，而技术措施则是综合已有的先进经验或措施，如加快施工进度方面的技术措施，保证和提高工程质量的技术措施，节约劳动力、原材料的措施，推广新技术、新工艺、新结构、新材料的措施，提高机械化水平、改进机械设备的管理以提高完好率和利用率的措施，改进施工工艺和操作技术以提高劳动生产率的措施，保证安全施工的措施。

(4) 新技术的培训。

随着信息产业的飞速发展以及新技术、新设备的不断推出，新技术的培训就成为通信工程实施的重要技术储备，也是保证工程顺利实施的前提。

由于新技术是动态的、不断更新的，因此需要对参与工程施工的工作人员不断进行培训，以保证受培训人员具备工程施工的相应技术能力。

培训的人员包括参与工程项目中含有新技术内容的工程技术人员，有新上岗、转岗、变岗人员。

3) 施工实施

在施工过程中，对隐蔽工程在每一道工序完成后应由建设单位委派的监理工程师或随工代表进行随工验收，验收合格后才能进行下一道工序。完工并自验合格后，方可提交"交(完)工报告"。

1.5　验收投产阶段

为了充分保证通信系统工程的施工质量，工程结束后，必须经过验收才能投产使用。这个阶段的主要内容包括初步验收、生产准备、试运行和竣工验收等几个方面。

1. 初步验收

初步验收一般在施工企业完成承包合同规定的工程量后，依据合同条款向建设单位申请项目完工验收。初步验收由建设单位(或委托监理公司)组织，相关设计、施工、维护、档案及质量管理等部门参加。除小型建设项目外，其他所有新建、扩建、改建等基本建设项目以及属于基本建设性质的技术改造项目，都应在完成施工调测之后进行初步验收。初步验收的时间应在原定计划工期内进行，初步验收工作包括检查工程质量、审查交工资料、分析投资效益、对发现的问题提出处理意见，并组织相关责任单位落实解决。

2. 生产准备

生产准备是指工程项目交付使用前必须进行的生产、技术和生活等方面的必要准备，主要包括：

(1) 培训生产人员。一般在施工前配齐人员，并可直接参加施工、验收等工作，使之熟悉工艺过程、方法，为今后独立维护打下坚实的基础。

(2) 按设计文件配置好工具、器材及备用维护材料。

(3) 组织完善管理机构、制定规章制度以及配备办公、生活等设施。

3. 试运行

试运行是指工程初验后到正式验收、移交之间的设备运行。由建设单位负责组织，供货厂商、设计、施工和维护部门参加，对设备系统功能等各项技术指标以及设计和施工质量进行全面考核。经过试运行，如果发现有质量问题，则由相关责任单位负责免费返修。一般试运行期为三个月，大型或引进的重点工程项目试运行期可适当延长。试运行期内，应按维护规程要求检验系统是否已达到设计文件规定的生产能力和传输指标。试运行期满后应写出系统使用的情况报告，提交给工程竣工验收会。

4. 竣工验收

竣工验收是通信工程的最后一项任务，当系统试运行完毕并具备了验收交付使用的条件后，由相关部门组织对工程进行竣工验收。竣工验收是全面考核建设成果，检验设计和工程质量是否符合要求，审查投资使用是否合理的重要步骤，是对整个通信系统进行全面检查和指标抽测，对保证工程质量、促进建设项目及时投产、发挥投资效益、总结经验教训有重要作用。

竣工项目验收后，建设单位应向主管部门提出竣工验收报告，编制项目工程总决算(小型项目工程在竣工验收后的一个月内将决算报上级主管部门，大中型项目工程在竣工验收后的三个月内将决算报上级主管部门)，并系统整理出相关技术资料(包括竣工图纸、测试资料、重大障碍和事故处理记录)，以及清理所有财产和物资等，报上级主管部门审查。竣工项目经验收交接后，应迅速办理固定资产交付使用的转账手续(竣工验收后的三个月内应办理完毕固定资产交付使用的转账手续)，技术档案移交维护单位统一保管。

1.6　实　验　项　目

实验项目一：通过学习 FTTx 软件中写字楼场景，判断写字楼场景属于通信建设工程中的哪种单项工程。

目的要求：了解通信工程项目的分类，初步认识通信工程项目。

实验项目二：结合 FTTx 中小区场景编制可行性研究报告。

目的要求：了解可行性研究报告的编制方法及内容。

本　章　小　结

本章主要介绍通信工程建设项目的概念、分类及程序，重点包括：

(1) 建设项目是指按一个总体设计进行建设，经济上实行统一核算，行政上有独立的组织形式并实行统一管理的建设单位。

(2) 按投资的用途不同，建设项目可以分为生产性建设和非生产性建设两大类。

（3）按照投资性质的不同，建设项目可以分为基本建设项目和技术改造项目两大类。

（4）通信工程的大中型和限额以上的建设项目从建设前期工作到建设、投产，要经过立项、实施和验收投产三个阶段。

（5）通信建设程序的实施阶段由初步设计及技术设计、年度计划安排、建设单位施工准备、施工图设计、施工招投标、开工报告、施工等七个步骤组成。

（6）可行性研究报告的内容根据建设行业的不同而各有所侧重，通信建设工程的可行性研究报告一般应包括总论、需求预测与拟建规模、建设与技术方案论证、建设可行性条件、配套设施及协调建设项目的建议、主要工程量与投资估算、经济评价等。

复习与思考题

1. 简述建设项目的概念及其特点。
2. 简述通信工程建设程序。
3. 简述可行性研究报告的内容。

第 2 章　接入网基础理论

 **本章内容**

- 接入网的基本概念
- 接入网的分类
- 接入网支持的业务种类
- 接入网的发展趋势

 本章重点、难点

- 接入网的基本概念
- 接入网的分类

 本章学习目的和要求

- 理解接入网的概念
- 熟悉接入网的分类
- 熟悉接入网支持的业务种类

 本章学时数

- 建议 6 学时

2.1　接入网的基本概念

本节主要介绍接入网的定义、接入网界定、接入网的功能作用以及接入网的特点。

1. 接入网的定义

从整个电信网的角度，可以将全网分为公用电信网和用户驻地网两大块。由于用户驻地网属于用户所有，因此通常电信网指公用电信网部分。公用电信网又可以划分为三部分，即长途网(长途端局以上部分)、中继网(长途端局与市话局之间这两部分)和接入网(端局至用户间的部分)。

国际电信联盟(ITU-T)第 13 组于 1995 年 7 月通过了关于接入网框架结构方面的新建议 G.902，其中对接入网的定义是：接入网由业务节点接口(SNI)和用户–网络接口(UNI)之间的一系列传送实体(如线路设备和传输设施)组成，它是给电信业务提供所需传送承载能力的实施系统，可由管理接口(Q3)配置和管理。原则上对接入网可以实现的 UNI 和 SNI 的类型和数目没有限制。接入网不解释信令。接入网可以看成是与业务和应用无关的传送网，主要完成交叉连接、复用和传输功能。

2. 接入网界定

根据国际电联关于接入网框架建议(G.902)，接入网可由三个接口界定，即网络侧由业务节点接口(SNI)与业务节点(SN)相连组成，用户侧由用户–网络接口(UNI)与用户终端设备相连组成，管理方面则由 Q3 接口与电信管理网(TMN)相连组成，如图 2-1 所示。

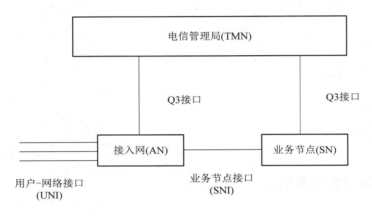

图 2-1　接入网界定

SN 是提供业务的实体，它是一种可以接入到各种交换或非交换电信业务的网元。SN 与传统网络节点(NN)不同，SN 除了具有 NN 的交换功能外，还包括交换业务和种类。可提供规定业务的业务节点有本地交换机、租用线业务节点、特定配置的点播电视和广播电视业务节点等。

SNI 是接入网和业务节点之间的接口，它独立于业务节点和交换机，把不同业务的 SN 通过不同的 SNI 与接入网相连，向用户提供多种不同的业务服务。SNI 可分为支持单一接入的 SNI 和支持综合接入的 SNI。支持单一接入的标准化接口主要有提供 ISDN 基本速率 (2B+D)的 V1 接口和提供一次群速率(30B+D)的 V3 接口，支持综合业务接入的接口目前有 V5 接口，包括 V5.1 接口和 V5.2 接口。

UNI 是接入网与用户终端间的接口，支持目前网络所能提供的各种接入类型和业务。接入网的发展不应限制现有的业务和接入类型。不同的业务对应不同的接口类型。UNI 分为独立式和共享式两种，独立式 UNI 为一个 UNI 支持一个业务节点的接入，共享式 UNI 为一个 UNI 支持多个业务节点的接入。

Q3 为 TMN 与电信网各部分相连的标准接口。接入网的管理应该纳入 TMN 的范畴，以便统一协调管理不同的网元。接入网的管理不但要完成接入网各功能模块的管理，而且要附加完成用户线的测试和故障定位。

3. 接入网的功能作用

接入网主要有五项功能，即用户口功能(UPF)、业务口功能(SPF)、核心功能(CF)、传送功能(TF)和系统管理功能(SMF)，如图 2-2 所示。

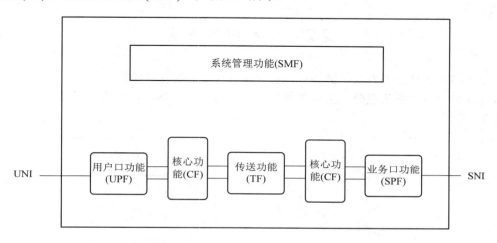

图 2-2　接入网的功能

接入网的功能介绍如表 2-1 所示。

表 2-1　接入网的功能介绍

功　　能	介　　绍
用户口功能(UPF)	① 与 UNI 功能的终端相连接；② A/D 转换；③ 信令转换；④ UNI 的激活；⑤ UNI 承载通路/能力的处理；⑥ UNI 的测试；⑦ 控制功能
业务口功能(SPF)	① 与 SNI 功能的终端相连接；② 承载要求即时受理和操作要求映射进核心功能；③ 特殊 SNI 所需的协议映射；④ SNI 测试；⑤ SPF 维护；⑥ 受理功能；⑦ 控制功能
核心功能(CF)	① 接入的承载处理；② 承载通路集中；③ 信令与分组信息的复用；④ 对 ATM 传送承载的电路模拟；⑤ 管理功能；⑥ 控制功能
传送功能(TF)	① 复用功能；② 业务疏导和配置的交叉连接功能；③ 管理功能；④ 物理媒质功能
系统管理功能(SMF)	① 配置和控制；② 指配协调；③ 故障检测和指示；④ 使用信息和性能数据收集；⑤ 安全控制；⑥ UPF 及经 SNI 的 SN 的即时管理及操作要求的协调；⑦ 资源管理

4. 接入网的特点

根据接入网框架和体制要求，接入网的重要特点可以归纳为如下几点：

(1) 接入网对于所接入的业务提供承载能力，实现业务的透明传送。

(2) 接入网对用户信令是透明的，除了一些用户信令格式转换外，信令和业务处理的功能依然在业务节点中。

(3) 接入网的引入不应限制现有的各种接入类型和业务，接入网应通过有限的标准化的接口与业务节点相连。

(4) 接入网有独立于业务节点的网络管理系统，该系统通过标准化的接口连接 TMN。TMN 实施对接入网的操作、维护和管理。

2.2　接入网的分类

接入网有多种分类方法，例如可以按传输媒介分、按拓扑结构分、按传输技术分、按接口标准分、按业务带宽分、按业务种类分，等等。接入网通常采用传输媒介分类方法，如图 2-3 所示。

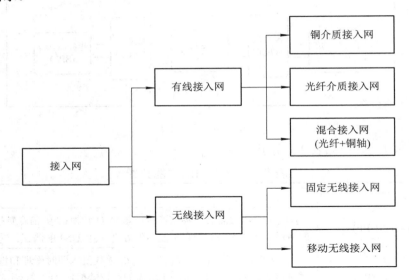

图 2-3　接入网分类

2.2.1　有线接入

1. xDSL 接入网(传输介质是铜质电话线)

xDSL 是各种类型 DSL(Digital Subscriber Line，数字用户线路)的总称，包括 ADSL、RADSL、VDSL、SDSL、IDSL、HDSL 等。

xDSL 是一种新的传输技术，在现有的铜质电话线路上采用较高的频率及相应调制技术，即利用在模拟线路中加入或获取更多的数字数据的信号处理技术来获得高传输速率(理论值可达到 52 Mb/s)。xDSL 中的"x"表示任意字符或字符串，各种 DSL 技术最大的区别体现在其信号传输速率和距离不同，以及上行信道和下行信道的对称性也不同两个方面。

　　金属用户线上的 xDSL 又可分为 IDSL(ISDN 数字用户环路)、HDSL(利用两对线双向对称传输 2 Mb/s 的高速数字用户环路)、SDSL(单线对双向对称传输 2 Mb/s 的数字用户环路，传输距离比 HDSL 稍短)、VDSL(超高速数字用户环路)、ADSL(不对称数字用户环路)和 G.Lite(通用非对称数字用户环路)，如表 2-2 所示。上述系统的拓扑结构是点到点。

表 2-2　xDSL 网络分类

类型	描　　述	数据速率	模式	应　　用
IDSL	ISDN 数字用户环路	128 kb/s	对称	ISDN 服务于语音和数据通信
HDSL	高速数字用户环路	1.5～2 Mb/s	对称	T1/E1 服务于 WAN、LAN 访问和服务器访问
SDSL	单线对数字用户环路	1.5～2 Mb/s	对称	与 HDSL 应用相同，另外为对称服务提供场所访问
ADSL	不对称数字用户环路	上行：最高 640 kb/s 下行：最高 6 Mb/s	非对称	Internet 访问，视频点播、单一视频、过程 LAN 访问、交互多媒体
G.Lite	通用非对称数字用户环路	上行：最高 512 kb/s 下行：最高 1.5 Mb/s	非对称	标准 ADSL，在用户场所无须安装 Splitter(分离器)
VDSL	超高速数字用户环路	上行：1.5～2.3 Mb/s 下行：13～52 Mb/s	非对称	与 ADSL 相同，另外可以传送 DHTV 节目

2. 光纤接入(传输介质是光纤)

　　光纤接入可分为有源与无源系统两种。有源光网络的局端设备(CE)和远端设备(RE)通过有源光传输设备相连接。传输技术是骨干网中已大量采用的同步数字体系(SDH)和准同步数字系列(PDH)技术，但以 SDH 技术为主。远端设备主要完成业务的收集、接口适配、复用和传输功能。局端设备主要完成接口适配、复用和传输功能。此外，局端设备还向网元管理系统提供网管接口。在实际接入网建设中，有源光网络的拓扑结构通常是星型或环型。

　　有源光网络具有以下技术特点：

　　(1) 传输容量大。用在接入网的 SDH 传输设备上，一般提供 155 Mb/s 或 622 Mb/s 的接口，有的甚至提供 2.5 Gb/s 的接口。将来业务量只要有更多需求，传输带宽还可以继续增加，光纤传输的带宽潜力相对接入网的需求而言几乎是无限的。

　　(2) 传输距离远。在不增加中继设备的情况下，传输距离可达 70～80 km。

　　(3) 用户信息隔离度好。有源光网络的网络拓扑结构无论是星型还是环型，从逻辑上看，用户信息的传输方式都是采用点到点的方式。

　　(4) 技术成熟。无论是 SDH 设备还是 PDH 设备，均已在以太网中大量使用。

　　由于 SDH/PDH 技术在骨干传输网中大量使用，因此有源光接入设备的成本已下降很多，但在接入网中与其他接入技术相比，成本还是比较高。

　　无源即 PON(Passive Optical Network，无源光网络)，有窄带与宽带之分，目前宽带 PON

网络分为 APON、BPON、EPON、GPON 等。PON 本身下行是点到多点系统，上行为多点到点，上行时需要解决多用户争用问题，目前上行大多用 TDMA(时分多址)技术。PON 最重要的特点就是它是无源设备，它拥有点到多点的网络结构。它综合了 ATM 技术和无源光网络技术，可以提供现有的从窄带到宽带等各种业务。PON 由 OLT(Optical Line Terminal，光线路终端)、ONU/ONT (Optical Network Unit/Optical Line Terminal，光节点(光网络单元/光网络终端)和无源光分路器组成。其中，Splitter 是光分路器，它根据光的发送方向，将进来的光信号分路并分配到多条光纤上，或是组合到一条光纤上。ONU/ONT 主要完成业务的收集、接口适配、复用和传输功能。OLT 主要完成接口适配、复用和传输功能。此外，OLT 还向网元管理系统提供网管接口。ODN(Optical Distribution Network，光分配网络)中光分路器的工作方式是无源的，这就是无源光网络中"无源"一词的来历。但 ONU 和 OLT 还是工作在有源方式下，即需要外接电源才能正常工作。所以，采用无源光网络接入技术并不是所有设备都工作在不需要外接馈电的条件下，只是 ODN 部分无须有源器件。

3. 混合接入网

混合接入网是指接入网的传输介质采用光纤和同轴电缆混合组成。混合接入网主要有三种方式，即光纤同轴电缆混合(Hybrid Fiber-Coaxial，HFC)方式、交换式视频广播(Switch Digital Video，SDV)方式以及综合数字通信和视频(Integrated Digital Communication and Video，IDV)方式。

(1) HFC 是光纤和同轴电缆相结合的混合网络。HFC 通常由光纤干线、同轴电缆支线和用户配线网络三部分组成。从有线电视台出来的节目信号先变成光信号在干线上传输，到用户区域后把光信号转换成电信号，经分配器分配后通过同轴电缆送到用户。它与早期广电有线电视系统或有线电视(CATV)同轴电缆网络的不同之处主要是在干线上用光纤传输光信号，在前端需完成电-光转换，进入用户区后要完成光-电转换。

HFC 的主要特点是：传输容量大，易实现双向传输，从理论上讲，一对光纤可同时传送 150 万路电话或 2000 套电视节目；频率特性好，在有线电视传输带宽内无须均衡；传输损耗小，可延长有线电视的传输距离，25 km 内无需中继放大；光纤间不会有串音现象，不怕电磁干扰，能确保信号的传输质量。同传统的 CATV 网络相比，其网络拓扑结构也有些不同：① 光纤干线采用星型或环状结构；② 支线和配线网络的同轴电缆部分采用树状或总线式结构；③ 整个网络按照光节点划分成一个服务区；④ 这种网络结构可满足为用户提供多种业务服务的要求。随着数字通信技术的发展，特别是高速宽带通信时代的到来，HFC 已成为现在和未来一段时期内宽带接入的最佳选择，因而 HFC 又被赋予新的含义，特指利用混合光纤同轴来进行双向宽带通信的 CATV 网络。HFC 网络能够传输的带宽为 750～860 MHz，少数达到 1 GHz。根据原邮电部 1996 年意见，其中 5～42 MHz 或 5～65 MHz 频段为上行信号占用，50～550 MHz 频段用来传输传统的模拟电视节目和立体声广播，550～750 MHz 频段传送数字电视节目、VOD 等，750 MHz 以后的频段留着给以后的技术发展用。

(2) SDV 是为住宅用户提供视像(以模拟视像业务为主)宽带业务的一种接入网方式，特别适合单向、模拟的有线电视传送。

(3) IDV 方式的基本原理与 SDV 方式的原理近似，它是在 ATM 技术还未成熟推广前所采用的一种过渡方式。IDV 即智能桌面虚拟化(Intelligent Desktop Virtualization)，是英特尔公司提出的一种革新性的框架，它将使得管理用户计算的整个系统变得更加智能，而且在最大化用户体验的同时能够给 IT 人士提供所需的管理功能。IDV 是一种相当新颖的技术观念，在未来很有可能彻底颠覆整个桌面虚拟化游戏规则。IDV 解决方案在确保用户尽享高性能、移动性和灵活性的同时，给 IT 人员提供控制和保护桌面映像和设备的能力。IDV 具备如下三大特点：

① 集中管理和本地执行，将数据中心新构建量降至最低，同时使用智能客户端的处理能力，优化用户体验。即使对于服务器托管的虚拟桌面基础架构(VDI)，通过多媒体重定向的本地执行也能提供更好的用户体验，提高服务器上的虚拟机(VM)密度。更高级别的本地执行可提供更佳的性能，并能降低成本。

② 智能提供层映像，可提高更新和补丁操作、简化存储并避免映像漂移。当 IT 人员将桌面映像分成逻辑层时，可独立管理每一层，并能最大限度地减少映像数量。智能传输要求在电脑上运行的本地映像与中央映像同步，这样可确保终端用户和 IT 人员随时使用黄金映像。应使用去重复技术增强这些映像的同步和存储，以最大限度地减少存储和网络带宽需要。

③ 使用带外模式(Out Of Band)访问设备，提供独立于操作系统的管理性，并强化安全性。

2.2.2　无线接入网

无线接入是指业务节点到用户终端部分或全部采用了无线接入方式。

1. 固定无线接入

固定无线接入系统的用户终端具有一定的移动性。固定无线接入(Fixed Wireless Access，FWA)主要是为固定位置的用户(如住宅用户、企业用户)或仅在小范围区域内移动(如大楼内、厂区内以及无须越区切换的区域)的用户提供通信服务。其用户终端包括电话机、传真机、计算机等。固定无线接入是无线技术的固定应用，其工作频段有 450 MHz、800/900 MHz、1.5 GHz、1.8/1.9 GHz 或 3 GHz。

固定无线接入系统主要分为一点多址、本地环路一点多址(DRMASS)、新型甚小口径地球站(VSAT)、微小口径地球站(USAT)等几种实现方式。

(1) 一点多址固定无线接入技术：采用固定无线接入技术的目的是实现业务节点接口到用户终端之间的无线连接，将 PSTN 延伸至用户并提供透明的传输。

由 PSTN 传来的信号经过基站控制设备处理后，传输给基站，在基站进行复用、调制等一系列处理后经天线发送给用户单元，然后传输至用户的终端设备。

对于无线传输技术来说，频段的选择十分重要。一般来说，采用无线接入方式的多为地形比较复杂，使得有线传输比较困难或用户比较分散的地区。选择传输频率必须考虑天气、环境等条件变化对电波产生折射、吸收、反射、散射等影响，从而使接收场强下降形成的各种衰落。一点多址固定无线接入系统适用的频段范围一般为 450 MHz～4 GHz，其中选择低频频段作为传输频率是比较经济合理的，因为低频频段具有传输距离长、受环境影响小的优点。

1 GHz 以下的频段已经有了众多的应用，因此在频率的选择上需要考虑是否冲突或怎样兼容。由于低频无线设备技术比较成熟、系统经济、覆盖范围较大，因此对于一点多址固定无线接入系统来说，只要频率选择得当，就会有广阔的应用前景。

(2) 本地环路一点多址固定无线接入技术：本地环路一点多址系统由基站、中继设备和终端站三部分构成。

基站的上行为交换设备，基站、中继设备以及终端站之间采用微波连接。基站分为集线设备、基站控制器和 TMD 控制器三个组成部分，终端站由下话单元和用户单元组成。

本地环路一点多址系统的应用范围很广，当用户不是很密集或用户基数较小时，使用 DRMASS 技术是比较经济可行的，相对于有线传输方式，其施工和维护比较方便并且长期开销也比较小，因此系统比较可靠和经济合理。

(3) 新型甚小口径地球站系统：VSAT 可以直接安装于终端用户的所在地，其口径通常为 1.2～2.8 m，设备使用方便，维护简单，用户可以省去地面电路，直接与主站或数据中心相连接。

在 VSAT 系统中，枢纽站起控制作用，用户之间或枢纽站与用户之间的通信依靠上行链路(地球站－卫星)、卫星中继和下行链路(卫星－地球站)来实现。

VSAT 系统是卫星通信系统的一种，其工作频率是微波，由于传输距离很长，衰耗也很大，因此对于系统各部分(空间分系统、监控管理分系统、跟踪遥测及指令分系统和地球站)的要求就比较高，投资也较高。随着技术的不断成熟，天线口径不断减小，微小口径地球站(USAT)的天线口径只有 0.3～1.2 m，系统投资也随之下降。虽然卫星通信有较多的优点，但考虑到传输频率、系统的经济合理性以及其他一些因素，VSAT 系统并不适用于用户数较少或系统开销需求小的地区。

2. 移动无线接入

移动无线接入技术主要指用户终端在较大范围内移动的通信系统接入技术，主要为移动用户提供服务，其用户终端包括手持式、便携式、车载式电话等。移动无线接入网包括蜂窝移动电话网、无线寻呼网、无绳电话网、集群电话网、卫星全球移动通信网直至个人通信网等，是当今通信行业中最活跃的领域之一。移动接入又可分为高速和低速两种。高速移动接入一般可用蜂窝系统、卫星移动通信系统、集群系统等。低速接入系统可用 PGN 的微小区和毫微小区，如 CDMA 的 WILL、PACS、PHS 等。近几年来，随着技术的不断发展和网络的日趋演进，以 5G 为代表的移动通信与以 WiMAX 为代表的全球微波互联接入在相互角逐的同时，逐渐互补融合、共同发展。

2.3　接入网支持的业务种类

接入网作为连接用户与电信网的纽带，必须能承载各种业务。其中既要包括传统的语音业务，也要包括各种新业务。下面介绍接入网支持的各种业务。

1. 语音类业务

语音类业务就是利用电信网为用户实时传送双向语音信息以进行会话的电信业务。

1) 程控电话业务

程控数字交换机已经在电信网上取得广泛使用，程控交换机除了给用户提供通话服务外，还能提供缩位拨号、呼叫等待、三方通话、呼叫转移、呼出限制等业务，满足用户的不同需求。

2) 磁卡电话业务

磁卡电话业务是公用电话业务的一种，用户将预先购买的特种卡片插入装有读卡器的电话机上进行通话，并能自动计费。

3) 可视电话业务

可视电话业务是在电话线上加可视终端设备，使双方在进行通话时既可听到声音，也能看到图像的一种电话业务。

4) 会议电话业务

会议电话业务是不同地点的用户利用电话电路召开电话会议业务，参加会议的用户可以听到其他地点用户的发言。

5) 移动电话业务

移动电话业务是以移动用户为服务对象，在移动用户与移动用户之间、移动用户与固定用户之间提供话音服务，用户在覆盖范围内随时随地与外部保持通信联系。移动电话业务按照通信方式与服务对象分为陆地移动电话业务、卫星移动电话业务和无绳电话业务。

2. 数据类业务

数据类业务是实现人与计算机，计算机与计算机、智能设备之间通信的一种宽窄带上网业务。

3. 图像通信类业务

图像通信类业务是指通过电信网络传送、存储、检索或广播图像与文字的视觉信息的业务。它具有形象、直观、生动和适于多种业务需要的特点。

对于普通用户而言，最为普通的图像业务为普通广播电视、卫星电视、有线电视、数字电视等几种。

2.4　接入网的发展趋势

电信网发展到今天，正在进入一个新的转折点，展现了宽带化、IP 化以及业务融合化的趋势。

有线接入网发展趋势"宽带提速"是运营商必然的战略选择，不提速就无法开展频带更宽的业务，无法实现运营商战略目标的转移。因此，"宽带提速"将成为运营商长期面临的课题。例如，从 ADSL 向 ADSL2＋以及未来 VDSL2 的升级，就是其中的一部分。而在这部分的解决方案中，无论采用哪种最新的 DSL 技术，都必须遵循缩短铜缆长度和提供更大的带宽的基本规律。为此，全球的主流运营商包括中国的固网运营商在内，都在计划或开始实施 DSLAM(Digital Subscriber Line Access Multiplexer，数字用户线路接入复用器)物理位置下移的战略，努力做到"光进铜退"，最终实现 FTTH。在这一进程中，FTTx 与 ADSL2 + /VDSL2 的结合将是长期和重要的工作内容。

　　有线接入的发展趋势是光纤接入。光纤接入同有线电视结合，具有高速率、低成本的特性且发展潜力巨大、资源丰富。光纤接入采用 DWDM 密集波分复用技术，可把高达 80 个不同波长的数据信道复用在一个光束上，然后在一条光纤上传输。在每条信道传输 2.5 Gb/s 的数据，一条光纤每秒可传输 200 Gb/s 的信息。因此，光纤接入网将是未来有线接入网的主流技术。

　　随着数据通信与多媒体业务需求的发展、智能便携式通信设备的大规模普及以及用户对移动接入宽带网络需求的大量增加，为了适应移动数据、移动计算及移动多媒体运作的需要，第四代移动通信进入加速发展通道。第四代移动电话行动通信标准指的是第四代移动通信技术(4G)。该技术包括 TD-LTE 和 FDD-LTE 两种制式。4G 是集 3G 与 WLAN 于一体，并能够快速传输数据及高质量音频、视频、图像等。4G 从理论上来讲可以达到 100 Mb/s 的下载速度，能够满足大部分用户对于无线服务接入的需求。4G 也因其拥有超高的数据传输速度，被中国物联网校企联盟誉为机器之间当之无愧的"高速对话"。目前运营商加速对移动 4G 网络进行大规模建设覆盖。2017 年全国两会上，李克强总理在政府工作报告中指出我国已建成全球最大的 4G 网络，且"十三五"规划纲要(草案)中明确提出，将积极推进第五代移动通信(5G)和超宽带关键技术研究，启动 5G 商用。2019 年 6 月 6 日，工业和信息化部正式向中国移动、中国联通、中国电信和中国广电发放 5G 牌照，标志着我国正式进入 5G 网络商用时代。在 5G 飞速发展的热潮之下，相关互联网产业与制造业等迎来了新的发展机遇，工业 4.0 的时代也加速到来，"机器通信""无人驾驶""VR&AR""远程医疗""智慧工厂"等正逐渐深入千家万户。预计未来两年内，5G 网络将实现国内全面覆盖。

2.5　实验项目

　　实验项目一：判断 FTTx 光纤接入网络工程软件中工厂场景属于哪种接入类型。
　　目的要求：了解接入网的概念，熟悉接入网的分类。
　　实验项目二：判断 FTTx 光纤接入网络工程软件中小区场景施工完成后，可以支持哪几种接入网的业务。
　　目的要求：了解接入网支持的业务种类。

本章小结

　　本章主要介绍接入网的概念、接入网的分类以及接入网支持的业务种类。
　　(1) 接入网由业务节点接口(SNI)和用户-网络接口(UNI)之间的一系列传输实体(如线路设备和传输设施)组成，为供给电信业务而提供所需传送承载能力的实施系统，可由管理接口(Q3)配置和管理。

  (2) 接入网主要分为两大类：有线接入和无线接入。

  (3) 接入网支持语音业务、数据业务和图像业务。

复习与思考题

  1. 简述接入网的概念和特点。

  2. 简述接入网的详细分类。

第 3 章　FTTx 的概念、分类及应用场景

 **本章内容**

- FTTx 定义及分类
- FTTx PON 网络拓扑
- 基于企业用户的应用
- 基于住宅小区的应用

 本章重点、难点

- FTTx 定义及分类
- FTTx PON 网络拓扑
- 基于企业用户的应用
- 基于住宅小区的应用

 本章学习目的和要求

- 熟悉 FTTx 的概念和分类
- 熟悉 FTTx 的网络拓扑
- 熟悉 FTTx 场景应用

 本章学时数

- 建议 4 学时

3.1　FTTx 的概念及分类

本节主要介绍 FTTx 的概念及分类。

3.1.1　FTTx 的概念

FTTx 是 Fiber-To-The-x 的缩写，是指光纤接入网络。FTTx 技术主要用于接入网络光纤化，范围从区域电信机房局端设备到用户终端设备。局端设备为光线路终端(OLT)。用户端设备为光网络单元(ONU)或光网络终端(ONT)。根据光纤到户的距离分类，FTTx 可分为光纤到交换箱(Fiber To The Cabinet，FTTCab)、光纤到路边(Fiber To The Curb，FTTC)、光纤到大楼(Fiber To The Building，FTTB)、光纤到户(Fiber To The Home，FTTH)等几种服务形态。上述服务可统称为 FTTx。

3.1.2　FTTx 的分类

FTTx 是新一代的光纤用户接入网，用于连接电信运营商和终端用户。FTTx 的网络可以是有源光纤网络，也可以是无源光纤网络。用于有源光纤网络的成本相对较高，实际上在用户接入网中应用很少，所以目前通常所指的 FTTx 网络应用的都是无源光纤网络。

FTTx 的网络结构可以是点对点(P2P)，也可以是点对多点(P2MP)。P2P 的成本较高，通常只用于 VIP 用户或有特殊需求的用户，大多数 FTTx 网络采用的是 P2MP 的结构。

FTTx 宽带光纤接入网采用光纤媒质代替部分或全部的金属线媒质，将光纤从局端位置向客户端延伸。其中由于光网络单元 ONU 在用户端不同，因此 x 代表不同变体，可以是光纤到楼内、光纤到光节点(FTTN)、光纤到路边、光纤到楼层(FTTF)、光纤到户、光纤到办公室(FTTO)等，如图 3-1 所示。FTTx 将用户从电的时代转入一个全新的光的时代。表 3-1 是几种常用的 FTTx 接入网结构的主要特征。

(1) 光纤到光节点(FTTN)以光纤替代传统馈线电缆，是用光纤延伸到光缆交接箱所在处，一般覆盖 200～300 个用户，可采用 PON 接入技术。

(2) 光纤到大楼/路边(FTTB/C)将 ONU 放置到楼内或者路边，之后 ONU 再通过铜线为用户提供语音和互联网接入等服务。FTTB/C 与 FTTCab 的区别在于前者的 ONU 更接近用户、光纤化程度更高，适合在高宽带用户密集区域使用。

(3) 光纤到办公室(FTTO)ONU 部署在企业内，仅接入单个企业用户，从 ONU 直接与企业设备连接。

(4) 光纤到户(FTTH)是完全利用光纤传输媒质连接运营商设备和用户终端设备的接入方式。ONU 部署在用户家中，从 ONU 直接连接用户网络设备。

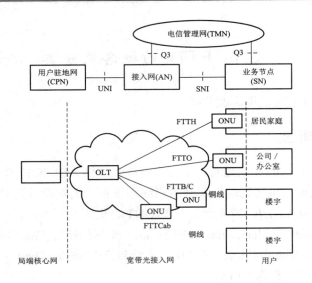

图 3-1　几种主要的 FTTx 网络结构

表 3-1　几种常用 FTTx 结构的主要特征

主要特征	FTTCab	FTTB	FTTH	FTTO
接入介质类型	光纤作为主干＋金属纤/无线作为末端	光纤作为主干＋金属纤/无线作为末端	全程光纤	全程光纤
光纤到达的位置	交接箱	楼内	用户家	办公室
光节点距离用户设备的参考布线距离	1000～2000 m	100～500 m	几米到几十米	几米到几米
光纤段典型的物理拓扑结构	P2P、树型、总线型、环型	树型、总线型、环型	树型	P2P、树型
金属线/无线段采用的主要技术	XDSL、WiFi、WiMAX	XDSL、WiFi、WiMAX、以太网	无	无
现有技术条件下典型的用户接入	下行最大 25 Mb/s，上行最大 1.8 Mb/s	下行最大 100 Mb/s(以太网)	上下行最大可超过 100 Mb/s	上下行最大可超过 100 Mb/s

3.2　FTTx PON 网络拓扑

　　FTTx PON 技术是一种点到多点的光纤接入技术，在光分歧(分支)点不需要节点设备，只需安装无源光分路器就行，具有节省光缆资源、实现带宽资源共享、维护方便、设备安全性高、建网速度快、综合建设成本低等优点。一个典型的无源光网络系统由局端设备 OLT、光网络单元 ONU/光网络终端 ONT 和光分配网络 ODN 组成。OLT 设备放置在中心机房，ONU/ONT 放在用户端。光分配网络 ODN 是 OLT 与 ONU 中间的光分路器与光缆组成的光缆网络。其作用是为 OLT 和 ONU 之间提供光传输通道。PON 的组成结构如图 3-2 所示。其中，IF_{PON} 为 PON 专用接口。

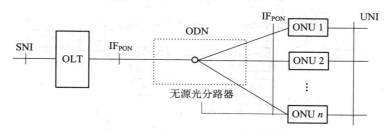

注：ODN中的无源光分路器可以是一个或多个光分路器的级联。

图 3-2　PON 的组成结构

PON 网络拓扑有以下三种。

1. 树型网络结构

树型网络结构是 FTTx PON 的一种典型结构，如图 3-3 所示。

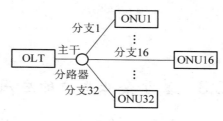

图 3-3　树型结构

2. 总线型网络结构

总线型网络结构不属于 PON 国际标准中定义的网络拓扑类型，它是根据实际网络需求而衍生出的网络结构，其结构示意图如图 3-4 所示。

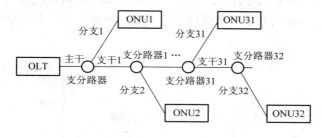

图 3-4　总线型结构

3. 环型网络结构

FTTx PON 除了树型和总线型网络拓扑外，还可以构成环型拓扑，如图 3-5 所示。

在环型拓扑中，光纤的首端和末端均用 OLT 相连接。从逻辑上和拓扑结构上分析，图 3-5 所示的 PON 环实质是总线型结构的变形，一个总线型 PON 被环回反向折叠组合构成环型网络结构，起点和终点都为 OLT。

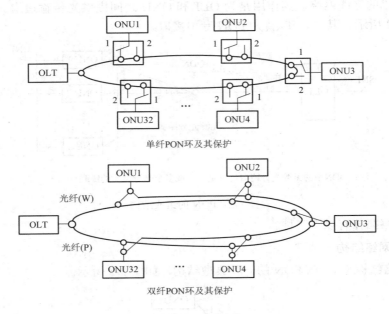

单纤PON环及其保护

双纤PON环及其保护

图 3-5　环型结构

3.3　基于企业用户的应用

　　企业用户一般集中于写字楼或者工业园区，用户分布较散，宽带需求相对较高，业务需求多样化，除语音和互联网业务外，还有专线和视频会议等需求。针对企业用户，一般采用 FTTN 或 FTTB 的接入方式。FTTN 接入方式前期引入光纤资源到写字楼内，在楼内安装分纤箱成端光缆，光缆到光节点。等后期有客户需求，再从楼内的分纤箱拉皮线光缆到用户所在处并安装 ONU。FTTB 接入方式是光缆到楼，ONU 安装在公共的楼道 ONU 综合箱内，从 ONU 综合箱内布放五类线或双绞线到用户所在处，可以采用 FTTB+LAN，如图 3-6 所示。

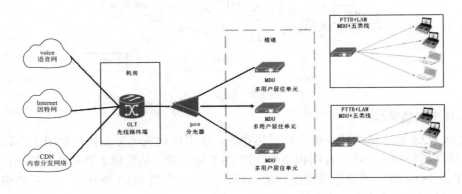

图 3-6　FTTB 网络结构

[案例分析 3-1]

工业园概况：工业园内有 6 栋楼，分别为 1 栋办公楼和 5 栋宿舍楼。办公楼内有 15 个办公室，每个宿舍楼内有 40 间宿舍。设备机房在办公楼内。每栋楼的距离在 100 米以内。办公楼内业务需求为互联网业务、语音业务和专线业务。宿舍楼内业务需求为互联网业务。

解决方案：工业园区客户覆盖多，且覆盖用户属性单一。采用 FTTB 方案覆盖工业园区内用户。从园区机房 OLT 设备经 ODF 架布放光缆到工业园区各楼放置 ONU 配线箱。从 OLT 机房布放 12 芯光缆到每栋楼，在楼内 ONU 配线箱中进行光缆成端，办公楼与宿舍楼都采用 24 口 GPON ONU 进行 FTTB 覆盖。从 ONU 配线箱布放五类线到用户即可，如图 3-7 所示。

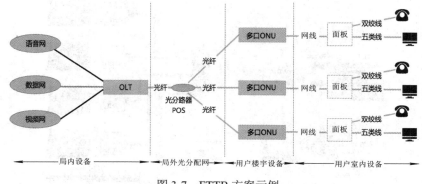

图 3-7 FTTB 方案示例

3.4 基于住宅小区的应用

随着 FTTx 设备价格不断下降，同时国家大力推进"宽带中国"战略的实施，各种宽带应用更加普及，用户宽带需求不断上升，用户的宽带体验也越来越高，住宅小区越来越多采用 FTTH 的接入方式。光纤到户彻底解决了接入网最后一公里的问题，如图 3-8 所示。

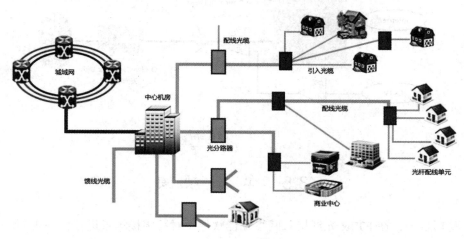

图 3-8 FTTH 结构

[案例分析 3-2]

小区概况：有 5 栋住宅楼，每栋住宅楼有 5 层，每层楼有 4 户住户，共覆盖用户 100 户。覆盖比例为 100%。每栋住宅楼间隔距离 50 米左右。客户需求为宽带上网业务。

解决方案：小区覆盖用户较多，且密集覆盖，采用 FTTH 光纤到户的接入覆盖。从局端机房 OLT 设备经 ODF 架跳纤至各光缆资源到该小区机房，在该小区机房放置 2 台 1:64 分光器。从小区机房放置 5 条 24 芯光缆到每栋住宅楼 3 楼，并在 3 楼安装分纤箱成端光缆，从分纤箱布放皮线光缆到每个用户家里，在用户家里安装 4 口 ONU，完成 FTTH 网络的覆盖，如图 3-9 所示。

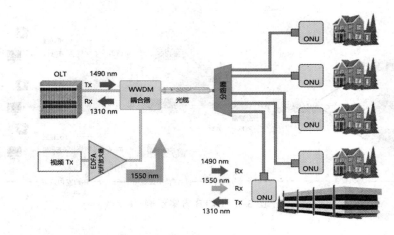

图 3-9　FTTH 结构

3.5　实 验 项 目

实验项目一：在 FTTx 光纤接入网络工程软件中对写字楼场景进行拓扑规划。

目的要求：了解 FTTx 的定义和分类，并且掌握 FTTN 接入方式。

实验项目二：在 FTTx 光纤接入网络工程软件中对工厂场景进行拓扑规划。

目的要求：了解 FTTx 的定义和分类，并且掌握 FTTB 接入方式。

实验项目三：在 FTTx 光纤接入网络工程软件中对小区场景进行拓扑规划。

目的要求：了解 FTTx 的定义和分类，并且掌握 FTTH 接入方式。

本 章 小 结

本章主要介绍 FTTx 的概念、分类以及 FTTx 的网络拓扑和各种典型场景的接入方式应用。

(1) FTTx 是 Fiber-to-the-x 的缩写，它是指光纤接入网络。FTTx 技术主要用于接入网络光纤化，范围从区域电信机房局端设备到用户终端设备。

(2) FTTx 分为 FTTC、FTTN、FTTB、FTTH 等。

(3) FTTx 的拓扑结构分为树型、环型和总线型结构。

(4) FTTx 的企业用户和住宅用户有不同的场景覆盖方式。

复 习 与 思 考 题

1. 简述 FTTx 的概念及特点。

2. 简述 FTTx 拓扑结构类型。

3. 网络由哪三大部分组成？

4. FTTH 接入方式中，网络由哪些设备、箱体、线路和光分器构件组成？

第 4 章　FTTx 主要设备材料介绍

 本章内容

- OLT 介绍
- 分光器介绍
- ONU 介绍
- 光缆及箱体配件介绍

 本章重点、难点

- OLT 设备的功能特性
- 分光器设备的功能特性
- ONU 设备的功能特性
- 光缆及箱体配件的功能特性
- FTTx 光纤接入网络覆盖涉及的各种设备材料的功能特性

 本章学习目的和要求

- 了解并熟悉 FTTx 光纤接入网络覆盖涉及的各种设备材料的功能特性

 本章学时数

- 建议 3 学时

4.1　OLT 介绍

　　OLT 设备是一种重要的局端设备，可以与前端(汇聚层)交换机用网线相连，转化成光信号，用单根光纤与用户端的分光器互联；实现对用户端设备 ONU 的控制、管理、测距。

目前国内的 OLT 设备商有华为、中兴、烽火、华三、贝尔、摩托罗拉、格林威尔等。它们的 OLT 产品既有共性，也有很多各自的特点。

　　OLT 一方面将承载各种业务的信号在局端进行汇聚，按照一定的信号格式送入接入网络以便向终端用户传输，另一方面将来自终端用户的信号按照业务类型分别送入各种业务网中。

1. OLT 设备的组成

　　典型的 OLT 设备如图 4-1、图 4-2 所示。

图 4-1　机架式 OLT

图 4-2　盒式 OLT

OLT 通常由以下几部分组成：

（1）控制板(也叫主控板或者超级控制单元)，一般一台 OLT 有主、备两张板子。

（2）直流电源板(从开关电源的−48 V 来的电源)，一般也是主、备两张板子。

（3）风扇单元(用于主要设备的散热和环境监控等)。

（4）机框(或者叫业务框)。

（5）上行板件：GE 光接口板(含扣板)、光收发一体化模块，一般一张板子是两路 GE口(目前 10GE 的已经商用)，上行板件可以通过 OTN 光传输设备连接 BRAS(宽度远程接入服务器)汇聚交换机，也可以直连 BRAS 设备、SR 设备等。如果有 IPTV 业务的，还需接入相应 BNG 设备。上行板件根据不同的光模块，传输距离(中间不加传输)可以达到 10～40 km。

2. OLT 设备的分类

(1) 按照不同的 PON 技术标准，OLT 可以分为 EPON 和 GPON 两种类型。其中 EPON 类型的 OLT 最大支持 1:64 光分路比，上行线路最大速率 1.25 Gb/s，下行线路最大速率 1.25 Gb/s。GPON 类型的 OLT 支持 1：128 光分路比，上行线路最大速率 1.25 Gb/s，下行线路最大速率 2.5 Gb/s。

(2) 按照 OLT 设备大小可以分为盒式和机架式，各厂商基本都具有这两种类型的设备。盒式 OLT 设备 PON 口一般为 4 个或 8 个，而机架式 OLT 通常有多个槽位，支持 PON 口的数量至少为 20 个。

OLT 设备和 ONU 设备一样，也是光电一体的设备。

4.2 分光器介绍

分光器是一种无源器件，又称光分路器，它们不需要外部能量，只要有输入光即可。分光器是实现光网络系统中将光信号进行耦合、分歧、分配的光纤汇接器件。分光器由入射和出射狭缝、反射镜和色散元件组成，其作用是将所需要的共振吸收线分离出来。

1. 分光器的分类

分光器一般分为三种类型：托盘式分光器、机架式分光器和盒式分光器。

(1) 托盘式分光器：用类似配纤盘的托盘封装并可直接安装于光配线架或光缆交接箱里的光分路器套件，有出纤式和成端式两种，一般采用成端式。

(2) 机架式分光器：采用盒体封装，可安装于 19 寸标准机柜内，一般为成端型。

(3) 盒式分光器：采用小盒子封装，端口采用尾纤引出的小型分光器，一般为出尾纤型。

2. 分光器的规格

常用 $M \times N$ 表示一个分光器有 M 个输入端和 N 个输出端。在 FTTx 系统中，M 可以为 1 或 2。N 可以为 2、4、8、16、32、64、128 等。分光器接口有 LC、SC、FC 三种类型。1：16 分光器和 1：64 分光器实物分别如图 4-3 和图 4-4 所示。

图 4-3　1：16 分光器

图 4-4　1∶64 分光器

4.3　ONU 介 绍

光网络单元(ONU)分为有源光网络单元和无源光网络单元。一般把装有光接收机、上行光发射机、多个桥接放大器网络监控的设备叫作光节点。ONU 位于客户端，实现用户与通信网络的连接。目前国内的 ONU 设备商有华为、中兴、烽火、华三、贝尔、摩托罗拉、格林威尔等。它们的 ONU 产品既有共性，也有很多各自的特点。

1. ONU 设备的分类

参照设备提供端口的数量不同，ONU 主要分为两种类型。

(1) ONU 提供 1 个、2 个或 4 个以太网接口，可选 POST 端口、WLAN 和 E1 端口，主要用于家庭用户。

(2) ONU 提供 8 个、16 个或 24 个及以上的以太网接口，可选 POST 端口和 E1 端口，主要用于企业用户或办公室。4 口和 24 口 ONU 实物分别如图 4-5 和图 4-6 所示。

图 4-5　4 口 ONU

图 4-6　24 口 ONU

　　参照 PON 接入标准不同，ONU 主要分为两种类型，即 EPON 类型 ONU 和 GPON 类型 ONU。

2. ONU 的功能

ONU 的功能如下：

(1) 选择接收 OLT 发送的广播数据。

(2) ONU 设备响应 OLT 发出的测距及功率控制命令，并作相应的调整。

(3) 对用户的以太网数据进行缓存，并在 OLT 分配的发送窗口中向上行方向发送数据。

(4) 丰富强大的 OAM 功能支持的远端管理能力。

(5) ONU 提供数据、IPTV(交互式网络电视)、语音(使用 IAD，即 Integrated Access Device(综合接入设备))等业务，真正实现"triple-play"应用。

(6) 基于自动发现与配置的 ONU "即插即用"。

(7) 基于服务水平协议(SLA)计费的高级服务质量(QoS)功能。

(8) 支持 Dying Gasp 功能。

4.4　光缆及箱体配件介绍

4.4.1　光缆

　　光缆(Optical Fiber Cable)是为了满足光学、机械或环境的性能规范而制造的，它是利用置于包覆护套中的一根或多根光纤作为传输媒质并可以单独或成组使用的通信线缆组件。光缆主要是由光导纤维(细如头发的玻璃丝)和塑料保护套管及塑料外皮构成，光缆内没有金、银、铜、铝等金属，一般无回收价值。光缆是一种一定数量的光纤按照一定方式组成缆心，外面包有护套，有的还包覆外护层，用以实现光信号传输的通信线路，即由光纤(光传输载体)经过一定的工艺而形成的线缆。光缆的基本结构一般由缆芯、加强钢丝、填充物、护套等几部分组成，另外根据需要还有防水层、缓冲层、绝缘金属导线等构件。

1. 光缆的种类

(1) 按照传输性能、距离和用途的不同，光缆可以分为用户光缆、市话光缆、长途光缆和海底光缆。

(2) 按照光缆内使用光纤的种类不同，光缆可以分为单模光缆和多模光缆。

(3) 按照光缆内光纤纤芯的多少，光缆可以分为单芯光缆、双芯光缆等。

(4) 按照加强件配置方法的不同，光缆可分为中心加强构件光缆、分散加强构件光缆、护层加强构件光缆和综合外护层光缆。

(5) 按照传输导体、介质状况的不同，光缆可分为无金属光缆、普通光缆、综合光缆(主要用于铁路专用网络通信线路)。

(6) 按照敷设方式不同，光缆可分为管道光缆、直埋光缆、架空光缆和水底光缆。

(7) 按照结构方式不同，光缆可分为扁平结构光缆、层绞式光缆、骨架式光缆、铠装光缆和高密度用户光缆。

2．光缆型号识别

光缆的型号由六个部分组成，各部分均用代号表示，如图 4-7(a)所示。光缆缆芯如图 4-7(b)所示。

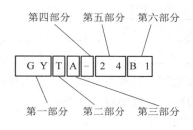

(a) 光缆代号

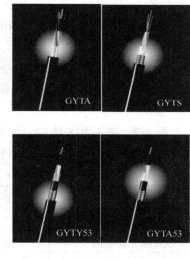

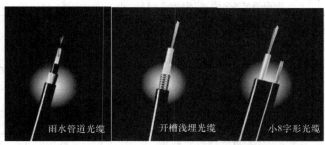

(b) 光缆缆芯

图 4-7　光缆

图 4-7(a)中六个部分对应的详细内容分别如下：

1) 第一部分

第一部分是分类的代号，如表 4-1 所示。

表 4-1　分类代号

代号	对应光缆	代号	对应光缆
GY	通信用室(野)外光缆	GS	通信用设备内光缆
GH	通信用海底光缆	GT	通信用特殊光缆
GJ	通信用室(局)内光缆	GW	通信用无金属光缆
GR	通信用软光缆	GM	通信用移动式光缆

注：第一部分与第二部分之间是加强件(加强芯)的代号。加强构件指护套以内或嵌入护套中用于增强光缆抗拉力的构件，包括以下四种：

(1) 无符号：金属加强构件；

(2) G：金属重型加强构件；

(3) F：非金属加强构件；

(4) H：非金属重型加强构件。

例如，**GYTA** 是金属加强芯，**GYFTA** 是非金属加强芯。

2) 第二、三部分

第二部分是缆芯和光缆内填充结构特征的代号。光缆的结构特征应表示出缆芯的主要类型和光缆的派生结构，当光缆型号有几个结构特征需要注明时，可用组合代号表示。

第二部分的代号如表 4-2 所示。

表 4-2　缆芯和光缆的派生结构特征

代号	对应组合	代号	对应组合
B	扁平形状	C	自承式结构
D	光纤带结构	E	椭圆形状
G	骨架槽结构	J	光纤紧套涂覆结构
T	油膏填充式结构	R	充气式结构
X	缆束管式(涂覆)结构	Z	阻燃

第三部分是护套，代号如表 4-3 所示。

表 4-3　护套的代号

代号	对应护套	代号	对应护套
A	铝-聚乙烯黏结护套	G	钢护套
L	铝护套	Q	铅护套
S	钢-聚乙烯黏结护套	U	聚氨酯护套
V	聚氯乙烯护套	Y	聚乙烯护套
W	夹带平行钢丝的钢-聚乙烯黏结护套		

3) 第四部分与第五部分

第四部分是连接号。

第五部分的代号用两组数字表示，第一组表示铠装层，可以是一位或两位数字，见表 4-4；第二组表示涂覆层，是一位数字，见表 4-5。

表 4-4　铠装层代号

代号	铠装层
5	皱纹钢带
44	双粗圆钢丝
4	单粗圆钢丝
33	双细圆钢丝
3	单细圆钢丝
2	绕包双钢带
0	无铠装层

表 4-5　涂覆层代号

代号	涂覆层或外套代号
1	纤维外套
2	聚乙烯保护管
3	聚乙烯套
4	聚乙烯套加覆尼龙套
5	聚氯乙烯套

4) 第六部分

第六部分是光缆规格，主要包括多模光纤和单模光纤，单模光纤如表 4-6 所示。

表 4-6　单模光纤

单模光纤型号	对应光纤	光纤代号
B1.1(B1)	非色散位移型光纤	G652
B1.2	截止波长位移型光纤	G654
B2	色散位移型光缆	G653
B4	非零色散位移光纤	G655

注：多模光纤因模间色散的原因不能进行长距离光传输，几乎被淘汰。

4.4.2　蝶形光缆

蝶形光缆是一种新型用户接入光缆，因截面外形像蝴蝶而得名，又称皮线光缆，如图 4-8 所示。蝶形光缆多为单芯、双芯结构，也可做成四芯结构，横截面呈“8”字形，加强件位于两圆中心，可采用金属或非金属结构，光纤位于 8 字形的几何中心。蝶形光缆内光纤采用 G.657 小弯曲半径光纤，可以以 20 mm 的弯曲半径敷设，适合在楼内以管道方式或布明线方式入户。

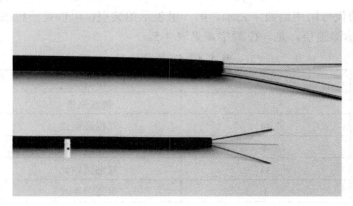

图 4-8　蝶形光缆

1. 蝶形光缆的应用要点

(1) 蝶形光缆分室内和室外两种，两者价格差异较大，室外型价格约为室内型价格的 2 倍，在做具体设计方案时应考虑价格因素。一般情况下，室外仍采用普通光缆 (GYTA-G652D)，室内用室内型蝶形光缆，两者通过分纤箱或接头盒过渡。

(2) 蝶形光缆有曲率半径较小、重量轻、相对抗折弯性能较好且易固定、在 86 终端盒内易端接等特点。

(3) 蝶形入户光缆有非金属加强构件和金属加强构件两种形式，考虑到防雷、防强电干扰因素，室内应采用非金属加强构件蝶形光缆。

(4) 室内型蝶形光缆有 1 芯、2 芯、3 芯、4 芯等规格。住宅用户接入蝶形入户光缆宜选用单芯缆；商务用户接入蝶形光缆可按 2～4 芯缆设计。

2. 蝶形光缆的特点

(1) 特种耐弯光纤，提供更大的带宽，增强网络传输性能。

(2) 两根平行 FRP 或金属加强件使光缆具有良好的抗压性能，从而保护光纤。

(3) 光缆结构简单、重量轻、实用性强。

(4) 独特的凹槽设计，易剥离、方便接续，简化了安装和维护。

(5) 低烟无卤阻燃聚乙烯护套或阻燃聚氯乙烯护套，比较环保。

(6) 可与多种现场连接器匹配，可现场成端。

4.4.3　光缆分纤箱

光缆分纤箱是 FTTH 系统中用户终端的配线分线设备，可以实现光纤的熔接、分配以及调度等功能，其实物如图 4-9 所示。光缆分纤箱是用于室外、楼道内或室内连接主干光缆与配线光缆的接口设备，特别适用于光纤接入网中的光纤终端点，集光纤的熔接、盘储、配线三种功能于一体，可实现主缆的直通和盘储。光缆分纤箱由箱体、内部结构件、光纤活动连接器、光分路器及备附件组成。它具有直通和分纤功能。其光缆进出方便，方便重复开启、多次操作、容易密封。光缆分纤箱的主要型号有 12 芯、24 芯、48 芯、96 芯、144 芯、288 芯分纤箱(大芯数分纤箱并不常见，一般集成于光交箱内)。

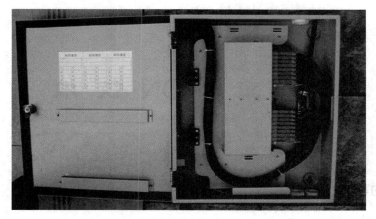

图 4-9　光缆分纤箱

4.5　实　验　项　目

实验项目一：在 FTTx 光纤接入网络工程软件中观察 OLT、ONU、分光器、光缆、箱体等设备材料。

目的要求：了解及熟悉 FTTx 光纤接入网络工程中涉及的主要设备箱体的功能特性。

本　章　小　结

本章主要介绍 FTTx 光纤接入网络工程涉及的 OLT 设备、ONU 设备、分光器设备、光缆以及箱体的功能特性。

(1) OLT 设备是一种重要的局端设备，可以与前端(汇聚层)交换机用网线相连，转化成光信号，用单根光纤与用户端的分光器互连。

(2) 分光器是一种无源器件，又称光分路器，它们不需要外部能量，只要有输入光即可。分光器是实现光网络系统中将光信号进行耦合、分歧、分配的光纤汇接器件。

(3) ONU 分为有源光网络单元和无源光网络单元。一般把装有包括光接收机、上行光发射机、多个桥接放大器网络监控的设备叫作光节点。ONU 位于客户端，实现用户与通信网络的连接。

复习与思考题

1. 简述 OLT 设备的功能及分类。
2. 简述分光器设备的类型。
3. 简述 ONU 设备的功能及分类。

第 5 章　PON 技术

本章内容

- PON 技术介绍
- EPON 技术介绍
- GPON 技术介绍
- EPON 与 GPON 的对比
- PON 技术未来的发展

本章重点、难点

- PON 技术介绍
- EPON 技术介绍
- GPON 技术介绍
- EPON 与 GPON 的对比

本章学习目的和要求

- 了解 PON 技术的基本概念
- 了解和熟悉 EPON 技术的基本理论知识
- 了解和熟悉 GPON 技术的基本理论知识
- 了解 EPON 技术与 GPON 技术的不同之处

本章学时数

- 建议 6 学时

5.1　PON 技术介绍

本节主要介绍 PON 技术概述、PON 网络结构、PON 保护以及 PON 的优势。

5.1.1　PON 技术概述

随着以太网技术在城域网中的普及以及宽带接入技术的发展，人们提出了速率高达 1 Gb/s 以上的宽带无源光网络(Passive Optical Network，PON)技术，主要包括 EPON 和 GPON 技术，其中 E 是指 Ethernet(以太网)，G 是指 Gigabit-Capable(吉比特级)。

1987 年，英国电信公司的研究人员最早提出了 PON 的概念。1995 年，全业务网络联盟 FSAN(Full Service Access Network)成立，旨在共同定义一个通用的 PON 标准。1998 年，国际电信联盟 ITU-T 工作组以 155 Mb/s 的 ATM 技术为基础，发布了 G.983 系列 APON (ATM PON)标准。这种标准目前在北美、日本和欧洲应用较多，在这些地区都有 APON 产品的实际应用。但在中国，ATM 本身的推广并不顺利，所以 APON 在我国几乎没有什么应用。

2000 年年底，一些设备制造商成立了第一英里以太网联盟(EFMA)，提出基于以太网的 PON 概念——EPON(Ethernet Passive Optical Network)。EFMA 还促成电气电子工程师学会(IEEE)在 2001 年成立第一英里以太网(EFM)小组，开始正式研究包括 1.25 Gb/s 的 EPON 在内的 EFM 相关标准。EPON 标准 IEEE 802.3ah 在 2004 年 6 月正式颁布。

2001 年年底，FSAN 更新网页把 APON 更名为 BPON(Broadband PON)。实际上，2001 年 1 月左右在 EFMA 提出 EPON 概念的同时，FSAN 也已经开始了带宽在 1 Gb/s 以上的 PON 的研究，也就是 Gigabit PON 标准的研究。FSAN/ITU 推出 GPON 技术的最大原因是网络 IP 化进程加速和 ATM 技术的逐步萎缩导致之前基于 ATM 技术的 APON/BPON 技术在商用化和实用化方面严重受阻，迫切需要一种高传输速率、适宜 IP 业务承载同时具有综合业务接入能力的光接入技术出现。在这样的背景下，FSAN/ITU 以 APON 标准为基本框架，重新设计了新的物理层传输速率和 TC 层，推出了新的 GPON 技术和标准。2003 年 3 月，ITU-T 颁布了描述 GPON 总体特性的 G.984.1 和 ODN 物理媒质相关(PMD)子层的 G.984.2 GPON 标准。2004 年 3 月和 6 月，ITU-T 分别发布了规范传输汇聚(TC)层的 G.984.3 和运行管理通信接口的 G.984.4 标准。

5.1.2　PON 网络结构

如图 5-1 所示，PON 由光线路终端(OLT)、光分路器(Spliter)和光网络单元(ONU)组成，采用树状拓扑结构。OLT 放置在中心局端，分配和控制信道的连接，并有实时监控、管理及维护功能。ONU 放置在用户侧，OLT 与 ONU 之间通过无源光合/分路器连接。

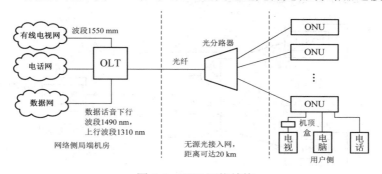

图 5-1　PON 网络结构

所谓无源是指在 OLT 和 ONU 之间的 ODN 没有任何有源电子设备。

PON 使用波分复用(WDM)技术，同时处理双向信号传输，上、下行信号分别用不同的波长，但在同一根光纤中传送。OLT 到 ONU/ONT 的方向为下行方向，反之为上行方向。下行方向采用 1490 nm，上行方向采用 1310 nm，如图 5-2 所示。

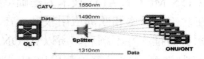

图 5-2　PON 单纤双向传输原理

FTTH 常用的网络拓扑如图 5-3 所示。

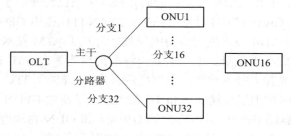

图 5-3　树型拓扑

5.1.3　PON 保护

从接入网的管理角度看，为加强接入网的可靠性，PON 的保护结构是必须要考虑的。然而，保护应当是一种可选的机制，因为其实施必须要考虑到经济因素。

PON 的保护根据其保护部分的不同，主要有三种类型：光纤部分保护、OLT 保护和全保护。这三种配置分别如图 5-4、图 5-5 和图 5-6 所示。

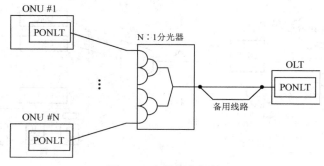

图 5-4　光纤部分保护

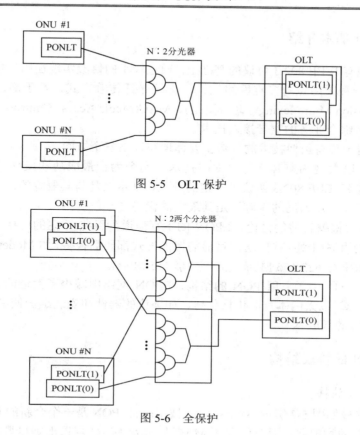

图 5-5　OLT 保护

图 5-6　全保护

5.1.4　PON 的优势

PON 具有成本低、维护简单、容易扩展、易于升级等优点。PON 结构在传输途中不需要电源，没有电子部件，因此容易铺设，基本不用维护，长期运营成本和管理成本节省了很多。

无源光网络是纯介质网络，彻底避免了电磁干扰和雷电影响，极适合在自然条件恶劣的地区使用。

PON 系统对局端资源占用很少，系统初期投入低，扩展容易，投资回报率高。

PON 提供非常高的带宽。EPON 目前可以提供上/下行对称的 1.25 Gb/s 的带宽，并且随着以太网技术的发展可以升级到 10 Gb/s。GPON 则是高达 2.5 Gb/s 的带宽。

PON 服务范围大。PON 作为一种点对多点网络，以一种扇形的结构来节省成本(CO)的资源，服务大量用户。用户共享局端设备和光纤的方式更是节省了用户投资。

PON 带宽分配灵活，服务有保证。G/EPON 系统对带宽的分配和保证都有一套完整的体系，可以实现用户级的 SLA(服务等级协议)。

5.2　EPON 技术介绍

本节内容包括 EPON 基本介绍和 EPON 的协议结构。

5.2.1　EPON 基本介绍

EPON 在现有 IEEE 802.3 协议的基础上，通过较小的修改实现在用户接入网络中传输以太网帧，是一种采用点对多点网络结构、无源光纤传输方式，基于高速以太网平台和 TDM(Time Division Multiplexing，时分复用)、MAC(Media Access Control，媒体访问控制) 方式，提供多种综合业务的宽带接入技术。

EPON 相对于现有类似技术的优势主要体现在以下三个方面。

(1) 与现有以太网的兼容性：以太网技术是迄今为止最成功和成熟的局域网技术。EPON 只是对现有 IEEE 802.3 协议做一定的补充，基本上是与其兼容的。考虑到以太网的市场优势，EPON 与以太网的兼容性是其最大的优势之一。

(2) 高带宽：根据目前的讨论，EPON 的下行信道为百兆/千兆的广播方式，而上行信道为用户共享的百兆/千兆信道。这比目前的接入方式都要高很多，如 Modem、ISDN、ADSL 甚至 ATM PON(下行 622/155 Mb/s，上行共享 155 Mb/s)。

(3) 低成本：① 由于采用 PON 的结构，EPON 网络中减少了大量的光纤和光器件以及维护的成本；② 以太网本身的价格优势，如廉价的器件和安装维护使 EPON 具有 ATM PON 所无法比拟的低成本。

5.2.2　EPON 的协议结构

1. EPON 协议栈

EPON 协议栈如图 5-7 所示。对于以太网技术而言，PON 是一个全新的介质。IEEE 802.3 工作组定义了新的物理层，而对以太网 MAC 层以及 MAC 层以上则尽量做最小的改动以支持新的应用和介质。

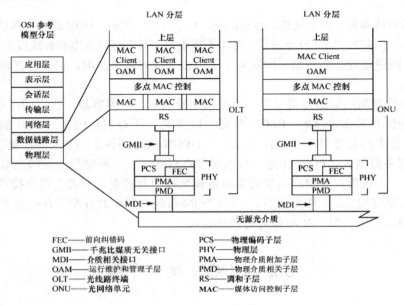

FEC——前向纠错码　　　　　　PCS——物理编码子层
GMII——千兆比媒质无关接口　　PHY——物理层
MDI——介质相关接口　　　　　 PMA——物理介质附加子层
OAM——运行维护和管理子层　　 PMD——物理介质相关子层
OLT——光线路终端　　　　　　 RS——调和子层
ONU——光网络单元　　　　　　 MAC——媒体访问控制子层

图 5-7　EPON 协议栈

1) EPON *层次模型*

(1) EPON 数据链路层：包括 MAC Client、OAM、多点 MAC 控制和 MAC，共四个子层。

(2) EPON 物理层(PHY)：包括 PCS、PMA、PMD 和一个可选的 FEC 层。

(3) 各层之间的接口：PCS 层与 MAC 层的接口定义为千兆比媒质无关接口(GMII)，它是字节宽度的数据通道。PMA 层与 PCS 层的接口定义为 10 位数接口(TBI)，它是 10 位宽度的数据通道。PMD 层与物理层介质的接口为介质相关接口(MDI)，它是串行比特物理接口。

2) EPON *数据链路层 MPCP*

为了避免不同 ONT/ONU 之间的数据冲突，需要一个特殊的操作过程来发送上行数据，控制上行数据的发送遵循多点控制协议(Multi-Point Control Protocol，MPCP)。MPCP 是 EPON 的核心控制协议，其主要功能是通过 OLT 为 ONT/ONU 动态地分配上行带宽。EPON 的 MPCP 是依靠多点 MAC 控制层产生的 MAC 控制帧来实现的，实现过程结构如图 5-8 所示，基本工作原理由授权处理过程、发现处理过程和报告处理过程三个部分组成。

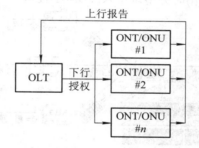

图 5-8　MPCP 实现过程结构

2. EPON 帧结构

如图 5-9 所示，EPON 只在 IEEE 802.3 的以太数据帧格式上做必要的改动，如在以太帧中加入时戳(Time Stamp)、LLID 等内容，可使 P2MP 网络拓扑对于高层来说表现为多个点对点链路的集合，其中 LLID 用于标识 ONU。

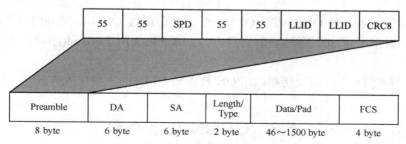

图 5-9　P2P 仿真子层的实现

下面介绍 EPON 上/下行工作原理。

如图 5-10 所示，下行采用纯广播的方式。

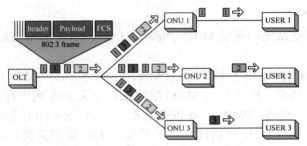

图 5-10　EPON 下行工作原理

(1) OLT 为已注册的 ONU 分配 LLID。

(2) 由各个 ONU 监测到达帧的 LLID，以决定是否接收该帧。

(3) 如果该帧所含的 LLID 和自己的 LLID 相同，则接收该帧；反之则丢弃。

ONU 注册成功后分配一个唯一的 LLID。在每一个分组开始之前添加一个 LLID，替代以太网前导符的最后两个字节。OLT 接收数据时比较 LLID 注册列表；ONU 接收数据时，仅接收符合自己 LLID 的帧或广播帧。由于采用广播方式，因此需要通过加密解决数据安全问题。采用三重搅动(Triple Churning)方式提高数据安全性。

如图 5-11 所示，上行采用时分多址接入(TDMA)技术。

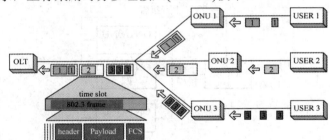

图 5-11　EPON 上行工作原理

(1) OLT 接收数据前比较 LLID 注册列表，确认 ONU 数据合法性。

(2) 每个 ONU 在由局方设备统一分配的时隙中发送数据帧，避免数据冲突。

(3) 分配的时隙补偿了各个 ONU 距离的差距，避免了各个 ONU 之间的碰撞。

(4) 距离是通过 OLT-ONU 建立连接时测距所得，提供补偿 ONU 间不同距离产生的时延参数。

如图 5-11 所示，各 ONU 按照 OLT 分配的时隙经过 ODN 汇聚到同一光纤接入 OLT 的 PON 口。时隙采用 802.3 帧结构，该帧由 header(包头)、Payload(净荷)、FCS(帧校验序列)组成。

在国内的 FTTx 光纤接入初期，EPON 技术是 FTTx 的主要接入方式。

5.3　GPON 技术介绍

吉比特无源光网络(GPON)系统通常由局侧的 OLT、用户侧的 ONU 和 ODN 组成，通常采用点到多点的网络结构。ODN 由单模光纤、光分路器、光连接器等无源光器件组成，

为 OLT 和 ONU 之间的物理连接提供光传输媒介。当采用三波长提供 CATV 等业务时,ODN
中也包括分波、合波的 WDM 器件。

5.3.1　GPON 基本介绍和标准

ODN 中两个光传输方向定义为:下行方向定义为光信号从 OLT 传输至 ONU;上行方
向定义为光信号从 ODN 传输至 OLT。

GPON 系统采用单纤双向传输方式时,上/下行应分别使用不同的波长,其中:上行使
用 1290～1330 nm 波长(标称 1310 nm);下行使用 1489～1500 nm 波长(标称 1490 nm)。

当使用第三波长提供 CATV 业务时,应使用 1540～1560 nm 波长(标称 1550 nm)。

GPON 标称速率等级由 ITU-T G.984.2 定义,传输线路的速率定义为 8 kHz 的倍数,
GPON 的标称线路速率(下行/上行)有多种,具体包括:

- 下行 1244.16 Mb/s,上行 155.52 Mb/s;
- 下行 1244.16 Mb/s,上行 622.08 Mb/s;
- 下行 1244.16 Mb/s,上行 1244.16 Mb/s;
- 下行 2488.32 Mb/s,上行 155.52 Mb/s;
- 下行 2488.32 Mb/s,上行 622.08 Mb/s;
- 下行 2488.32 Mb/s,上行 1244.16 Mb/s(目前的主流支持速率);
- 下行 2488.32 Mb/s,上行 2488.32 Mb/s。

虽然 GPON 标称速率定义了多个等级,但是实际目前主流芯片厂商和设备厂商的
GPON 产品均只支持下行 2488.32 Mb/s、上行 1244.16 Mb/s 的标称速率,线路编码下行
和上行均采用 NRZ 码。因此下行 2488.32 Mb/s,上行 1244.16 Mb/s 的标称速率实际成为
GPON 唯一的标称速率。一般情况下,GPON 的速率指的是下行 2488.32 Mb/s,上行
1244.16 Mb/s。

GPON 支持的最大逻辑距离为 60 km;GPON 支持的最大物理距离为 20 km;GPON
支持的最大距离差为 20 km。

最大距离差是指两个 ONU 到达 OLT 的最大距离差值,即最远的 ONU 到达 OLT 的距
离减去最近的 ONU 到达 OLT 的距离差值,这个值是协议中规定的,距离差大于 20 km 有
可能造成一些协议报文产生干扰,实际上距离超过 20 km 会造成 ONU 无法激活,在组网
时应该注意。

分光比为 1∶64,可升级为 1∶128(协议规定的最大分光比可以达到 1∶256,但在城市
FTTH 实际应用不会超过 1∶64,如果采用薄覆盖,则会引入多级分光)。随着用户端口速率
迅速提高(如用户端口速率超过 200 Mb/s),极限比不会大于 32,所以高分光比意义不大。

1. GPON 光功率预算

GPON 光功率预算决定了 GPON 系统的最大传输距离和最大分路比。G.984.2 根据允
许衰减范围的不同定义了 A、B、C 三大类,后续结合实际应用需求和光收发模块的实际
能力增补了 B+ 和 C+ 类,目前 B+类是主流,C+类有少量应用。B+ 类光模块和 C+ 类光
模块在 GPON 设备上,可以支持最长 20 km 的传输距离,且最大支持 1∶64 的分路比。
GPON 系统的最大差分距离为 20 km。GPON 还可以通过上/下行 FEC 功能增加部分增益。

表 5-1 列出了不同类型 ODN 的衰减范围。

表 5-1　不同类型 ODN 的衰减范围

ODN 类型	衰减范围/dB
A 类	5～20
B 类	10～25
B+类	13～28
C 类	15～30
C+类	17～32

2. GPON 的加密方式

在 GPON 系统中，由于下行数据采用广播方式，因此所有 ONU 都能够接收到数据。如果存在恶意用户，那么它可以监听到所有用户的所有下行数据。因此 GPON 系统的下行数据必须要支持加密。目前 GPON 系统支持 AES 加密方式，支持 128b 严格的加密机制，提供更加严格的安全和保护机制，确保运营商网络和业务的安全可靠运行。但是下行加密仅仅对通过单播 GEM Port 通道传送的业务进行加密，对于组播 GEM Port 通道传送的业务，由于需要由若干个 ONU 接收，因此密钥的协商交换机制比较复杂，目前不支持加密。

5.3.2　GPON 的工作原理

GPON 下行的复用关系如图 5-12 所示。可以看出一个 OLT PON 口由若干个逻辑 Port 组成，我们称之为 GEM Port(虚拟接口)，ONU 同样具有若干个 GEM Port，OLT 的 GEM Port 与 ONU 的 GEM Port 通过某种方式一一对应。

ONU 的同步状态机制如图 5-13 所示。

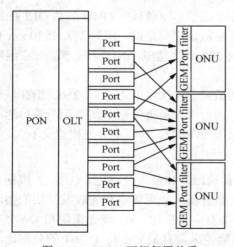

图 5-12　GPON 下行复用关系

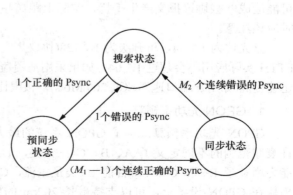

图 5-13　ONU 的同步状态机制

OLT 下行业务采用广播方式，OLT 将业务封装入 GEM 帧中，然后若干个 GEM 帧组成 GTC 帧，下行传送。ONU 根据 GEM 帧中封装的 GEM Port ID 进行过滤。OLT 下行具有两种类型的通道，即单播 GEM Port 通道和组播 GEM Port 通道。

单播 GEM Port 通道表示 OLT 发送的数据只是传送给某个特定的 ONU，只有一个配置了这个单播 GEM Port 的 ONU 会接收这个数据，如图 5-14 所示。

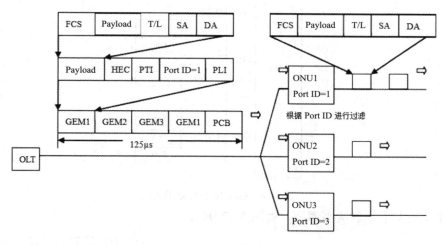

图 5-14 单播通道

组播 GEM Port 通道表示 OLT 发送的数据是传送给一组 ONU，存在若干个 ONU 配置了这个组播 GEM Port，这些 ONU 都会接收这个数据。由于 ONU 往往具有若干个 UNI 接口，因此一般对于组播 GEM Port 通道，我们会结合组播 GEM Port ID 与组播 MAC 地址一起进行过滤操作，如图 5-15 所示。

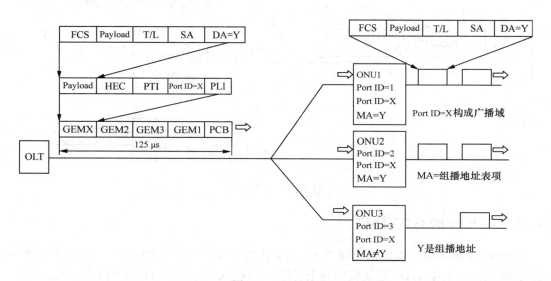

图 5-15 组播信道

　　OLT 上行业务采用 TDMA 方式，ONU 将业务封装入 GEM 帧中，然后若干个 GEM 帧组成一个 T-CONT，在分配的时间片内传送。

　　GPON 上行的复用关系如图 5-16 所示。

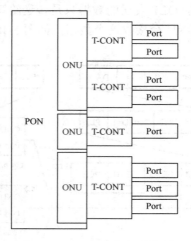

图 5-16　GPON 上行复用关系

OLT 上行只有一种类型通道，如图 5-17 所示。

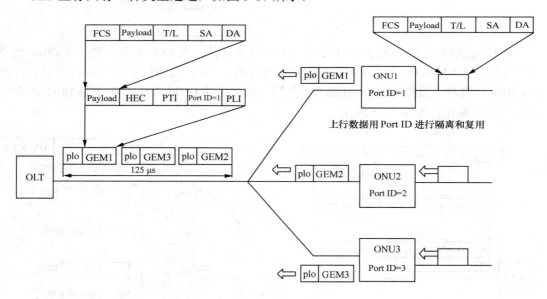

图 5-17　上行通道

5.3.3　GPON 的 GTC 协议

　　GPON 系统的协议栈如图 5-18 所示，主要由物理媒质相关层(PMD)和 GPON 传输汇聚(GTC)层组成。其中 GTC 层又包括两个子层：GTC 成帧子层和 TC 适配子层。GTC 层主要实现 GEM 客户接口、ONT 管理和控制接口(OMCI)的适配和封装。

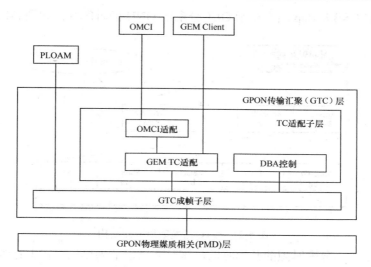

图 5-18　GPON 系统协议栈

GPON GTC 的 TC 帧结构分成下行帧结构和上行帧结构，两者不对称，如图 5-19 所示。其中下行帧结构采用 125 μs 长度的帧结构，而上行帧结构是按照 125 μs 划分的虚拟帧结构。

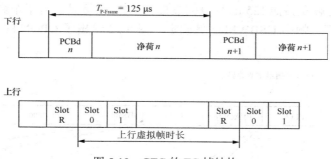

图 5-19　GTC 的 TC 帧结构

1. GPON 下行帧结构

GPON 的下行帧格式由 PCBd 头和净荷两个部分组成。PCBd 为下行物理层控制块(Physical Control Block downstream)，提供帧同步、定时及动态带宽分配等 OAM 功能；净荷部分透明封装 GEM 帧。ONU 依据 PCBd 获取同步等信息，依据 GEM 帧头的 Port ID 过滤 GEM 帧。

PCBd 组成如图 5-20 所示。

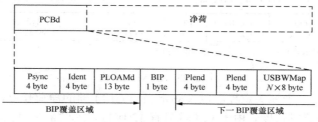

图 5-20　PCBd 组成

PCBd 中的 USBWMap 用于指示 OLT 分配给 ONU 的时间片，如图 5-21 所示。

USBWMap
N×8 byte
通道的数目是变化的
Access 1
8 byte
Access 2
8 byte
…
Access N
8 byte
Alloc-ID
12 bit
Flags
12 bit
SStart
2 byte
SStop
2 byte
CRC
1 byte
CRC覆盖范围

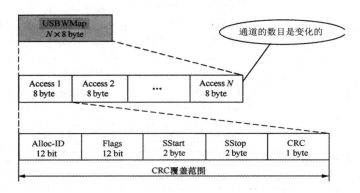

图 5-21　GTC 带宽映射分配结构

SStart 用于指示分配时隙的开始时间。该时间以字节为单位，在上行帧中从 0 开始，并且限制上行帧的大小不超过 65 536 字节，可满足 2.488 Gb/s 的上行速率要求。SStop 用于指示分配时隙的结束时间。

2. GPON 上行帧结构

GPON 的上行帧是按照 125 μs 划分的虚拟帧结构，实际是由若干个突发时间片构成的，时间片的长度由下行帧中 USBWMap 域确定，图 5-22 给出了 GPON 的上行帧结构中的某个突发时间片。

StartTime指示字节边界
PLOu
PLAOMu
PLSu
DBRu
Payload
前导码
a byte
定界符
b byte
BIP
1 byte
PLOAMu
指示
1 byte
FEC指示
1 byte
ONU ID
1 byte
Msg ID
1 byte
Message ID
10 byte
CRC
1 byte
DBA
1.24 byte
CRC
1 byte

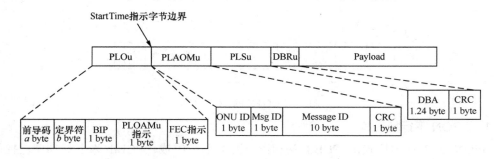

图 5-22　GPON 上行帧结构的突发时间片构成

3. GEM 帧格式

GPON 的业务封装采用了 GEM (GPON Encapsulation Method)帧，这种封装方式能完成对以太网业务、Native TDM 业务的适配，图 5-23 给出了 GEM 的帧结构。

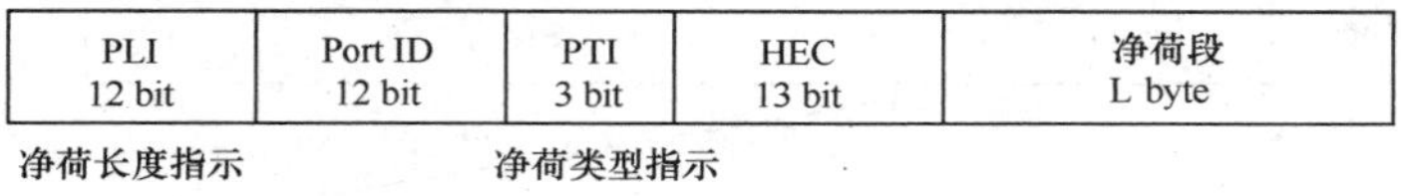

PLI
12 bit
Port ID
12 bit
PTI
3 bit
HEC
13 bit
净荷段
L byte
净荷长度指示
净荷类型指示

图 5-23　GEM 帧结构

(1) PLI 用于下一个帧头定界，以及确定当前 GEM 帧的净荷长度，PLI 以字节为单位指示帧头后面的净荷段长度。由于 PLI 域只有 12 比特，因此最多可指示 4095 字节。如果用户数据帧大于这个值，则必须要分成小于 4095 字节的碎片。

(2) Port ID 为 12 比特，Port ID 用来提供 PON 中 4096 个不同的业务流标识，以实现业务流复用。每个 Port ID 包含一个用户传送流。在一个 Alloc-ID 或 T-CONT 中可以有一个或多个 Port ID 传输。

(3) PTI 用作分段指示。

(4) HEC 为头校验，用于帧的同步与帧头保护。

(5) GEM 帧的净荷可以封装以太网业务或者 Native TDM 业务，由于 GEM 帧的净荷最长只能是 4095 字节，而以太网 Jumbo 帧长可以达到 9 KB，因此封装以太网业务时可能会对以太网帧进行分片处理。

5.4　EPON 和 GPON 的对比

由于 IEEE 的 EPON 标准化工作比 ITU-T 的 GPON 标准化工作开展得早，而且 IEEE 的关于以太网的 802.3 标准系列已经成为业界最重要的标准，因此早期 FTTx 的市场上 EPON 应用更为广泛。随着 GPON 技术及产品的不断成熟，目前运营商的 PON 网络中 GPON 占到了多数。

1. 可用带宽

EPON 提供固定上/下行 1.25 Gb/s 的传输效率，采用 8b/10b 线路编码，实际速率为 1 Gb/s。

GPON 支持多种速率等级，可以支持上/下行不对称速率，下行 2.5 Gb/s 或 1.25 Gb/s，上行 1.25 Gb/s、622 Mb/s 等多种速率，根据实际需求来决定上/下行速率，选择对应的光模块，提高光器件速率价格比。

2. 多业务能力和安全性

EPON 沿用了简单的以太网数据格式，只是在以太网包头增加了 64 字节的 MPCP 点到多点控制协议来实现 EPON 系统中的带宽分配、带宽轮询、自动发现、测距等工作。虽然 IEEE 在制定 EPON 标准时主要考虑数据业务，基本上未考虑语音业务，但是鉴于目前运营商在布网规划时更注重要求接入网络应能同时提供数据和语音业务，因此除了少数 EPON 产品仅支持数据业务外，许多 EPON 产品在 IEEE 标准基础上，在提供数据业务的同时采用预留带宽的方式提供语音业务，但离电信级的 QoS 要求有一定差距。

GPON 基于完全新的传输融合(TC)层，该子层能够完成对高层多样性业务的适配，定义了 ATM 封装和 GFP 封装(通用成帧协议)，可以选择二者之一进行业务封装。鉴于目前 ATM 应用并不普及，于是一种只支持 GFP 封装的 GPON.lite 设备应运而生，它把 ATM 从协议栈中去除以降低成本。

GFP 是一种通用的适用于多种业务的链路层规程，ITU-T 定义为 G.7041。GPON 中对 GFP 做了少量的修改，在 GFP 帧的头部引入了 Port ID，用于支持多端口复用，还引入了 Frag(Fragment)分段指示以提高系统的有效带宽，并且只支持面向变长数据的数据处理模式，而不支持面向数据块的数据透明处理模式。

因此，GPON 多业务承载能力强于 EPON。GPON 的 TC 层本质上是同步的，使用了标准的 8 kHz(125 μm)定长帧,这使 GPON 可以支持端到端的定时和其他准同步业务,特别是可以直接支持 TDM 业务,就是所谓的 Native TDM。GPON 对 TDM 业务具备"天然"的支持。

3. QoS 和 OAM

EPON 在 MAC 层 Ethernet 包头增加了 MPCP。MPCP 通过消息、状态机和定时器来控制访问 P2MP 点对多点的拓扑结构,实现动态带宽分配(DBA)。MPCP 涉及的内容包括 ONU 发送时隙的分配,ONU 的自动发现和加入,向高层报告拥塞情况以便动态分配带宽。MPCP 提供了对 P2MP 拓扑架构的基本支持,但是协议中并没有对业务的优先级进行分类处理,所有的业务随机地竞争带宽。

GPON 则拥有更加完善的 DBA,具有更加稳定的 QoS。GPON 将业务带宽分配方式分成四种类型,优先级从高到低分别是:固定带宽(Fixed)、保证带宽(Assured)、非保证带宽(Non-Assured)和尽力而为带宽(Best Effort)。DBA 又定义了业务容器(Traffic container,T-CONT)作为上行流量调度单位,每个 T-CONT 由 Alloc-ID 标识。每个 T-CONT 可包含一个或多个 GEM Port ID。T-CONT 分为五种业务类型,不同类型的 T-CONT 具有不同的带宽分配方式,可以满足不同业务流对时延、抖动、丢包率等不同的 QoS 要求。T-CONT 类型 1 的特点是固定带宽、固定时隙,对应固定带宽分配,适合对时延敏感的业务,如话音业务;类型 2 的特点是固定带宽,但时隙不确定,对应保证带宽分配,适合对抖动要求不高的固定带宽业务,如视频点播业务;类型 3 的特点是有最小带宽保证又能够动态共享富余带宽,并有最大带宽的约束,对应非保证带宽分配,适合有服务保证要求而又突发流量较大的业务,如下载业务;类型 4 的特点是尽力而为,无带宽保证,适合对时延和抖动要求不高的业务,如 Web 浏览业务;类型 5 是组合类型,在分配完保证和非保证带宽后,额外的带宽需求尽力而为进行分配。

EPON 没有对 OAM 进行过多的考虑,只是简单地定义了对 ONT 远端故障指示、环回和链路监测,并且是可选支持的。

GPON 在物理层定义了 PLOAM(Physical Layer Operations,Adminstration and Maintenance,物理层运行维护和管理),在高层定义了 OMCI(ONT Management and Control Interface,光网络单元管理控制接口),在多个层面进行 OAM 管理。PLOAM 用于实现数据加密、状态检测、误码监视等功能。OMCI 信道协议用来管理高层定义的业务,包括 ONU 的功能参数集、T-CONT 业务种类与数量、QoS 参数,请求配置信息和性能统计,自动通知系统的运行事件,实现 OLT 对 ONT 的配置、故障诊断、性能和安全的管理。

5.5　PON 技术未来的发展

光接入是下一代网络的重要组成部分,也是未来近 10 年光通信技术发展的主要方向。作为下一代网络架构的"神经末梢",光接入网不仅具有巨大的应用市场前景,而且对各种业务和技术融合开发的需求也不断增长。近几年光接入网络建设在世界各国的发展势头迅猛,欧洲及美国、日本、韩国等发达国家都将光接入作为抢滩信息经济制高点的核心技术。随着业界"光进铜退"计划的实施,光纤网络正由过去的骨干网和城域网向接入网延伸,尤其是"光纤到户"技术的发展,使光纤"信息高速公路"直通用户。

　　现有的光接入技术包括 GPON(吉比特无源光网络)和 EPON(以太网无源光网络)。其中,GPON 具有较好的 QoS 性能,但是其建设成本过高,短时期内很难在国内大规模推广应用;EPON 结合了以太网和无源光网络两者的优点,具有良好的经济性和实用性,但当终端用户(ONU)数目增加时,带宽保障及 QoS 性能也随之下降。目前, 运营商机房与终端用户(ONU)之间通常相隔几千米乃至几十千米,而其间光缆资源相对十分有限,现有的 GPON 或 EPON 技术普遍采用 1∶32 分支比。为了提高覆盖率,须增加铺设光缆数量,从而导致建设成本增加,而且会面临管线资源受限的困境。若增加分支比,则会使 QoS 性能降低,同时也会降低终端用户带宽。

　　另一方面,光接入网的发展要求实现视频、数据和语音三种业务“网络融合”,尤其是融合接入高带宽的视频业务(如视频点播等)。而现有 EPON/GPON 技术并不能完全满足用户带宽的增长需求。如何进一步地提高光接入网带宽以及如何更好地完成多业务的承载与融合是下一代光接入网所要面临的主要问题。

　　目前,下一代光接入技术中,主要包括 10G EPON、10G GPON、WDM-PON 等, 其中 10G EPON 的标准已于 2009 年 9 月正式发布,产业链快速成熟,2010 年开始商用。作为 GPON 的下一代技术,NGPON 的标准正在制定中, NGPON 演变划分为两个阶段:NGPON1 和 NGPON2。NGPON1 是一个中期的演进方案,即在兼容现有 ODN 的基础上,通过扩展 GPON 标准过渡到 NGPON。XGPON1 和 XGPON2 是 NGPON1 的两个主要备选架构。XGPON1 是下行 10 Gb/s、上行 2.5 Gb/s 的非对称系统;XGPON2 是上/下行 10 Gb/s 的对称系统。NGPON2 则是基于全新光网络的长期演进方案,其目标是提供一个独立的下一代光网络接入方案,该方案不再受制于现有的 GPON 标准和光分配网络。备受关注的 WDM-PON 技术属于 NGPON2 范畴,它通过在一根光纤中使用多个波长实现接入网的扩容。WDM-PON 的真正商用还要突破一系列关键技术要点,包括突发模式粗波分复用、无色 ONU 收发器、可调谐 WDM、DWDM 集成和低成本 WDM 光源等。

5.6　实验项目

实验项目:在 FTTx 光纤接入网络工程软件中找出所有 EPON 和 GPON 类型的设备。
目的要求:熟悉 EPON 和 GPON 技术的基本知识。

本章小结

　　本章主要介绍了 PON 技术的基本理论知识,以及目前主流的 EPON 技术和 GPON 技术的基本理论知识。通过基本理论知识学习,了解和掌握 PON 技术的基本原理、构造和分类。

　　(1) PON 技术是一种无源光网络,它具有高带宽、服务范围广、投资建设费用低、带宽分配灵活、服务有保证等优势。

　　(2) EPON 在现有 IEEE 802.3 协议的基础上,通过较小的修改实现在用户接入网络中传输以太网帧，是一种采用点对多点网络结构、无源光纤传输方式，基于高速以太网平台和 TDM(Time Division Multiplexing，时分复用)、MAC(Media Access Control，媒体访问控制)方式，提供多种综合业务的宽带接入技术。

(3) GPON 技术是无源光网络(PON)家族中一个重要的技术分支。GPON 的标准是由 FSAN/ ITU-T 制定的，目前已经发展为 ITU-TG.984.1～ITU-TG.984.6 共 6 个标准。

复习与思考题

1. 简述 PON 的基本结构。
2. 简述 EPON 的基本功能。
3. 简述 GPON 的基本功能。
4. 简述 EPON 与 GPON 的不同之处。

第 6 章　通信工程设计基础

本章内容

- 概述
- 通信网络构成及设计专业划分
- 通信工程设计的内容及流程
- 工程勘察
- 通信工程设计及概预算依据
- 通信工程设计文件的编制

本章重点、难点

- 通信网络构成及设计专业划分
- 通信工程设计的内容及流程
- 工程勘察
- 通信工程设计文件的编制
- 通信工程设计及概预算依据

本章学习目的和要求

- 熟悉通信工程设计的工作流程
- 掌握通信工程勘察的方法
- 理解通信工程设计文件的编制

本章学时数

- 建议 6 学时

6.1　概　　述

本节主要介绍通信工程设计概述、作用、对设计的要求以及通信工程设计的发展。

6.1.1　通信工程设计概述

在《建设工程质量管理条例》中明确规定了工程勘察、设计单位的质量责任和义务：

(1) 勘察、设计单位需取得资质证书，并在其资质等级许可范围内承揽工程。

(2) 勘察、设计单位需按照工程建设强制性标准进行勘察、设计，并对勘察、设计的质量负责，设计人员应对签名的设计文件负责。

(3) 勘察单位提供的地质、测量、水文等勘察结果必须真实准确。

(4) 建设工程设计文件应当符合国家规定的设计深度要求，注明工程合理使用年限。

(5) 设计单位在设计文件中选用的建筑材料、建筑构配件和设备应当标明规格、型号、性能等技术指标，其质量要求必须符合国家规定的标准。除有特殊要求的建筑材料、专用设备、工艺生产线等外，设计单位不得指定生产厂家、供应商。

(6) 设计单位应当就审查合格的施工图设计文件向施工单位作出详细说明。

(7) 设计单位应当参与建设工程质量事故分析，并对因设计造成的质量事故，提出相应的技术处理方案。

6.1.2　设计的作用

通信工程设计是以通信网络规划为基础的，它是工程建设的灵魂。通信工程采用的技术是否先进、方案是否最佳，对工程建设是否经济合理起着决定性的作用。

通信工程设计咨询的作用是为建设单位、维护单位把好工程的四关：

(1) 网络技术关；

(2) 工程质量关；

(3) 投资经济关；

(4) 设备(线路)维护关。

6.1.3　对设计的要求

通信工程设计作为通信工程建设的依据，需要满足建设单位、施工单位、维护单位和管理单位的不同层面的要求。

1. 建设单位对设计的要求

建设单位从技术先进、经济合理、安全适用、全程全网的角度进行通信工程项目设计，对设计方案的要求如下：

(1) 勘察准确，设计方案详细、全面。

(2) 设计方案应有多种方案用以比较和选择。

(3) 正确处理好局部与整体、近期与远期、采用新技术与挖潜的关系。

对设计人员的要求如下：

(1) 熟悉工程建设规范、标准。

(2) 了解设计合同的要求。

(3) 理解建设单位的意图。

(4) 掌握相关专业工程现状。

2. 施工单位对设计的要求

设计方案作为通信工程施工的指导及依据，必须能准确无误地指导施工。施工单位对设计的要求如下：

(1) 设计的各种方法、方式在施工中的可实施性。

(2) 图纸设计尺寸规范、准确无误。

(3) 明确原有、本期、今后扩容各阶段工程的关系。

(4) 预算的器材、主要材料不缺不漏。

(5) 定额计算准确。

对设计人员的要求如下：

(1) 熟悉工程建设规范、标准。

(2) 掌握相关专业工程现状。

(3) 认真勘察。

(4) 掌握一定的工程经验。

3. 维护单位对设计的要求

从维护单位的角度，主要考虑安全性、维护便利性、机房安排合理性、布线合理性、维护仪表及工具配备的合理性，尽量考虑到维护工作的自动化，可实现无人值守。维护单位对设计的要求如下：

(1) 设计方案应征求维护单位的意见。

(2) 处理好相关专业及原有、本期、扩容工程之间的关系。

对设计人员的要求如下：

(1) 熟悉各类工程对机房的工艺要求。

(2) 了解相关配套专业的需求。

(3) 具有一定工程及维护经验。

4. 管理部门对设计的要求

从通信工程管理及监理部门的角度，工程竣工的依据是有明确的工程质量验收标准，工程原始资料可供查阅。管理部门对设计的要求如下：

(1) 设计方案严肃认真。

(2) 设计方案符合相关规范。

(3) 预算准确。

5. 通信工程设计人员的素质要求

由上述可知，通信工程设计的优劣与通信工程设计人员的素质密切相关。通信工程设计行业的发展最终要以人为本。通信工程设计所涉及知识面的广度和深度，以及通信工程设计文件的严谨性和重要性决定了从业人员必须具有较高的基本素质。

1) 过硬的专业技能

作为一个通信工程设计人员，需要掌握通信各专业理论知识和概预算方法相关知识。通信系统的复杂性及关联性决定了通信系统设计各专业需相互配合，所以无论是设备专业设计人员还是线路专业设计人员都必须了解对方专业的相关理论知识。作为一个设计人员还要了解勘察、施工、测试、验收等一系列的工作内容和流程。针对不同的通信系统，一个设计人员要熟练掌握各厂家设备的外观尺寸、设备功能、设备技术指标和报价等。

2) 强烈的责任心

设计工作是关系一项工程成败和质量好坏的关键步骤之一。没有一个好的设计，就不可能做出优质工程，甚至会出现事故，给建设单位和国家造成巨大的损失。所以，设计人员必须具有强烈的责任心，对待设计工作必须做到一丝不苟，要对设计文件中每一句话、每一条线负责。

3) 吃苦耐劳的精神

通信建设工程的特点是责任大、任务重，设计工作常常需要夜以继日的观察、思考。现场勘测经常需要克服各种各样艰苦的条件，所以具备吃苦耐劳的精神才有可能成为一名优秀的设计师。

4) 勤学好问，善于观察和总结

通信工程设计是一项实践性、专业性很强的工作，涉及的知识领域很广，一名合格的设计师必须具备渊博的专业知识和丰富的实践经验。只有不断地学习新技术、新知识，才能跟上通信技术的飞速发展。只有学会观察和总结，才能积累丰富的实践经验。通过两条腿走路，将理论和实践紧密结合是设计师成长的必由之路。

5) 具备良好的沟通能力

随着现代社会分工的细化，部门间的鸿沟会愈深，沟通协调能力在社会生活中愈发得到人们的重视。而通信工程项目实施过程更是多部门、多单位共同参与协作的过程，每一位设计人员都需要直接或间接与客户打交道。设计人员要牢固树立用户至上的观念，不仅要有强烈的服务意识，还要具有良好的交流和沟通能力。通信工程设计人员需要与建设单位、施工单位、设备制造商和运营维护单位的人员进行沟通，协调各方面的关系和利益。

6) 稳定的心理素质

遇事沉着冷静、处理问题灵活是一名设计人员应当具备的素质。在通信工程设计过程中一般会遇到一些急难险重的情况，能否根据施工工艺要求和规范要求灵活处理问题是关系到工程进展和质量的关键。

7) 先进的设计手段和创新精神

作为智力型的人员，有计划地按照国际通行的模式和市场运作的要求，在外语能力、工程建设经验、项目管理和评估、计算机应用、法律知识、市场开拓、职业道德及国际惯例基本知识等方面加以培训，在实践中锻炼，提高竞争力，加快融入国际工程咨询市场的进程。

6.1.4　通信工程设计的发展

加入 WTO 对我国的工程咨询业的发展有双重影响，利益与风险并存，机遇与挑战同在。

我国设计咨询行业经过近 30 年的发展，现在已经拥有几千家工程咨询单位。我国目前实行分段管理模式，前期咨询业务归口国家发展和改革委员会，设有中国工程咨询协会；设计、监理、招投标代理归口国家住房和城乡建设部，设有勘察设计协会、建设监理协会；涉外工程咨询单位归口商务部，设有国际工程咨询协会。多个工程咨询协会并存，不利于我国工程咨询业与国际工程咨询组织的对接，因此急需对目前的"三驾马车"进行整合，从而实现与国际接轨。

1. 企业资质

从市场准入的情况来看，目前我国工程咨询业市场的准入标准是以公司资质认证为主，以个人执业资格认证为辅，工商行政部门注册登记。公司资质多以资历信誉、技术力量、专业配置、技术装备及管理水平为标准，发给相应的资质认证书；个人执业资格认证从 1996 年开始推行，目前有建筑师、结构师、咨询工程师、监理工程师等注册制度。

2. 企业现状

国内现在电信设计院分为三类：原邮电部直属、原电信运营商直属和非传统设计院。

(1) 原邮电部直属设计院其实只有一家，就是现在位于郑州的中讯邮电咨询设计院(以下简称郑州院)。郑州院于 1952 年成立，分别隶属于邮电部、信息产业部、国务院大型国有企业工作委员会、中央企业工委、国资委，后与中国联通合并，成为中国联通集团设计研究院——中讯邮电咨询设计院有限公司。

(2) 原电信运营商直属设计院主要是分布在各省的某某省邮电设计院，无论是中国电信还是中国联通的设计院其实都是原来电信总公司各省公司的直属企业。

(3) 非传统设计院在全国大大小小有上千家，以区域为核心，业务范围各有不同。

3. 国内与国外设计行业的主要差距

国内与国外设计行业的主要差距如下：

1) 营销能力的差距

国外的工程公司有很强的营销能力。它们善于开拓市场，对市场十分熟悉，对设备生产商的产品了如指掌，而且有密切的联系，信息比较畅通。它们还有较强的融资能力，有充足的人力、物力和财力作为招标、投标和工程总承包的后盾，抗风险能力强。

2) 功能的差距

过去我国设计单位功能单一，近年来逐步拓展了服务范围，但与国外相比还有差距。国外的设计企业，不论哪种模式，都可以不同程度地为业主提供工程建设全过程的服务，使工程设计在工程建设中的主导作用得到充分的发挥。目前，建设单位提出"交钥匙"工程，对通信设计及施工企业提出了更高的要求。

　　3) 技术的差距

　　国外设计企业大多掌握世界先进技术，有的设有自己的技术开发中心，拥有自己的专利或与专利商有密切的联系，形成了自己的技术优势。它们熟悉国际标准，普遍拥有公司成套先进的技术标准和管理标准。而国内通信企业在规范的制订和设备技术等方面都处在下风。

　　4) 管理的差距

　　国外工程咨询公司和工程公司普遍采取矩阵式管理，实行以项目经理负责制为主的目标管理。项目经理有较大的权力，负责质量、进度、费用三项控制，进行动态管理。项目管理是一门综合性的软科学，集现代工程技术、管理理论和项目建设实践于一体。项目管理有一套科学的方法，对保证质量、提高效率、降低成本有显著的作用。我国设计单位缺乏这方面的经验和合格的项目经理人才。

　　5) 设计程序的差距

　　国外设计程序与我国现行的两阶段设计(初步设计及施工图设计)有所差距，尤其是实行工程总承包的项目。例如，由工程公司总承包的项目，经过可行性研究和评估即可实现投资决策。工程公司经过投标竞争，签订承包合同后，即可按合理要求全面地、自主地进行项目实施。设备采购是设计程序中不可分制的环节。基础设计一开始就正式询价，落实设备订货。制造厂返回的设备图纸经过认可，可作为详细设计的依据。费用估算经过多次编制，设计经过多版次出图，使设计逐步深化，可以保证设计质量和投资估算的准确性。我国目前仍采用阶段性的设计程序，与国外多版次设计口径不一。

　　对照国际先进水平，我国设计行业在体制、程序、方法和技术标准、规范上，与国际通行模式不接轨，功能不全，资源配置不合理，工程总承包能力较差，缺乏现代化的设计管理工具和软件，缺乏信息来源，国际合作能力较差，缺乏创新的技术和自有的专利、专有技术，在国际项目竞争中处于不利地位。

6.2　通信网络构成及设计专业划分

　　本节主要介绍通信网络构成以及通信工程设计专业划分。

6.2.1　通信网络构成

　　所谓通信，就是信息的传递与交换。狭义的通信网一般是指电信网，广义的通信网还包括完成实物(包含信息)传递与交换的邮政网。在不明确说明的情况下，本书所提到的通信网即指电信网。

1. 电信网的定义

　　电信网是由电信终端、交换节点和传输链路相互有机地连接起来，以实现在两个或更多的电信端点之间提供连接或非连接传输的通信系统。它从概念上可以分为基础网、业务网和支撑网。

(1) 基础网是业务网的承载者，一般由终端设备、传输设备、交换设备等组成。

(2) 业务网是承载各种业务(话音、数据、图像、广播电视等)中的一种或几种的电信网，一般由移动网、固定网、数据网等组成，网内各个同类终端之间可根据需要接通，有时也可固定连接。

(3) 支撑网是为保证业务网正常运行、增强网络功能、提高全网服务质量而形成的传递控制监测及信令等信号的网络。它按功能分为信令网、同步网和通信管理网。

2. 电信网的组成

一个完整的电信网由硬件和软件组成。电信网的硬件即构成电信网的设备及线路，一般由终端设备、传输设备、交换设备以及相关的通信线路组成。仅有这些设备还不能很好地完成信息的传递和交换，还需要配套的软件系统，才能使由设备组成的静态网变成一个运转良好的动态体系。

3. 电信网的结构

从水平的观点看，电信网网络结构可划分为用户驻地网、接入网、城域网、核心网等，如图 6-1 所示。

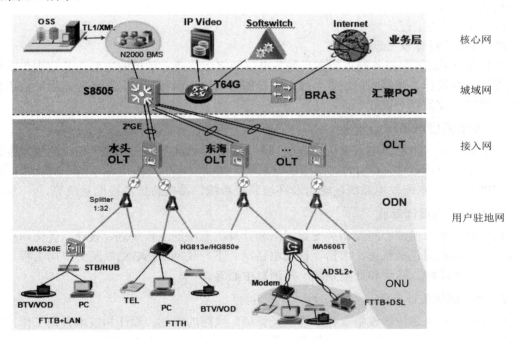

图 6-1　电信网网络结构

4. 电信网的分类

电信通信就是利用电信系统来进行信息的传递。电信系统则是各种协调工作的电信装备集合的整体。最简单的电信系统是只在两个用户间建立的专线系统，而较复杂的系统则是由多级交换的电信网提供信道，完成一次呼叫所需的全部设施构成的系统。整个电信网是一个复杂体系，表征电信网的特点有很多，目前可以从以下几个方面的特征来区分电信网的种类。

(1) 按业务性质分：固定电话网、移动网、数据通信网、图像通信网、多媒体通信网、电视传输网等。

(2) 按服务区域分：国际通信网、长途通信网、本地通信网、局域网(LAN)、城城网(MAN)、广域网(WAN)等。

(3) 按主要传输介质分：电缆通信网、光缆通信网、卫星通信网、无线通信网等。

6.2.2　通信工程设计专业划分

由于电信网络的复杂性，从网络建设、运行维护管理方便的角度出发，电信网络运营商通常根据业务和技术的相近性划分部门进行管理。

通信建设项目通常可按专业划分为以下几种：

(1) 供电设备安装工程。

(2) 有线通信设备安装工程(包括通信交换设备安装工程、数据通信设备安装工程、通信传输设备安装工程)。

(3) 无线通信设备安装工程(包括微波通信设备安装工程、卫星通信设备安装工程、移动通信设备安装工程)。

(4) 通信线路工程。

(5) 通信管道建设工程。

通信设计院(公司)服务的主要客户为各电信网络运营商，承担的主要业务范围包括电信工程的勘察设计、通信网的规划、技术支持服务、咨询服务、信息服务等。为适应工作需要，通常划分为以下设计专业。

1. 动力(通信电源)设计专业

该专业主要承担通信电源系统工程的规划、勘察、设计工作，并提供相应的技术咨询服务。其范围包括通信局(站)的高低压供电系统、柴油发电机交流电源系统、交流不间断供电(UPS)系统、直流供电系统、动力及环境监控系统、雷电防护及接地系统等。

2. 交换通信设计专业

该专业主要承担核心网及相关支撑网络和计算机系统的工程规划、设计、优化和技术咨询业务。其范围包括长途、市话、移动电话网、下一代网络(NGN)以及关口局工程、七号信令网、智能网、网管和计费系统、短消息中心等。

3. 传输通信设计专业

该专业主要从事传输设备安装工程以及管道、线路的规划、设计和技术咨询工作，提供从接入层网络到核心层网络，从前期技术咨询、规划，到中期方案设计、施工图设计，最后到现有传输网络分析和优化一整套的解决方案，承担 SDH、DWDM 传输系统、智能光网的方案和工程设计。

4. 数据通信设计专业

该专业主要承担各基础数据通信网、宽带 IP 网络、运营支撑系统等项目的方案设计以及工程设计、系统咨询、网络优化等业务，为客户提供全面的解决方案。该专业主要包括分组交换网、EPON、GPON、DDN、IP 宽带城域网、ATM 宽带数据网、ADSL 宽带接入网、移动互联网、电信计费账务系统、电信资源管理系统、客户服务系统等。

5. 无线通信设计专业

该专业业务范围涵盖全方位的无线网络咨询规划设计，承担 CSM、CDMA、4G、5G 移动通信，室内分布系统，无线局域网，无线接入网，集群通信，微波通信等系统的网络规划、工程设计和网络优化服务以及相关的技术咨询服务。

6. 线路及管道工程设计专业

该专业业务范围涵盖了架空、直埋、管道线路、综合布线等工程的咨询规划设计，承担管道及通信线路等物理网络的规划、工程设计和网络优化服务以及相关的技术咨询服务。

7. 小区接入设计专业

随着宽带用户的迅速增加以及"光进铜退"进程的加快，小区接入业务不断增加，小区接入逐渐成为相对独立的设计专业。该专业业务范围涵盖全方位的小区接入网络咨询规划设计，承担 FTTx、xDSL、电力线上网、HFC 等系统的网络规划、工程设计和网络优化服务以及相关的技术咨询服务。

8. 无线室内分布系统接入设计专业

随着移动网络的建设，室内的无线环境亟待改善，无线室内分布设计项目不断增加，无线室内分布设计逐渐成为相对独立的设计专业。该专业业务范围涵盖 4G、5G、WLAN 等室内分布系统的咨询规划设计，承担住宅、企业、办公大楼等室内覆盖的规划、工程设计和网络优化服务以及相关的技术咨询服务。

9. 网络规划与研究专业

该专业立足于信息通信业，为各级政府、行业管理机构、通信运营商、设备制造商以及信息通信相关企业等提供综合咨询服务。该专业的研究队伍涵盖管理、经济、财务、无线、传输、交换、数据、情报等各专业，为客户提供高价值的综合解决方案。其服务范围涉及通信产业发展规划、通信行业研究、通信运营企业综合规划及管理咨询、电信业务市场研究、电信网络与资源规划、通信新技术和新业务的应用与评估、通信工程的项目建议书、招投标、可行性研究、工程设计和项目后评估等。

10. 建筑设计专业

该专业主要承担各行业综合类建筑设计，包括综合大楼、通信机房、通信铁塔、通信辅助设施以及各种民用建筑等的设计。该专业设有建筑、结构、给排水、电气、照明、暖通空调、自动消防、综合布线、概预算(土建工程有专业概预算人员)等细化专业。

6.3　通信工程设计的内容及流程

完整的通信工程设计分为可行性研究、方案设计、初步设计、施工图设计等阶段。其中，可行性研究是建设前进行的预研工作，初步设计(含专家设计)和施工图设计是通信工程建设期间进行的工作。

6.3.1　初步设计

初步设计的内容是按照设计合同、委托书规定的工程内容和规模确定建设方案；对建设方案进行多方案比选；论述主要设计方案，对主要设备进行选型；采取重大技术措施时，要进行详细的方案设计；编制工程技术规范书；对推荐采用的方案进行工程投资概算，编制工程投资总概算。

初步设计审核的重点有以下几个方面：

(1) 总体要求是否符合批准的设计合同、委托书的要求。

(2) 设计指导思想和设计方案是否能体现国家的有关方针及通信技术政策。

(3) 设计方案的可行性、正确性及经济性。

(4) 核定方案技术标准和建筑标准。

(5) 工程建设规模。

(6) 单位工程造价、各项技术经济指标、建设工期等。

(7) 新技术、新设备、新工艺、新材料的采用等。

(8) 设备利旧、挖潜及与原有设备的配合方案。

(9) 设备、光电缆的制式、型号、规格及数量。

(10) 机房总平面布置和后期发展预留安排等。

(11) 工程总概算和单项工程概算。

设计单位作为初步设计的责任实体，应在初步设计文件中明确工程的来源、设计依据、技术方案、规模、工程概算等。

初步设计作为工程项目技术上的总体规划，是进行施工准备、确定投资额的主要依据。

6.3.2　施工图设计

施工图设计文件应根据批准的初步设计文件和主要设备订货合同进行编制，并绘制施工详图，标明房屋、建筑物、设备的结构尺寸，安装设备的配置关系和布线、施工工艺，提供设备、材料明细表，编制施工图预算。

(1) 施工图设计的内容应包括：

① 提出实现工程设计方案的具体措施以及新旧系统交替时的割接方案。

② 绘制施工图纸。

③ 编制工程预算。

施工图设计文件一般由文字说明、图纸和预算三部分组成。各单项工程施工图设计说明应简要说明批准的本单项工程部分初步设计方案的主要内容，并对修改部分进行论述，注明有关批准文件的日期、文号及文件标题；提出详细的工程量表；测绘出完整的线路(建筑安装)施工图纸、设备安装施工图纸，包括建设项目各部分工程的详图和零部件明细表等。它是初步设计(或技术设计)的完善和补充，是施工的依据。施工图设计的深度应满足设备、材料的订货，施工图预算的编制，设备安装工艺及其他施工技术要求等。施工图设计可不编总体部分的综合文件。

(2) 施工图设计审核的重点有以下几个方面：

① 内容是否与批准的初步设计文件相符。

② 施工图设计的深度能否达到指导施工的要求。

③ 新采用或特殊要求的施工方法及施工技术标准是否可行，有无论证依据。

④ 具体的工程量。

⑤ 设备材料的品种、型号、数量。

⑥ 施工图预算。

设计单位作为施工图设计的责任实体，提出的施工图设计应能够指导施工，便于工程竣工和决算。施工图设计文件的重点应包括：工程施工中应注意的事项；相关专业配合工程；设备、材料、型号、规格、数量、工程量、工程预算等。

(3) 通信工程设计可以根据工程规模、技术成熟度等情况的不同而进行适当的简化。

① 通信工程建设设计一般要求采用二阶段设计，即初步设计和施工图设计。

② 对于规模较大、技术成熟、建设周期短的项目，可采用方案设计和一阶段设计。其中：方案设计重点在于方案论述、技术经济分析、设备选型、编制工程投资估算。

③ 对于规模小、技术成熟或套用标准设计的工程，可采用一阶段设计。

(4) 通信工程设计的核心思想是坚持按基建程序办事，具体事项如下：

① 初步设计应根据上级主管部门批准的可行性研究报告、设计合同或设计委托书和可靠的设计基础资料进行编制。

② 初步设计批准后，才能进行施工图设计；没有经审查的施工图设计，不得施工。

③ 经上级基建主管部门批准的设计文件具有法律性和严肃性，任何人不得随意修改，如因情况和条件变化必须改变时，应按规定手续办理。

④ 设计单位要对设计文件的科学性、功能性、可靠性、安全性负责。

⑤ 基建主管部门应组织有关单位对设计文件进行审议，并对审议结果负责。

通信工程建设中设计文件的编制和审批要按照相关规定进行。

6.3.3　通信工程设计工作流程

设计是基本建设程序中必不可少的一个重要组成部分。在规划和可行性研究已定的情况下，它是建设项目能否实现多、快、好、省的一个关键性环节。

一个建设项目在资源利用上是否合理，场区布置是否紧凑、适度，设备选型是否妥当，技术、工艺流程是否先进合理，生产组织是否科学严谨，能否以较少的投资取得产量多、质量好、效益高、消耗少、成本低、利润大的综合效果等，在很大程度上取决于设计质量的好坏和水平的高低，所以它对建设项目在建设过程中的经济性以及建成后的使用能否充分发挥生产能力和效益起着举足轻重的作用。

本小节需要着重注意以下两点：

(1) 如何建立合理的通信工程设计流程？

(2) 如何进行设计工作的流程管理？

一般的通信工程设计单位的设计工作流程如图 6-2 所示。

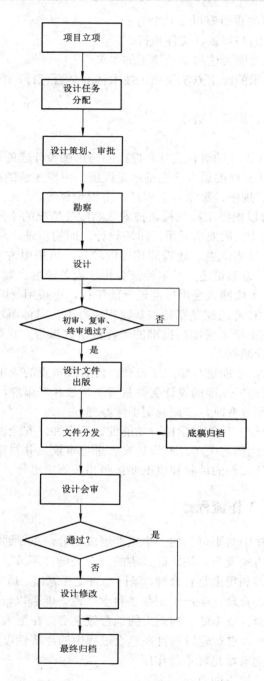

图 6-2　设计工作流程

进入设计阶段后，通信工程设计工作的主要步骤如下。

1. 制订设计计划

根据设计委托书(函)的要求，确定项目组成员(即确定负责工程设计的人员，进行粗分工)、分派设计任务、制订工作计划。

2. 勘察设计前的准备工作

1) 文件的准备

(1) 理解设计任务书(可行性研究报告)的精神、原则和要求,明确工程任务及建设规模。

(2) 查找相应的技术规范，了解建设单位与厂家签订的设备合同及所有设备的技术资料。

(3) 分析可能存在的问题，根据工程情况列出勘察提纲和工作计划。

(4) 搜集、准备前期相关工程的文件资料和图纸。

2) 行程的准备

提前与建设单位联系，商定勘察工作日程安排。

3) 工具的准备

准备好勘察所用的仪器、仪表、测量工具、勘测报告、铅笔、橡皮及其他必备用具。

4) 车辆的准备

根据工作需要填写用车申请表，请车辆管理部门统筹安排。

3. 勘察工作

(1) 商定勘察计划，安排配合人员。

应提前与建设单位相关人员联系接洽，商讨勘察计划，确定详细的勘察方案、日程安排以及局方配合人员安排。

(2) 现场勘察。

根据各专业勘测细则的要求，深入进行现场勘察并做好记录。

(3) 向建设单位汇报勘察情况。

整理勘察记录，向建设单位负责人汇报勘察结果，征求建设单位负责人对设计方案的想法和意见。

确定初步设计方案，若有当时不能确定的问题，则应详细记录，回单位后向项目负责人反映落实。

勘察资料和确定的方案应由建设单位签字认可。

(4) 回单位汇报勘察情况。

向项目负责人、部门主任及有关部门领导汇报勘察结果，取得指导性意见。

对勘察时未能确定的问题，落实解决方案后，及时与建设单位协商确定最终设计方案。

4. 设计工作

(1) 拟定设计编写计划。

根据工程情况以及设计任务书规定的设计完成时间，拟定设计编制时间安排，需要多人合作完成的设计项目，应做出相应人员分工安排(细分工)。

设计时出现方案变化或其他特殊问题，要及时与设计负责人及建设单位工程主管协商，并做好记录，以备会审和工程实施过程中使用。

(2) 绘制图纸。

根据整理的勘察资料，按照各专业不同设计阶段的要求绘制工程图纸，图纸完成后，设计人员应对照有关资料进行系统、全面的检查。发现的问题应及时更正，以确保图纸质量。

设计人员完成图纸复核后，将图纸及相关资料交单项负责人或项目负责人审核。

(3) 编制概预算。

① 确定取费项目。根据概预算编制的有关规定及建设单位确定各项费率、费用。多人参与同一项目时，务必加强协调工作，取费项目和标准必须统一。

② 确定设备和材料价格。根据建设单位与设备厂家的合同或协议确定主设备价格，与建设单位商定配套设备和材料的价格。建设单位不能提供时，应采用相关的指导价格或向相关厂家询价，并征得建设单位同意。

③ 编制概预算。根据图纸统计工程量，按照《通信建设工程概算、预算编制办法及费用定额》相关规定，使用通信工程专用概预算编制软件进行概预算编制。设计概预算主要包括五类表格：预算总表(表一)、建筑安装工程费用预算表(表二)、建筑安装工程量预算表(表三)、器材预算表(表四)和工程建设其他费用预算表(表五)。

④ 编写概预算编制说明。将所做出的概预算表格系统地检查无误后，编写概预算说明。

(4) 编写设计说明，形成设计文件。

将设计说明、设计方案施工图纸概预算表格及概预算说明合在一起，形成完整的设计文件。设计说明可根据不同的专业选取相应的说明样本，并根据工程状况修改相应的部分，设计说明与图纸、概预算保持一致，特殊情况应在设计中说明。

(5) 完稿成册。

制作封面、库页、目录，根据建设单位的要求做出设计文件分发表。按照要求将设计文件完稿成册，将成册设计及相关资料交审核人员。

5. 设计内审、修改、出版、复查

1) 一次审核(初审)

由审核人员参照审核规程进行初审(不能自编自审)，用铅笔标明所发现的问题，填写审核意见表及设计流程表。

2) 二次审核(复审)

由项目负责人参照审核规程进行复审，用铅笔标明所发现的问题，填写审核意见表及设计流程表。

3) 设计修改

设计师根据审核意见进行修改，更换有问题的文稿。再次送审核人员复核时，应将修改好的文稿和替换下来的问题也一并送达，以备查阅。

4) 设计终审及批准

由指定的终审负责部门或负责人对设计进行终审，修改后的设计经检查无误后送出版部门。

5) 出版装订

出版人员检查文稿的完整性和连续性，然后进行出版、装订。出版完毕后通知设计人员进行复查。

　　6) 设计复查

　　设计人员对装订成册的设计进行最终检查，检查无误后交技术市场部或直接送达建设单位。

6. 设计会审

　　1) 审查形式

　　(1) 会审(联审)：由建设单位或其主管部门牵头，邀请设计、施工等有关单位，共同组成会审小组，对项目文件进行审查。其优点是由于有多方代表参加，技术力量强，审查中可以展开充分讨论，因此审查进度较快，质量较高，便于定案，效果较好。其缺点是牵涉单位多，在一定时间内集中各有关单位的技术人员比较困难，且受时间限制。

　　(2) 单审(分头审)：由建设单位、设计部门、施工企业等主管概预算工作的部门分别单独进行审查，然后再与编制预算的单位进行协商，实事求是地修改预算文件后定案。

　　(3) 委托中介机构审查：建设单位委托具有相关资质的中介机构，根据工程项目的大小、难易程度和时间要求的缓急，统一调配、合理安排审查。

　　2) 会审流程

　　(1) 设计会审一般由建设单位确定施工单位、设计单位参加设计会审的人员数量。各单位的参会人员由项目负责人确定。

　　(2) 准备会审资料。参加会审的设计人员除携带设计文本外，还应携带相关设计规范、概预算定额及相关资料(勘测记录、建设单位提出的指导性意见和建议、建设单位和厂家签订的合同复印件等)。

　　(3) 二阶段设计会审分两步进行：第一步是初步设计会审，第二步为施工图交底(含施工图会审)。如果是一阶段设计，则只有施工图会审阶段。

　　初步设计会审通常是由建设单位组织专家对初步设计文件进行会审，由设计人员介绍设计方案，参会人员对设计方案进行审查，提出修改意见，进一步明确要求，并提供详细资料，为施工图设计提供依据。

　　施工图交底通常由建设单位组织，设计、施工、监理单位参加，由设计人员向施工单位就设计意图、图纸要求、技术性能、施工注意事项及关键部位的特殊要求等进行技术交底。参会人员可进一步向设计人员提出施工图的修改意见。

　　(4) 做好会审记录。设计人员对会审情况应充分做好记录，写明出现的问题和最终的处理意见等。

7. 设计修改和设计归档

　　1) 设计修改

　　会审完毕后，设计人员要根据会审纪要的要求，对设计文件进行修改完善，必要时重编设计文件，在会审记录表上填写处理记录。

　　2) 设计归档

　　将设计文本勘测记录及相关资料、会审记录等存档。将设计文件的电子版归档。

8. 施工指导、设计变更和设计回访

1) 施工指导

设计人员应对建设全过程中遇到的设计质量问题负责解决，必须到现场才能解决的设计问题，设计人员应到现场落实解决。

2) 设计变更

由于各种原因造成施工图设计修改后，修改者应向有关部门出具变更记录。

3) 设计回访

设计回访是设计全过程的延续和扩展，在项目施工和运行过程中进行设计回访，可以总结设计经验，同时解决工程施工中出现的实际问题。

6.3.4　通信工程设计项目管理

通信设计单位对设计工作有一整套完整的质量管理及控制办法。表 6-1～表 6-11 是某设计院对设计工作进行管理的相关表格，它们分别是工程项目策划书、工程项目设计管理卡、工程项目设计进度变更申请表、互提资料卡、工程项目备忘录、设计更改通知(联系)单、工程设计质量评审卡(通信)、工程/项目设计进度表(横道图)、工程设计统计表、出版统计表、归档材料移交清单。设计单位通过各环节的管理与监控来保证设计的质量与水平。

表 6-1　工程项目策划书

	工程名称					
市场部策划	建设单位			设计依据	合同 委托书	任务书 洽谈记录
	任务要求	质量要求： 设计时限要求： 文件分发要求： 其他要求： 　　　　　　市场部/日期：				
事前指导		项目负责人： 其他要求： (特殊工程院总工填，一般工程室主管填)　签名/日期：				
		专业				
		设计/勘察人员				
项目负责人策划	进度计划	编制进度表：　　　是　　　　　否				
		专业	勘察	交审核	交室审	交院审	交出版

续表

项目负责人策划	设计内容格式：套用＿＿＿＿＿＿＿＿＿＿＿＿ 新编计划书编制要求： 设计评审、验证要求： 设计要点： 签名/日期：

注：此表由有关责任人填写，并发放至专业设计人员，由设计室负责保管。

表 6-2　工程项目设计管理卡

任务	工程项目					
	工程单项					
计划书	设计编号		设计阶段		合同状态	
	承接科室		交出版时间		审批	
	备注					
过程跟踪	阶段	流程	实施时间	责任人	监督人	备注
	任务下达	1. 任务下达				
		2. 任务接收				
	勘察设计	1. 勘察				
		2. 设计				
		3. 校对				
		4. 评审/验证				
		5. 审核				
		6. 室审				
		7. 审定				
		8. 批准				
	出版	1. 交出版				
		2. 复印				
		3. 晒图				
		4. 订前检查				
		5. 装订出版				
		6. 交档案室				
		7. 分发文件				
	信息反馈： 反馈人：					

注：此表由有关责任人填写，由市场部负责保管。

表 6-3　工程项目设计进度变更申请表

科　室		申请人		
工程项目名称				
原计划出版时间		要求更改时间		
申请更改理由： 申请日期：				
室主管意见： 室主管/时间：				
审批意见 市场部/时间：				

注：此表随工程项目设计管理卡交市场部，由市场部负责保管。

表 6-4　互提资料卡

工程项目名称				
资料名称				
委托单位			设计编号	
建设单位			设计阶段	
提供内容：(含电子媒介文件) 				
提供专业：		提供人/日期：	审核人/日期：	
索取内容： 				
索取专业：		索取人/日期：	审核人/日期：	

注：此表由相关负责人负责填写，由索取设计室保管。

表 6-5　工程项目备忘录

工程项目名称			
委托单位 建设单位		设计编号	
		设计阶段	
工程地点		规模	
编制人/日期		监督人	
备注			
工程项目备忘录：			
跟踪：			

注：在备注栏注明本备忘录的目的，本表由责任部门保管。

表 6-6　设计更改通知(联系)单

工程名称				
建设单位				
设计编号		提出部门		设计部门
更改文件图纸名称				
更改原因、内容：(必须说明是否涉及其他专业、其他文件、图纸、数据的修改)				
更改申请人/日期：				
室主管意见：				

注：更改设计文件审核级别按原文件的审核级别执行。此表原件随更改设计由院档案室负责保管，复印件随设计文件分发至以下分发单位和院市场部。

分发单位：

经手人：　　　　　　　电话(传真)：　　　　　　　本通知于　　　　　　　发出。

表 6-7　工程设计质量评审卡(通信)

工程名称：　　　　　　设计编号：　　　　　　设计人：　　　　　　交审日期：

校审级别	(一) 审核	(二) 室审	(三) 审定	(四) 批准
校审人校审意见				重新设计 修改 批准出版
填写日期	年　月　日	年　月　日	年　月　日	年　月　日
结论	重新设计 修改 通过	重新设计 修改 通过	重新设计 修改 通过	
设计人员意见				

注：此表由设计室负责保管。

表 6-8　工程/项目设计进度表(横道图)

项目/过程								
时间								

注：此表由相关部门负责填写、保管。

审核人/日期：　　　　　　　　　　　　　　　编制人/日期：

表 6-9　工程设计统计表

(无线单项)

综合栏	工程名称					
	单项名称					
	设计编号		承接科室		设计人	
	工程投资(元)		设计费(元)		交出版日期	
工程量	扩容基站	个	新增用户	户	新增端口	个
	新建站数	个	总用户数	户	新增节点	注
	载波数	个			电源	安培
工作量	设计说明书页数	张	A1 图纸	张	A3 图纸	张
	概预算页数	张	A2 图纸	张	A4 图纸	张
	A0 图纸	张				

填表人：　　　　　　　　　　　　　　　　填表日期：　　年　　月　　日

表 6-10　出版统计表

工程名称							
承接科室		设计人			交出版日期		
打字复印	复印说明	张	打字(16 开)	张	复印图纸(A3)		张
	复印概预算	张	打表格(16 开)	张	复印图纸(A4)		张
	复印员		打字员		实际完成日期		
	备注						
复(晒)图和装订	复(晒)图 A0	张	份	合计　张	装订全套文件		本
	复(晒)图 A1	张	份	合计　张	装订概预算表		本
	复(晒)图 A2	张	份	合计　张	装订器材表		本
	晒图 A3	张	份	合计　张	装订施工图及说明		本
	晒图 A4	张	份	合计　张	交晒、装日期		
	备注				实际完成日期		
	晒图员		装订员		核对员		

填表人：　　　　　　　　　　　　　　　　　　　　　填表日期：　　年　　月　　日

表 6-11　归档材料移交清单

序号	归档材料名称	份数	页数	备注
1	文字(含封面、目录、附表)			
2	概预算表			
3	图纸			

移交日期：　　　年　　月　　日

移交人：

接收人：

6.4　工程勘察

本节主要介绍工程勘察的目的、勘察前的准备、勘察流程、勘察内容、勘察记录以及勘察资料整理。

1. 勘察目的

勘察的目的是搜集与本工程相关的资料，为设计与施工提供必要的原始资料。没有实地勘测的资料，就不可能制出正确的设计文件，更不可能指导施工，因此勘测是设计与施工的基础。一般情况下，勘测工作都要经过勘察、测量两个阶段。

以通信线路工程为例，对新建线路来说，勘察的主要任务是初步选定路由，估算全线距离，了解沿途情况；对改建工程主要是了解原有线路设备的利用情况，初步选定改建路线；而对于大修和加挂工程，则主要调查原有线路设备情况，登记有关资料。

勘察过程中，路由选择是关键。一般将线路所通过的路径称为路由。线路建设是否安全稳固，能否保证通信质量，建设投资和业务费用是否经济合理，维护是否便利，这些都和路由选择有密切关系。

通过与建设方交流，加深对工程任务的理解，对工程项目的主要任务、建设规模、投资规模、建设环境、中远期规划等具体内容进行调研，然后与建设方一起针对可研方案共同讨论，决定最终建设方案。

2. 勘察前的准备

勘察前要做以下准备工作：

(1) 详细解读工程任务书，分析工程目的及任务，理解本工程的意义所在。

(2) 准备与本工程相关的资料，包括可研报告、地图、光缆路由图、网络示意图、传输设备网络拓扑图等资料。

(3) 准备测量工具(测距仪、指南针、望远镜、皮尺等)。

(4) 准备记录工具(记录板、卷纸或 A4 纸、铅笔、橡皮、彩笔)。

(5) 根据自己对工程项目的理解，制订出详细的任务计划书，建立与建设单位的联系表(表 6-12)。

表 6-12　建设单位联系表

序号	地区	姓名	联系电话	邮箱地址	备注
1					
2					
3					
4					

3. 勘察流程

具体勘察流程如图 6-3 所示。

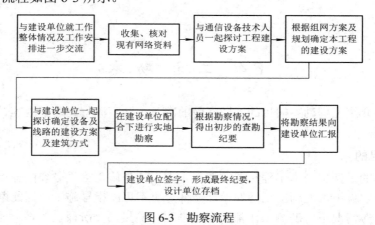

图 6-3　勘察流程

4. 勘察内容

在建设单位的配合下，以可研方案为依据进行核对，了解建设方案变化情况。与建设单位进一步确认建设方案。下面以光缆线路工程为例，介绍建设方案及勘察内容。

光缆线路工程的建设方案具体内容应包括：

(1) 网络结构。

(2) 建设段落、连接机房或基站数。

(3) 建筑方式选择原则。

(4) 光缆芯数的选择。

(5) 大路由。

(6) 主要障碍的处理方式。

(7) 工程类别及各项费率的取定。

在光缆线路工程具体勘察过程中，应详尽地了解工程沿线各种规划，即在建设单位的配合下，了解工程沿线的市政、各相关村、镇、公路、铁路等方面的规划情况，选择安全可靠的路由。线路专业的设计还应充分考虑到与其他专业的配合情况。例如，接入节点的设置应以相关专业负责人提供的资料为依据，并根据实际情况进行调整，变动的情况应与该专业负责人确认，网络调整方案应与传输设备专业负责人共同确认等。

5. 勘察记录

勘察记录中应对相关信息进行详细记录，以光缆线路工程为例，勘察记录的具体内容应包括：

(1) 记录路由方向、道路路名、段落长度，并在路由图上进行标示。

(2) 跨越的主要河流、桥梁的名称、地名等信息。

(3) 途经村、镇名称及位置。

(4) 主要障碍点及其位置。

6. 勘察资料整理

勘察完成后，设计人员根据现场勘察的情况进行全面总结，并对勘察资料进行整理和检查。

下面仍以光缆线路勘察的资料整理为例进行介绍，具体整理的内容包括：

(1) 将主体路由、选择的站址、重要目标和障碍在地图上标注清楚，绘出初步路由图。

(2) 整理出站间距离及其他设计需要的各类数据，填写建设情况统计表。

(3) 提出对局部路由和站址的修正方案，分别列出各方案的优缺点并进行比较。

(4) 绘制出向城市建设部门申报备案的有关图纸。

(5) 将勘察情况进行全面总结，并向建设单位汇报，认真听取意见，以便进一步完善方案。

6.5　通信工程设计及概预算依据

本节主要介绍通信工程设计依据和概预算编制的依据。

6.5.1　通信工程设计依据

本小节介绍现行的通信工程设计的标准，如表 6-13 所示，需要根据这些标准进行通信工程设计。

表 6-13　现行的通信工程设计的标准

序号	标准号	中 文 名 称	发布日期	实施日期
1	YD/T5076—2005	固定电话交换设备安装工程设计规范	2005/10/8	2006/1/1
2	YD/T5053—2005	电话网网管系统工程设计规范	2005/10/8	2006/1/1
3	YD/T5094—2005	No.7 信令网工程设计规范	2005/10/8	2006/1/1
4	YD/T5036—2005	固定智能网工程设计规范	2005/10/8	2006/1/1
5	YD/T5089—2005	数字同步网工程设计规范	2005/10/8	2006/1/1
6	YD/T5037—2005	公用计算机互联网工程设计规范	2005/10/8	2006/1/1
7	YD/T5117—2005	宽带 IP 城域网工程设计暂行规定	2005/10/8	2006/1/1
8	YD/T5032—2005	会议电视系统工程设计规范	2005/10/8	2006/1/1
9	YD/T5135—2005	IP 视讯会议系统工程设计暂行规定	2005/10/8	2006/1/1
10	YD/T5118—2005	ATM 工程设计规范	2005/10/8	2006/1/1
11	YD/T5095—2005	SDH 长途光缆传输系统工程设计规范	2006/2/28	2006/6/1
12	YD/T5080—2005	SDH 光缆通信工程网管系统设计规范	2006/2/28	2006/6/1
13	YD5018—2005	海底光缆数字传输系统工程设计规范	2006/2/28	2006/6/1
14	YD/T5092—2005	长途光缆波分复用(WDM)传输系统工程设计规范	2006/2/28	2006/6/1
15	YD/T5113—2005	WDM 光缆通信工程网管系统设计规范	2006/2/28	2006/6/1
16	YD/T5066—2005	光缆线路自动监测系统工程设计规范	2006/2/28	2006/6/1
17	YD/T5024—2005	SDH 本地网光缆传输工程设计规范	2006/2/28	2006/6/1
18	YD/T5119—2005	基于 SDH 的多业务传送节点(MSTP)本地网光缆传输工程设计规范	2006/2/28	2006/6/1
19	YD/T5139—2005	有线接入网设备安装工程设计规范	2006/2/28	2006/6/1
20	YD/T5088—2005	SDH 微波接力通信系统工程设计规范	2006/7/25	2006/10/1
21	YD5050—2005	国内卫星通信地球站工程设计规范	2006/7/25	2006/10/1
22	YD/T5028—2005	国内卫星通信小型地球站(VSAT)通信系统工程设计规范	2006/7/25	2006/10/1
23	YD/T5003—2005	电信专用房屋设计规范	2006/7/25	2006/10/1
24	YD/T5047—2005	综合电信营业厅设计标准	2006/7/25	2006/10/1
25	YD/T5104—2005	900/1800 MHz TDMA 数字蜂窝移动通信网工程设计规范	2006/7/25	2006/10/1
26	YD/T5142—2005	移动智能网工程设计规范	2006/7/25	2006/10/1
27	YD/T5034—2005	数字集群通信工程设计暂行规定	2006/7/25	2006/10/1
28	YD/T5097—2005	3.5 GHz 固定无线接入工程设计规范	2006/7/25	2006/10/1
29	YD/T5143—2005	26 GHz 本地多点分配系统(LMDS)工程设计规范	2006/7/25	2006/10/1
30	YD/T5120—2005	无线通信系统室内覆盖工程设计规范	2006/7/25	2006/10/1

序号	标准号	中 文 名 称	发布日期	实施日期
31	YD/T5114—2005	移动通信应急车载系统工程设计规范	2006/7/25	2006/10/1
32	YD/T515—2005	移动通信直放站工程设计规范	2006/7/25	2006/10/1
33	YD/T5116—2005	移动短消息中心工程设计规范	2006/7/25	2006/10/1
34	YD/T5131—2005	移动通信工程钢塔桅结构设计规范	2006/7/25	2006/10/1
35	YD5059—2005	电信设备安装抗震设计规范	2006/7/25	2006/10/1
36	YD/T5026—2005	电信机房铁架安装设计标准	2006/7/25	2006/10/1
37	YD/T5040—2005	通信电源设备安装工程设计规范	2006/7/25	2006/10/1
38	YD/T5027—2005	通信电源集中监控系统工程设计规范	2006/7/25	2006/10/1
39	YD5098—2005	通信局(站)防雷与接地工程设计规范	2006/7/25	2006/10/1
40	YD/T5144—2007	自动交换光网络(ASON)工程设计暂行规定	2007/10/25	2007/12/1
41	YD5153—2007	固定软交换工程设计暂行规定	2007/10/25	2007/12/1
42	YD5148—2007	架空光(电)缆通信杆路工程设计规范	2007/10/25	2007/12/1
43	YD/T5151—2007	光缆进线室设计规定	2007/10/25	2007/12/1
44	YD/T5155—2007	固定电话网智能化工程设计规范	2007/10/25	2007/12/1
45	YD5158—2007	移动多媒体消息中心工程设计暂行规定	2007/10/25	2007/12/1
46	YD/T5161—2007	移动通信边际网设计规定	2007/10/25	2007/12/1
47	YD5112—2008	2 GHz TD-SCDMA 数字蜂窝移动通信网工程设计暂行规定	2008/12/6	2009/1/1
48	YD5110—2009	800 MHz/2 GHz CDMA 2000 数字蜂窝移动通信网工程设计暂行规定	2009/1/8	2009/2/1
49	YD5111—2009	2 GHz WCDMA 数字蜂窝移动通信网工程设计暂行规定	2009/1/8	2009/2/1
50	YD/T5163—2009	电信客服呼叫中心工程设计规范	2009/2/26	2009/5/1
51	YD/T5166—2009	城域波分系统工程设计规范	2009/2/26	2009/5/1
52	YD5167—2009	通信用柴油发电机组消噪音工程设计暂行规定	2009/2/26	2009/5/1
53	YD/T5168—2009	移动 WAP 网关工程设计规范	2009/2/26	2009/5/1
54	YD/T5170—2009	电话个性化回铃音工程设计暂行规定	2009/2/26	2009/5/1
55	YD5177—2009	互联网网络安全设计暂行规定	2009/2/26	2009/5/1
56	YD5182—2009	移动通信基站设计标准	2009/2/26	2009/5/1
57	YD5184—2009	通信局(站)节能设计规范	2009/7/18	2009/10/1
58	YD5060—2010	通信设备安装抗震设计图集	2010/5/11	2010/10/1
59	YD/T5186—2010	通信系统用室外机柜安装设计规定	2010/5/11	2010/10/1
60	YD5102—2010	通信线路工程设计规范	2010/5/11	2010/10/1
61	YD/T5185—2010	IP 多媒体子系统(IMS)核心网工程设计暂行规定	2010/5/11	2010/10/1

6.5.2　概预算编制的依据

主管部门对通信工程概预算、预算编制方法有明确的规定，编制依据经历了几个阶段的调整：

(1) 第一阶段：《关于调整建筑安装工程费用项目组成的若干规定》(建标[1993]894 号)等文件。

(2) 第二阶段：《通信建设工程概算、预算编制办法及费用定额》(邮部[1995]626 号)。

(3) 第三阶段：工业和信息化部颁布了新版《通信建设工程概算、预算编制办法》及通信建设工程费用定额等标准(工信部规[2008]75 号)，自 2008 年 7 月 1 日起实施。

2008 年 5 月，工信部为适应通信建设工程发展需要，根据《建筑安装工程费用项目组成》(建标[2003]206 号)等有关文件，对原邮电部《通信建设工程概算、预算编制办法及费用定额》(邮部[1995]626 号)中的概算、预算编制办法进行修订，颁布了新版《通信建设工程概算、预算编制办法》及相关定额等标准(工信部规[2008]75 号)。

(4) 第四阶段：451 定额，即 2016 年工信部通信[2016]451 号《信息通信建设工程概预算编制规程》《信息通信建设工程费用定额》和《信息通信建设工程预算定额》(共五册)。

通信工程设计概算的编制依据应包括：

(1) 批准的可行性研究报告。

(2) 初步设计图纸及有关资料。

(3) 国家相关管理部门发布的有关法律、法规、标准规范。

(4)《信息通信建设工程预算定额》(目前通信工程用预算定额代替概算定额编制概算)、《通信建设工程费用定额》《通信建设工程施工机械、仪表台班费用定额》及其有关文件。

(5) 建设项目所在地政府发布的土地征用和赔补费等有关规定。

(6) 相关合同、协议及其他规定等。

施工图预算的编制依据应包括：

(1) 批准的初步设计概算及有关文件。

(2) 施工图、标准图、通用图及其编制说明。

(3) 国家相关管理部门发布的有关法律、法规标准规范。

(4)《信息通信建设工程预算定额》《信息通信建设工程费用定额》《通信建设工程施工机械、仪表台班费用定额》及其有关文件。

(5) 建设项目所在地政府发布的土地征用和赔补费用等有关规定。

(6) 相关合同、协议及其他规定等。

6.6　通信工程设计文件的编制

设计文件是设计任务的具体实现，是勘察、测量所获得资料的有机组合，也是设计规范、标准和技术的综合运用。设计文件能够充分体现设计者的指导思想和设计意图，并为工程建设安排、指导施工提供准确而可靠的依据。

6.6.1　通信工程设计文件的组成

本小节需着重掌握以下两点：

(1) 通信工程设计文件的主要内容一般由文字说明、概预算和设计图纸三部分组成。

(2) 设计文档的具体内容依据各专业的特点而定。

1. 设计说明和概预算编制说明

设计说明应通过简练、准确的文字全面准确地反映该工程的总体概况，主要内容应包括：工程规模、设计依据、主要工程量、投资情况、对各种可供选用方案的比较及结论、本工程与全程全网的关系、系统配置和主要设备的选型情况等。对应不同的设计阶段，设计说明的内容及侧重点要求不同。

设计说明中应具体描述设计依据，内容包括：运营商下达的设计任务书、工程可行性研究报告、设备供货合同、设计规范、运营商提供的相关资料、设备生产商提供的设备相关信息和勘察资料。

概预算编制说明一般包括工程概况、编制依据、投资分析、其他需要说明的问题等。

2. 概预算表格

预算是控制和确定固定资产投资规模、安排投资计划、确定工程造价的主要依据，也是签订承包合同、实行投资包干、核定贷款额度、工程价款结算的主要依据，同时又是筹备材料、签订订货合同、考核工程技术经济性及工程造价的主要依据。

通信建设工程概预算表的编制应按相应的设计阶段进行。当建设项目采用两阶段设计时，应编制初步设计阶段概算和施工图设计阶段预算；采用三阶段设计时，在技术阶段应编制修正概算；采用一阶段设计时，只编制施工图预算。

概预算的编制应根据各项工程的具体情况，详细计算工程量(填写表三甲，即建筑安装工程量表)、工程机械的使用情况(填写表三乙，即建筑安装工程机械使用表)以及主要材料使用(填写表四，即国内主要材料表)情况，根据工程类别和施工单位资质确定相关单价、费率及费用，进而给出工程费(填写表二，即建筑安装工程费用表)和其他费(填写表五，即工程建设其他费用表)，最终给出整个工程项目的概预算(填写表一，即工程概预算总表)。

3. 设计图纸

设计文件中的图纸是通过图形符号、文字符号、标注和文字说明来表达设计方案的文件。不同的工程项目，图纸的内容及数量不尽相同，因此要根据具体工程项目的实际情况，准确绘制相应的设计图纸。

4. 设计文件的编排顺序

设计文件除了上述主要内容外，还应有封面、扉页、设计单位资质证明、设计文件分发表、目录等内容。

(1) 封面：写明项目名称、设计编号、建设单位、设计单位(公章)、编制年月。

(2) 扉页：写明编制单位法定代表人、设计总负责人、单项设计负责人的姓名，写明概预算编制人、审核人的姓名及证书号，并经上述人员签署或授权盖章。

(3) 承担该设计任务的设计单位资质证明。

(4) 设计文件分发表。

(5) 设计文件目录。

(6) 设计说明书。

(7) 微预算书(可单独成册)。

(8) 设计图纸(可单独成册)。

对于规模较大、设计文件较多的项目，设计说明书和设计图纸可按专业成册。

6.6.2　通信建设工程设计文件的编制和审批

通信建设工程设计文件的编制应根据国家相关部门的规定、各种设计规范和技术标准进行。

1. 总则

(1) 工程设计必须贯彻国家的基本建设方针和通信技术经济政策，合理利用资源，重视环境保护，促进可持续发展。

(2) 工程设计应做到技术先进、经济合理、安全适用，适应施工、生产和使用的要求。工程设计应根据全网的特点处理好局部与整体、近期与远期、新技术与利旧挖潜、主体工程与配套工程、本工程与其他工程的关系。

(3) 工程设计应进行多方案比选和技术经济分析，以保证建设项目的设计质量与经济效益。

(4) 工程设计应采用适合我国国情的先进技术。同类国内产品与国外产品的性能及品质基本相同时，原则上应采用国内产品。

(5) 对于新技术的采用必须坚持一切经过实验的原则，未经上级技术鉴定或鉴定不合格的技术，不得在工程中采用。有的单项设备虽经鉴定合格，也应经过工程的系统考验并经建设主管部门组织系统鉴定合格后才能采用。

(6) 应积极推行标准化、系列化、通用化设计。设计方案应认真执行有关设计规范和技术标准；设计文件使用的文字、名词、图形符号、计量单位等，都应采用现行国家标准及行业标准；应选用优质的定型设备器材并充分注意制式的一致性。选用标准设计及通用图纸时，应做到切合实际。

2. 设计文件的编制及相关单位的分工

(1) 设计文件必须由具有工程勘察设计证书和相应资格等级的设计单位编制。

(2) 通信工程设计可按不同通信系统或专业，划分为若干个单项工程进行设计。对于内容复杂的单项工程，或同一单项工程分别由几个单位设计、施工时，还可分为若干个单位工程。

(3) 凡同时含有工艺安装设计和房屋建设设计的建设项目，应由若干个设计单位共同承担设计，且原则上应由担任工艺安装设计的单位作为主体设计单位。若工艺安装部分由几个设计单位共同承担设计，则由基建主管部门指定其中一个主要工艺安装设计的单位为主体设计单位。几个单位之间的工作关系、责任、分工内容等具体问题，应在协商一致的基础上以签订协议书的方式予以确定。

(4) 主体设计单位的主要任务和责任如下：

① 主体设计单位作为协同设计单位的牵头单位，负责同建设单位和各协同设计单位做好有关设计方面的各项协调工作。

② 组织总体设计方案的讨论，协调各方面的意见，负责提出和商定总体方案，包括建设地址、建设场地总平面布置图、主楼各层平面图、施工工艺要求、设计进度要求、网点布局、网络组织及主要通信组织等。

③ 主持研究各单项设计之间的技术接口与配合等问题，负责商定方案。

④ 参加审查各协同设计单位编制的初步设计是否符合总体设计和设计任务书的要求。

⑤ 编写建设项目设计总说明文件，汇编工程建设项目总概预算。

(5) 协同设计单位的主要任务和责任如下：

① 保证所承担的设计文件的质量及实现总体设计方案的要求。

② 做好协作配合工作，对主体设计单位提出的要求及时提出书面反馈意见，并主动向主体设计单位和其他单项工程设计有关单位提供情况和资料。对已商定内容必须作变更时，应及时向主体设计单位和其他有关单项工程设计单位提出，经协商并取得一致意见后才能变更设计。

③ 按时提交设计文件(包括工程概预算)。

④ 参加有关部分设计文件的会审。

(6) 在设计单位密切配合下，建设单位应做好以下各项工作：

① 提供原有设备、建筑物和构筑物等的原始资料、鉴定资料和设计所需的业务资料。

② 提供概预算中"工程建设其他费"有关地方规定的建设项目价格和费用等资料。

③ 在设计中与外部单位发生有关建设方面的下列问题时，负责与相关单位联系和签订协议文件。

(a) 与当地规划主管部门的有关配合问题。

(b) 根据设计单位的要求，积极提供有可能影响本工程通信质量的有关情况，例如通信线路或传输通道是否受其他单位已有设施的电磁干扰等。

(c) 涉及外部单位主管范围的问题，例如建筑地址、场地、线路路由，线路及管道建筑在市街道、公路、厂矿区、桥梁、堤坝等地段内的平面断面位置及建筑方式，水线位置及埋深，线路管道穿越铁道、高压线路或其他障碍物的位置、断面及建筑措施，建设工程涉及房地产权、拆迁、安全、卫生、环境保护、园林绿化、文化古迹、农田水利、航空、河港、防洪、抗震、消防、人防、地下工程、测量标志等问题。

3. 设计阶段及要求

(1) 通信工程设计一般按两个阶段进行，即初步设计和施工图设计。有些技术复杂的工程增加技术设计阶段。对于规模较小、技术成熟或套用标准设计的工程，可按一阶段设计。

(2) 初步设计应根据批准的可行性研究报告或设计任务书，以及有关的设计标准、规范，并通过现场勘察工作取得可靠的设计基础资料后进行编制。初步设计的主要作用是按照设计任务规定的工程内容和规模确定建设方案，对主要设备进行选型，编制本期工程投资总概算。初步设计阶段如发现建设条件已有变化，如果经论证认为有必要修正设计任务书的主要要求时，则应通过建设单位向下达设计任务的主管部门提出书面报告，经批复后，设计单位才能按修正设计任务书的要求，进一步编制初步设计。进一步编制初步设计的内容应达到规定的深度要求。初步设计中的主要设计方案及重大技术措施等应通过技术经济分析，进行多方案比选。对未采用方案的扼要情况和采用方案的选定理由均应写入设计文件。

(3) 引进工程在编制初步设计前要另册提出技术规范书和分交方案。技术规范书应说明工程要求的技术条件及有关数据等，并用中、外文编写，在提供初步设计前出版。

(4) 施工图设计应根据批准的初步设计编制。施工图设计提出施工技术要求及图纸，并应达到能指导设备安装、光(电)缆敷设及建筑物施工的要求。施工图预算是确定工程预算造价，签订建筑安装合同，实行建设单位和施工单位间投资包干及办理工程结算的依据。施工图设计不得随意改变已批准的初步设计方案及规定，如因条件变化必须改变时，重大问题应由建设单位征得初步设计编制单位的意见，并经原审批单位批准后方可改变。在未得到批准之前，仍应按原批准的文件办理。施工图设计由编制施工图设计的单位负责修改，其他任何单位未经编制施工图设计单位的同意，不得修改施工图。施工图设计经修改后，修改单位应向有关单位出具变更记录。施工图设计内容应达到规定的深度要求。

(5) 施工图文件可根据工程进度的安排，按单项工程或单位工程分期交付。房屋建筑工程以幢为单位一次交付全套施工图。当采用通用设计图时，应将图纸编入全套施工图内，原有图号不得改变。成册出版的通用图也可以另附。房屋建筑工程设计采用国家标准或省标准的通用图可不附，但应列出采用的标准编号及图纸编号。

(6) 综合工程一阶段设计文件应达到上述初步设计及施工图设计有关部分的内容和深度要求，每个建设项目也应编制总体部分的综合册。

4. 概预算编制要求

(1) 概算是初步设计文件的重要组成部分。每个建设项目都应编制总概算，单项工程也应单独编制概算。修改初步设计时，应同时修改概算，并抄送主体设计单位。

初步设计总概预算如突破设计任务书规定的投资控制额 10% 以上时，应在设计文件综合册的概述部分说明理由。建设单位应按国家规定程序申报设计任务书，原审批主管部门重新核批。

(2) 施工图预算是施工图设计文件的重要组成部分。每个建设项目的单项工程及有关设计单位编制的单位工程都应分别编制预算文件。预算应控制在批准的概算内。预算如超出总概算 10% 以上，应由建设单位提出上报原概算审批单位审批，并抄送主体设计单位。施工图预算经审定后，可作为工程造价、施工招标标底、签订施工承发包合同、工程结算等的依据。

(3) 概预算的编制应按工业和信息化部颁发的《通信建设工程概算、预算编制办法》及费用定额的规定办理。通信工程概预算编制人员必须持有通信主管部门颁发的通信工程概预算人员资格证书。建筑工程概预算应按当地有关规定编制。概预算编制人和审核人的姓名及证书号应在设计文件的扉页上写入。

5. 设计文件的编印

(1) 每个建设项目的综合册及所有单项工程都应分别编印全套设计文件。全套设计文件应包括设计说明及附录、概预算编制说明及概预算表、设计图纸等内容。

(2) 初步设计文件的编印应符合规范化、标准化的要求，包括设计说明书页张篇幅及各号图纸大小篇幅应符合国家标准规定尺寸；设计文件册的封面必须能表示出工程设计项目的全名、分册编号及工程名称；设计文件册的首页、扉页均应按规定的统一格式办理，扉页之后的一页应编写本册文件分发表。

(3) 设计文件编印分册的规定如下：

初步设计文件应装订成册出版，分册按每个建设单位及按单项工程(或单位工程)分别由设计单位编印出版。每个工程项目的初步设计应单独编制出版总体部分的综合册，并编为一册。其余各单项工程的全套设计文件可编单册或分册出版；也可两个以上单项工程合册出版。合册出版时各单项工程的设计说明应章节分明，概算表则必须分编，图纸按单项顺序排列编号。出版分册情况必须在相关各册的概述中表明。

施工图设计文件应装订成册，给施工用的施工图可以简装。施工图设计文件分册视需要可按单位工程编订出版。例如，有线、无线传输线路工程有分路站、端站、转接站等应分别分册出版；电信生产房屋的主楼及附属生产房屋的建筑结构、电气、暖通、给水排水等专业可按图纸多少分册或合册出版。

按设计文件分发份数的规定分发给有关单位的局部设计文件应分别单独装订出版。引进设备工程的技术规范书属于初步设计阶段工作，其中外文版文件应分别装订成册交付。工艺设计单位提出的房屋建筑设计要求分属初步设计及施工图设计阶段的工作，其文件可作为发送给建筑设计单位的文稿附件发送。这两项文件的发送时间应视需要确定。初步设计全套文件一般应同时交付。施工图设计文件可结合各单项工程的施工进度按需要分期交付。

(4) 设计文件的文字要简明扼要，文字说明及图纸必须使用国家或部颁标准及专业标准规定的名词术语、计量单位、图形符号。没有标准规定者，宜采用目前通用的标准，并应在图纸上加注释。

(5) 工程设计文件的出版分发份数应按国家通信主管部门相关规定办理，生产房屋建筑设计文件的分发份数按当地规定办理。

根据原邮电部对通信工程设计保密范围和密级划分的规定，对有密级要求的设计文件或图纸，应按规定的发送单位及份数办理，不应随意增加发送单位及份数。必须增加时，应由建设单位按照有关保密规定负责办理。

(6) 所有设计文件应由有关设计人、审核人、负责人逐级审查后在相应的文件图纸上签字，并在文件的首页上加盖公章后方能生效。

6. 设计文件的审批

(1) 设计文件的审批权限应按国家及相关部门规定执行。

(2) 设计文件的审查工作一般采取会审形式，由设计文件的审批部门邀请与建设项目有关的单位参加会审。参加会审的人员应认真分析设计文件，向会审组织者提出审查意见。主管部门审批设计文件时，应考虑会审意见，承担决策责任。

(3) 初步设计文件审查的重点如下：

① 是否符合批准的设计任务书的要求。

② 设计指导思想和设计方案是否体现国家的有关方针政策及电信技术政策。

③ 设计方案的可行性、正确性及经济性；核定方案的技术标准和建筑标准。

④ 工程建设规模。

⑤ 单位工程造价、各项技术经济指标、建设工期及增员计划。

⑥ 设计采用的新技术、新设备、新工艺、新材料等的可靠性。

⑦ 设备利旧、挖潜及与原有设备的配合方案。

⑧ 工程采用的设备、电缆等主要器材的制式、型号、规格及数量。对引进工程，应着重检查引进设备器材等有无国内产品可使用。

⑨ 电信专用房屋工程设计的总平面布置和后期发展预留安排、房屋的立面及各屋平面设计方案、建筑结构及用材标准是否符合规范及电信专业的技术要求。

⑩ 工程总概算和单项工程概算的内容及所采用的计费标准是否符合规定。

(4) 施工图设计文件审查的重点如下：

① 内容是否与批准的初步设计文件相符。

② 施工图设计深度能否达到指导施工的要求。

③ 新采用或特殊要求的施工方法及施工技术标准是否可行，有无论证依据。

④ 工程量统计是否合理。

⑤ 设备材料的品种、型号、数量。

⑥ 施工图预算。

6.6.3　初步设计内容应达到的深度

1. 建设项目总体设计(综合册)

每个建设项目都应该编制总体设计部分的总设计文件(即综合册)，其内容包括设计总说明及附录、各项设计总图、总概算编制说明及概算总表。

总说明的概述一节，应扼要说明设计的依据(例如设计任务书、可行性研究报告等主要内容)及其结论意见，叙述本工程设计文件应包括的各单项工程编册及其设计范围分工(引进设备工程委员会说明与外商的设计分工)，建设地点现有通信情况及社会需要概况，设计利用原有设备及局所房屋的鉴定意见，本工程需要配合及注意解决的问题(例如地震设防、人防、环保等要求，后期发展与影响经济效益的主要因素，本工程的网点布局、网络组织、主要的通信组织等)，表列本期各单项工程规模及可提供因素的新增生产能力，并附工程量表、增员人数表、工程总投资及新增固定资产值、新增单位生产能力、综合造价、传输质量指标及分析、本期工程的建设工期安排意见以及其他必要的说明等。

设计总说明的具体内容可参考下列各项工程设计内容摘要编写。

2. 有线通信线路工程

有线通信线路工程应包括以下内容：

(1) 概述：参照综合册概述部分内容，结合本单项工程内容编写，说明内容应全面。

(2) 传输设计方案论述及通路组织设计方案简述。

长途光缆线路工程说明应包括：全线通路组织设计原则；电路安排及各站终端电路分配数；传输系统配置(包括线路系统、监控、业务通信、备用转换等辅助信号传输系统)；中继段长度计算；中继段的划分、光功率计算等；附传输系统配置图。

市话线路工程说明应包括：远、近期业务预测结论；交接区划分及变动情况；交接区及配线区划分；本期局所建设方案；用户线路配线制式；主干电缆及中继电缆设计及相关设备选型等。附全网局所位置图(标明交换区界线)、交接区划分图。

(3) 管道线路路由方案比选及结论，并论述选定方案及根据。

长途光缆工程应包括：全线各种站点的配置及地址；各站间段长、沿线自然条件及地形、地貌、土质等情况；各城市进局路由方案；附全线路由图(标在比例为五万分之一的国家测绘总局绘制的地形图上)。对特殊障碍点应加说明并分别绘制示意图。

市话线路工程应包括：新建、扩建路由及电缆建设方式，电缆程式及型号；交接箱、用户环路技术设备等配置方案；光缆线路的光缆芯数、光端机及光中继器配置等设计方案；地下进线室设计方案；附在城市街道图上绘制的主干电缆、中继电缆设计图(标明交接箱安装位置)、进线室平面布置图及成端电缆图。

通信管道工程应包括：路由比选方案；管道和人孔的建筑材料及建筑程式；附标明街道名称、管道埋设位置及人孔和手孔位置、过街引上管位置、各段管孔组合及管道埋深断面等内容的管道设计图，并在图上标明有关的地下已有管线位置。管道工程及交接箱安装位置与建筑方式的设计方案应征得城市建设主管部门的同意。

(4) 论述电缆、光缆穿越主要河流的设计方案。

水底电缆、光缆选定方案应取得历年河床断面变化资料、河床地质、最大水流、水位等资料，以确定埋深要求及方案，并应征得有关航运、河道、堤岸等管理单位的同意，同时应提出电缆敷设方式、保证电缆安全的措施、水线房设置方案、采用电缆的程式及型号等。通过桥梁的电缆应提出敷设方法及位置，并应事先征得桥梁管理单位的同意。

(5) 说明主要设计标准和电缆、光缆的防护措施。

主要设计标准和电缆、光缆的防护措施包括：长途光缆、市话埋式电缆等工程的各地段埋深及防护措施(防蚀、防雷、防强电干扰及影响、防冻、防广播干扰、防地电位升高的影响、防机械损伤、防潮湿等)；无人站建筑标准；维护段划分及巡房、线务段的配置；进线路由设计方案并附平面图；线路穿越铁路、公路、高压电力线等特殊地段所采用的建筑方式及防护技术措施，电缆线路还应提出充气维护方案；测定强电路由与通信线缆路由的相对位置及隔距，并核算强电影响值。

(6) 长、市话线路工程如有制接问题应说明制接方案的原则。

(7) 线路工程采用新技术、新设备、新结构、新材料非标准设备等的论述，包括技术性能及经济效果分析；附必要的非标准设备的原理图及大样图。

(8) 有关协议文件的摘要。

3. 通信设备安装工程

通信设备安装工程包括各种制式和程式的长话及市话交换设备、微波设备、光缆的数字复用设备、光设备、移动通信设备、通信卫星地球站设备、一点多址无线通信设备、通信电源设备等安装工程。

(1) 概述：参照综合册概述部分内容，结合本单项工程内容编写。说明内容应全面。

(2) 业务预测及设备选型包括：本期工程通信业务量、话务量、电路数、信道数等的预测、计算及取定；设备的配置、选型及容量。数字交换设备应说明中央处理器的处理能力、设备内部端口、与其他设备的中继接口及型号和数量、操作维护系统的配置、数字配线架数量等。

(3) 新建局、站选址比较方案论证。

说明网点布局组织和规划：说明建设场地的建设面积、工程地质、水文地质、供电方案、交通、环境条件、社会情况等；说明主楼建筑及附属生产房屋建筑的总面积，各机房面积及终期最大可装设备容量或数量。附建设场地总平面布置图、机房的各层平面的布置图(图上标明本期设备布置方案及后期设备扩建计划布置)。

(4) 说明近期通信网络和通路组织方案及其根据、远期网络组织方案规划等。附网络组织图。

(5) 各种内部系统设计方案的说明并附系统图，包括接地装置系统，各种有线、无线高频及低频或高次群及低次群通信系统，监控系统，天线及馈线系统等。

(6) 不同专业设备安装工程特有的设计内容如下：

① 长话交换工程应包括：远、近期业务预测结论，通路组织设计长话各种业务处理(包括国内及国际电话及非话业务、查询在号等业务处理)；号码计划；长市话中继方式和中继线计算及取定数量；长市话容量配合方案；长途信号接口配合方式(包括国内、国际通信的国内段、长市话段等)；计费方式。数字程控交换局还应包括含传输系统在内的长市话通信网的网同步设计方案。附现有及本期工程长市话网络组织示意图、长市中继方式及中继传输系统组织图。

② 市话交换工程设计应包括：市话网中继方式及中继线计算(包括各市话分局间、长市话局间、特种服务业务、重点用户小交换机等)；号码计划；局间信号及接口配合；计费方式；对原有设备处理的论述；对原有电话局的配套工程及改造工程的设计方案。数字程控交换工程还应包括含传输系统在内的全网的网同步设计(局数据表)方案等。应附市话中继方式图、市话网中继系统图。

③ 微波工程设计应包括：全线路由及微波进城(包括干线及本期工程建设项目内的支线)方案比选及选定方案；站址设置及选定，系统组织设计，波道和频率极化配置(包括传输容量、中心频率、带宽波道频率分配等)，设备主要参数，通信系统及各站接收方式的说明；电路通路组织设计(说明主备用波道及路边业务开口地点等)；公务系统的制式选择与电路分配；监控系统设计制式及系统组成；天线馈线系统设计，其中还应包括天线选型、天线高度、馈线选型、天线馈线接口等；电路质量指标估算(包括电路指标要求、各种干扰计算等)；微波通道的说明。工程若采用天线铁塔，则应提出技术要求。附全线路由图、频率极化配置图、通路组织图、天线高度示意图、监控系统图、各种站点的系统图、天线位置示意图及站间断面图。

④ 干线线路各种站的数字复用设备、波分复用设备等光设备安装工程设计应包括：设备的主要技术要求、设备配置、机房列架安装方式、布线电缆的选用、通信系统的设备组成及电路的调度转接方案；辅助系统及业务通路、设备电源系统等设计方案。附传输系统配置图、远期及近期通路组织图、光缆终点站数字设备通信系统图。

⑤ 移动通信工程。移动交换局设备安装单项工程设计应包括：在网络组织设计中应说明本业务区内交换中心地点设置及无线基站局号、用户间各种呼叫方式等；话务量预测计算及中继线数量取定、中继线 PCM 系统数；号码计划(拨号方式及移动用户识别号码)；信号方式；传输方式(包括各种中继线的传输手段、数字交换点相对电平要求等)；计费方式；网同步方式及时钟基准的接口；移动交换局的主要业务性能。附全网网络示意图、本

业务区网络组织图、移动交换局中继方式图等。

⑥ 基站工程设计应包括：网络结构(包括结构方案、基站无线覆盖范围、基站的海拔高度、天线距离地面的高度、可容纳移动用户数、传输方向方位角、传输方向断面、通信距离等)；频率选择及频率计划；话路质量指标及估算。附全网网络结构示意图、本基站无线覆盖示意图、信道频率分配图、各基站无线覆盖范围图、本业务区通信网络系统图、本站上/下行传输损耗示意方框图、天线馈线走向示意图、天线铁塔示意图、基站至各方向断面图。

⑦ 地球站工程。地球站微波单项工程应包括：天线的直径和数量、品质因数要求；通信系统的组成和设备配置；协调区计算；微波辐射影响计算；上行电路传输质量预测。附对卫星位置的本站协调区图、地球站上/下行线路电平图、主机房与天线相对位置图、地球站与各有关微波站干扰断面图等。地球站数字复用终端设备安装单项工程设计应包括：本站对各站电路数及上/下行频谱安排；中继方式设计说明传输手段、系统及设备、需要时说明数/模转换方式及网同步的安排；业务系统说明所用电路及设备。附上行基带频谱电路安排图、卫星通信组织图、地球站至城内中继方式图等。

⑧ 一点多址无线通信工程设计应包括：中心站及外围站设置地点选择，并附站址路由技术情况表(其内容标明各站坐标位置、标高、线路余隙、天线离地面高度、各站距中心站的距离、障碍点及反射电位置、通信方位角及俯仰角等)；通路组织方案，并说明各外围站的业务种类、业务预测及用户数、中继线数；工作频率及多址方式选择；设备选型及功能要求；天线杆、塔设计要求。附一点多址无线通信网路由图、各比选方案的网络图。

⑨ 短波无线电台工程设计应包括：初步报定天线及馈线的程式、数量，线的程式数量，提出机线配合一览表及通信地点方位图；机房高频系统及天线交换方式；音频、直流及监控等系统设计；信号传送方式设计方案等。

⑩ 通信电源工程设计应包括：确定市电类别；设备配置供电方式图及供电系统图；电源线的布线方式，接地系统设计方案；远期及近期耗电量估算；交直流负荷分路设计及分路图。对新建高压供电专用线路应说明对接地装置的要求及设计部门、线路规格和长度要求。

(7) 各种通信系统的割接方案原则。

(8) 各种通信设备安装的抗震加固设计要求。

(9) 重要技术措施的论述。

(10) 为配合房屋建筑设计，提出设备对各机房环境温度、湿度、空调、通风、采暖等要求；楼面荷载及用材料要求；设备及走线架安装的净高、机房内走道净宽、人工照明方式及照度、顶棚、墙壁、噪声、防尘、抗震、防火、防雷、接地、天线高度、面积较大的孔洞、室内地下槽道、电梯等要求(本项要求若工艺设计单位在初步设计文件出版前已有正式文件通知建筑设计单位时，则工艺初步设计文件可不重复编入)。

(11) 有关环境保护(例如防噪声、蓄电池室防酸及防氢、微波辐射范围等)的防治要求。

4. 电信专用房屋建筑工程

电信专用房屋建筑工程应包括以下内容：

(1) 概述：参照本小节中综合册部分的内容，结合本单项工程内容编写，说明内容应全面。

(2) 建筑设计应提出建设场地总平面布置方案及总平面图；说明近期及远期发展规划方案及场地占地面积、工程地质、水文地质情况；分别说明主楼建筑及附属生产房屋的总面积及各层建筑面积、层数、柱网及梁板布置、层高、消防、地震基本烈度、人防等设计标准；说明外墙、门窗、屋面、室内装修(包括地面、墙面、顶棚等)设计标准；说明特殊要求设计方案；说明绿化、环境保护设计方案。附主楼平面图、剖面图、四面立面图、总平面图及管网总图。

(3) 主楼及附属生产房屋的基础形式、上部结构楼面荷载等设计的说明；微波天线基础设计方案的说明；天线铁塔结构设计方案的说明；抗震设计的标准及人防设计的说明。

(4) 供热、空调、通风设计应说明：设计依据、基础数据及设计计算标准；供热热源、室外热力管道、室内采暖设计；空调机通风系统设计方案(含近、远期通信设备增加过程中满足空调通风要求的方案)的说明(包括蓄电池的通风系统及设置空调的机房空气流向的说明)；锅炉及空调设备选型。附供热、空调、通风系统图及平面图。

(5) 给水、排水及消防设计方案应说明：水源、用水量计算；开水供应方案；消防管道系统及重要机房的消防装置及系统设计；排水系统设计方案及排水量估算；蓄电池室的排水方案。附各系统的系统图。

(6) 电气设计应说明：电源情况、近期及远期负荷的计算及其设计标准；人工照明及动力用电系统设计方案；火灾报警系统设计；防雷及接地系统设计方案(此项方案应与通信电源设计单位配合取得一致)。附高、低压供电系统图、变配电室设备平面布置图。

(7) 电梯选型及内部通信、弱电设计方案。

(8) 营业厅平面及立面设计方案、内部装饰标准等说明。

(9) 其他特殊情况说明。

根据建设部颁布的《建筑工程设计文件编制深度的规定》的要求进行编制。

6.6.4　施工图设计内容应达到的深度

各单项工程施工图设计说明应简要说明批准的本单项工程部分初步设计方案的主要内容并对修改部分进行论述，注明有关批准文件的日期、文号及文件标题，提出详细的工程量表。施工图设计可不编总体部分的综合册文件。

各单项工程施工图设计具体内容如下。

1. 有线通信线路工程

有线通信线路工程应包括以下内容：

(1) 批准的初步设计的线路路由总图。

(2) 长途通信线路敷设定位方案的说明，应附在比例为 1 : 2000 的测绘地形图上，并绘制线路位置图；标明施工要求，如埋深、保护段落及措施、必须注意施工安全的地段及措施等，并附地下无人站内设备安装及地面建筑的安装建筑施工图上。

(3) 线路穿越各种障碍的施工要求及具体措施。每个较复杂的障碍点应单独绘制施工图。

(4) 水线敷设岸滩工程、水线房等施工图纸及施工方法说明。水线敷设位置及埋深应以河床断面测量资料为根据。

(5) 通信管道、人孔、手孔、电缆引上管等的具体定位位置及建筑形式，孔内有关设备的安装施工图及施工要求；管道、人孔、手孔结构及建筑施工采用定型图纸，非定型设计应附结构及建筑施工图；对于有其他地下管线或障碍物的地段，应绘制剖面设计图，标明其交点位置、埋深及管线外径等。

(6) 长途线路的维护区段划分、巡房设置地点及施工图(巡房建筑施工图另由建筑设计单位编发)。

(7) 市话线路工程还应包括配线区划分、配线电缆线路路由及建筑方式、配线区设备配置地点位置设计图、杆路施工图；用户线路的割接设计和施工要求的说明。施工图应附中继电缆、主干电缆、管道等分布总图可复用批准的初步设计图纸。

(8) 枢纽工程或综合工程中有关设备安装工程进线室铁架安装图、电缆充气设备室平面布置图、进局电缆及成端电缆施工图。

2. 通信设备安装工程

通信设备安装工程包括各种制式的电话交换设备、微波设备、光缆各种站的数字复用设备及光设备、移动通信设备、通信卫星地球站设备、一点多址无线通信设备、通信电源设备等安装工程，具体包括以下内容：

(1) 简要说明批准的本单项工程部分初步设计方案主要内容并对修改部分进行论述，注明有关批准文件的日期、文号及文件标题，提出详细的工程量表。

(2) 机房各层平面图及各机房设备平面布置图、通路组织图和中继方式图(均可复用批准的初步设计图纸)。

(3) 机房各种线路系统图、走线路由图、安装图、布线图、线缆计划表和走道布线剖面图。

(4) 列架平面图、安装加固示意图、设备安装图、加固图和抗震加固图。自行加工的构件及装置还提供结构示意图、电路图、布线图和工料估算表。

(5) 设备的端子板接线图或跳线表。

(6) 交流供电系统图、直流供电系统图、负荷分路图、直流压降分配图、电源控制信号系统图、布线图、电源线路路由图、母线安装加固图、电源各种设备安装图和继电保护装置图。

(7) 局、站及内部核地装置系统图、安装图、施工图和天线避雷装置安装图。

(8) 程控交换工程中继线调配图。

(9) 工程割接开通计划及施工要求。

(10) 无线电天线及馈线施工图、避雷装置安装图。附天线场地布置图、通信地点的方位及距离表(均可复用初步设计批准的图纸)。

(11) 各种在杆、塔上安装的设备(例如无人中继器、太阳能电池等)的安装图。

(12) 通信工艺对生产房屋建筑施工图设计的要求包括：楼面及墙壁上预留孔洞尺寸及位置图；地面楼面下沟槽尺寸、位置与构造要求；预埋管线位置图；楼板、屋面、地面、墙面、梁、柱上的预埋件位置图(本项要求文件及图纸应配合房屋建筑施工图设计的需要提前单独出版，并用正式文件发交建筑设计单位)。

(13) 设计采用的新技术、新设备、新结构、新材料应说明其技术性能，提出施工图纸和要求。

3. 电信专用房屋建筑工程

(1) 简要说明初步设计的主要内容，附批准的初步设计有关文件摘要并对设计修改部分进行论述。

(2) 根据住建部颁布的《建筑工程设计文件编制深度规定》的有关要求编制各专业的各种施工图。此外，还应对电信专用房屋及通信工程特有的要求编制必要的施工图，例如各层工艺沟槽孔洞位置图及结构图、穿过各层的壁柜位置及结构图，房屋墙面顶棚施工详图，装有各种天馈线的屋面做法图，蓄电池室地面、排酸气道、洗涤池等施工图，各类机房的地面及空调系统管道剖面图、施工图及设备安装图，地下进线室防水措施等。

6.7　实　验　项　目

实验项目一：进行通信线路勘察。

目的要求：了解通信线路工程勘察的过程，掌握通信工程勘察工具的使用方法，了解相关注意事项。

实验项目二：查阅相关的设计规范。

目的要求：了解通信工程设计的规范及相关规定，理解概预算文档的编制流程。

本　章　小　结

本章主要介绍了以下内容：

(1) 通信工程设计咨询的作用是为建设单位、维护单位把好工程的四关：① 网络技术关；② 工程质量关；③ 投资经济关；④ 设备(线路)维护关。

(2) 通信工程设计作为通信工程建设的依据，需要满足建设单位、施工单位、维护单位和管理单位的不同层面的要求。

(3) 从网络建设、运行维护管理方便的角度出发，电信网络运营商通常根据业务和技术的相近性划分部门进行管理。通信建设项目通常分为供电设备安装工程、有线通信设备安装工程(包括通信交换设备安装工程、数据通信设备安装工程、通信传输设备安装工程)、无线通信设备安装工程(包括微波通信设备安装工程、卫星通信设备安装工程、移动通信设备安装工程)、通信线路工程、通信管道建设工程等。

(4) 通信工程设计分为可行性研究、方案设计、初步设计、施工图设计等阶段。其中，可行性研究是建设前进行的预研工作，初步设计(含方案设计)和施工图设计是通信工程建设期间进行的工作。

(5) 勘测的目的是搜集与本工程相关的资料，为设计与施工提供必要的原始资料，它是设计与施工的基础。一般情况下，勘测工作都要经过勘察和测量两个阶段。

(6) 目前通信工程概预算的编制采用的是 2016 年工业和信息化部颁布的新版《通信建设工程概算、预算编制办法》及相关定额等标准(工信部规[2016]451 号)。

(7) 通信工程设计文件的主要内容一般由文字说明、概预算和设计图纸三部分组成。具体内容依据各专业的特点而定。

复习与思考题

1. 试述通信工程设计的流程。
2. 建设单位和维护单位对通信工程设计的要求有何异同?
3. 通信工程设计人员应当具备的素质是什么?
4. 简述通信工程设计的作用。
5. 2016 年工业和信息化部颁布的新版定额共有多少分册?
6. 简述通信工程勘察的流程。
7. 通信工程设计文件包括哪些部分?
8. 初步设计的内容应达到什么样的深度?
9. 施工图设计的内容应达到什么样的深度?

第 7 章　通信工程概预算

 ## 本章内容

- 通信工程工程量的计算规则
- 通信工程概预算编制及审核
- 通信工程概预算编制实例
- 通信工程概预算配套文件

 ## 本章重点、难点

- 通信工程工程量的计算规则
- 通信工程概预算的编制
- 通信工程概预算编制实例

 ## 本章学习目的和要求

- 掌握通信工程工程量的计算规则
- 掌握通信工程概预算的编制

 ## 本章学时数

- 建议 12 学时

7.1　定额概述

　　本节主要介绍定额的概念、特点、分类、预算定额和概算定额以及通信建设工程预算定额使用方法。

7.1.1 定额的概念

为了预计某一工程所花费的全部费用，需要引入工程造价的概念。工程造价是指进行某项工程建设所花费的全部费用。工程造价是一个广义概念，在不同的场合，工程造价含义不同。由于研究对象不同，工程造价有建设工程造价、单项工程造价、单位工程造价、建筑安装工程造价等。

通信工程概预算是工程实施阶段工程造价的基础，而通信工程概预算是以定额为计价依据的。

所谓定额，就是在一定的生产技术和劳动组织条件下，完成单位合格产品在人力、物力、财力的利用和消耗方面应当遵守的标准。

本小节需要着重注意以下两点内容：

(1) 通信工程概预算是对通信工程建设所需要全部费用的概要计算，通信工程建设费用如下：

$$\sum(\text{工程量} \times \text{单价}) + \sum \text{设备材料费用} + \text{相关费用}$$

(2) 工程量及单价的计算依据国家颁布的相关定额。

在生产过程中，为了完成某一单位合格产品，就要消耗一定的人工、材料、机具设备和资金。由于这些消耗受技术水平、组织管理水平及其他客观条件的影响，因此其消耗水平是不相同的。为了统一考核其消耗水平，便于经营管理和经济核算，就需要有一个统一的平均消耗标准，这个标准就是定额。

定额反映了行业在一定时期内的生产技术和管理水平，是企业搞好经营管理的前提，是企业组织生产、引入竞争机制的手段，也是进行经济核算和贯彻按劳分配原则的依据。它是管理科学中的一门重要学科，属于技术经济范畴，是实行科学管理的基础工作之一。

定额成为企业管理的一门独立科学，开始于 19 世纪末至 20 世纪初，特别是美国工程师弗·温·泰罗的现代科学管理，即"泰罗制"，其核心观念包括制定科学的工时定额，实行标准的操作方法，强化和协调职能管理及有差别的计件工资。在当时的背景条件下，"泰罗制"推动了企业管理的发展，也使资本家获得了巨额利润。

我国的工程建设定额管理经历了一个从无到有、从建立发展到被削弱破坏，又从整顿发展到改革完善的曲折道路。特别是 20 世纪 90 年代以后，工程建设定额管理逐步改革完善。2008 年，工信部[2008]75 号文件颁布了新编的《通信建设工程概算、预算编制办法》及相关定额。2016 年，工信部颁发 2016(451 号)文件，更新了《通信建设工程概算、预算编制办法》及相关定额。

7.1.2 定额的特点

1. 科学性

科学性是由现代社会化大生产的客观要求所决定的，包含两方面含义：

(1) 建设工程定额必须和生产力发展水平相适应，反映出工程建设中生产消费的客观规律。

（2）建设工程定额管理在理论、方法和手段上必须科学化，以适应现代科学技术和信息社会发展的需要。

2. 系统性

工程建设本身是一个实体系统，包括农林水利、轻纺、机械、煤炭、电力、石油、冶金、交通运输、科学教育文化、通信工程等 20 多个项目。而工程定额就是为这个实体系统服务的。工程建设本身的多种类、多层次决定了以它为服务对象的建设工程定额的多种类、多层次。这种多种定额结合而成的有机的整体，构成了定额的系统性。

3. 统一性

建设工程定额的统一性由国家经济发展的有计划的宏观调控职能决定。为了使国民经济按照既定的目标发展，就需要借助于某些标准、定额、参数等，对工程建设进行规划、组织、调节、控制。这些标准、定额、参数在一定范围内必须具有统一的尺度，这样才能实现上述职能，才能利用它对项目的决策、设计方案、投标报价、成本控制进行比较、选择和评价。

4. 权威性和强制性

建设工程定额中的权威性表现在其具有经济法规性质和执行的强制性。强制性反映刚性约束，意味着在规定范围内，对于定额的使用者和执行者来说，不论主观上愿意或者不愿意，都必须按定额的规定执行。

5. 稳定性和时效性

建设工程定额中的任何一种都是一定时期技术发展和管理的反映，因而在一段时期内都表现出稳定的状态，根据具体情况不同，稳定的时间有长有短，保持建设工程定额的稳定性是维护建设工程定额的权威性所必需的，更是有效贯彻建设工程定额所必需的。

稳定性是相对的，生产力发展的同时，会导致建设工程定额与已经发展了的生产力不相适应，其原有作用就会逐步减弱乃至消失，甚至产生负效应。因此，建设工程定额在具有稳定性的同时，也具有时效性。当定额不再起到促进生产力发展的作用时，就需要重新编制或修订。

7.1.3　定额的分类

1. 按建设工程定额反映的物质消耗内容分类

（1）劳动消耗定额：简称劳动定额，即完成单位合格产品规定活劳动消耗的数量标准，仅指活劳动的消耗，不是活劳动和物化劳动的全部消耗。由于劳动定额大多采用工作时间消耗量来计算劳动消耗的数量，因此劳动定额主要表现形式是时间定额，但同时也表现为产量定额。

（2）材料消耗定额：简称材料定额，即完成单位合格产品所消耗材料的数量标准。材料是指工程建设中使用的原材料、成品、半成品、构配件等。

（3）机械消耗定额：简称机械定额，即完成单位合格产品所规定的施工机械的数量标准。机械消耗定额的主要表现形式是机械时间定额，但同时也以产量定额的形式表现。我国机械消耗定额主要是以一台机械工作一个工作班(8 h)为计量单位，所以又称为机械台班定额。

(4) 仪表消耗定额：完成单位合格产品所规定的仪表的数量标准。仪表消耗定额主要是以一台仪表工作一个工作班(8 h)为计量单位，所以又称为仪表台班定额。

2. 按主编单位和管理权限分类

(1) 行业定额：各行业主管部门根据其行业工程技术特点以及施工生产和管理水平编制的，在本行业范围内使用的定额，如《通信建设工程施工机械、仪表台班费用定额》等。

(2) 地区性定额：包括省、自治区、直辖市定额，是各地区主管部门考虑本地区特点而编制的，在本地区范围内使用的定额，如《北京市建设工程预算定额》。

(3) 企业定额：施工企业考虑本企业具体情况，参照行业或地区性定额的水平编制的定额。企业定额只在本企业内部使用，是企业素质的一个标志，如《××公司生产工时费用定额》。

(4) 临时定额：随着设计、施工技术的发展，在现行各种定额不能满足需要的情况下，为了补充缺项，由设计单位会同建设单位所编制的定额，如《中国电信集团 FTTx 等三类工程项目补充施工定额》。

7.1.4　预算定额和概算定额

1. 预算定额

预算定额是编制预算时使用的定额，是确定一定计量单位的分项工程或结构构件的人工(工日)、机械(台班)、仪表(台班)和材料的消耗数量标准。

1) 预算定额的作用

(1) 它是编制施工图预算、确定和控制建筑安装工程造价的计价基础。

(2) 它是落实和调整年度建设计划，对设计方案进行技术经济分析比较的依据。

(3) 它是施工企业进行经济活动分析的依据。

(4) 它是编制标底投标报价的基础。

(5) 它是编制概算定额和概算指标的基础。

2) 现行《信息通信建设工程预算定额》编制原则

(1) 控制量：预算定额中的人工、主材、机械台班、仪表台班消耗量是法定的，任何单位和个人不得擅自调整。

(2) 量价分离：预算定额只反映人工、主材、机械台班、仪表台班消耗量，而不反映其单价。单价由主管部门或造价管理归口单位另行发布。

(3) 技普分开：凡是由技工操作的工序内容均按技工计取工日，凡是由非技工操作的工序内容均按普工计取工日。

2. 概算定额

概算定额是编制概算时使用的定额。概算定额是在初步设计阶段确定建筑(构筑物)概略价值，编制概算，进行设计方案经济比较的依据。

与预算定额相比，概算定额的项目划分比较粗。例如，挖土方的概算只综合成一个项目，不再划分一、二、三、四类土，而预算却要按分类计算，因此，根据概算定额计算出的概算费用要比预算定额计算出的费用有所扩大。

概算定额是编制初步设计概算时，计算和确定扩大分项工程的人工、材料、机械、仪表台班耗用量(或货币量)的数量标准。它是预算定额的综合扩大，因此概算定额又称扩大结构定额。

概算定额的作用包括：

(1) 它是初步设计阶段编制建设项目概算和技术设计阶段编制修正概算的依据。

(2) 它是设计方案比较的依据。

(3) 它是编制主要材料需要量的计算基础。

(4) 它是工程招标和投资估算指标的依据。

(5) 它是工程招标承包制中对已完工工程进行价款结算的主要依据。

7.1.5　《信息通信建设工程预算定额》简介

现行《信息通信建设工程预算定额》按通信专业工程分册，包括五册：第一册《通信电源设备安装工程》(册名代号 TSD)，第二册《有线通信设备安装工程》(册名代号 TSY)，第三册《无线通信设备安装工程》(册名代号 TSW)，第四册《通信线路工程》(册名代号 TXL)，第五册《通信管道工程》(册名代号 TGD)。《信息通信建设工程预算定额》由总说明、册说明、章节说明和定额项目表等构成。定额项目表列出了分部分项工程所需的人工、主材、机械台班、仪表台班的消耗量，通常所说的查询定额即指查询此内容。表中的预算定额子目编号由三个部分组成：第一部分为册名代号，表示通信行业的各个专业，由汉语拼音(字母)缩写组成；第二部分为定额子目所在的章号，由一位阿拉伯数字表示；第三部分为定额子目所在章内的序号，由三位阿拉伯数字表示。其具体编号方法如图 7-1 所示。

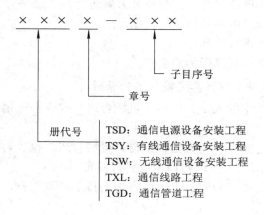

图 7-1　预算定额子目编号示意图

例如，TXL2—001 含义为通信线路工程第二章第 001 项子目。

1. 定额查询方法

对于所需施工的工序，可以查阅现行《信息通信建设工程预算定额》第四册《通信线路工程》，根据所需施工定额可以查到对应的定额子目，即可确定所需施工项目的人工、主要材料、机械、仪表的消耗量。

2. 定额套用方法

在编制预算时，根据图纸统计出的工作数量，乘以根据上述方法查询的定额值，即可计算工作量所需的人工、主要材料、机械、仪表的总消耗量。

3. 预算定额项目选用的原则

在选用预算定额项目时要注意以下几点：

(1) 定额项目名称的确定。设计概、预算的计量单位划分应与定额规定的项目内容相对，才能直接套用。定额数量的换算，应按定额规定的系数调整。

(2) 定额的计量单位。预算定额在编制时，为了保证预算价值的精确性，对许多定额项目采用了扩大计量单位的办法。在使用定额时必须注意计量单位的规定，避免出现小数点定位的错误。如通信线路工程的施工测量是以"100 m"为一个单位，不要错用"m"为单位。

(3) 定额中的项目划分是按照分项工程对象和工种的不同、材料品种不同、机械的类型不同而划分的。套用时要注意工艺、规格的一致性。

(4) 注意定额项目表下的注释。因为注释说明了人工、主材、机械台班消耗量的使用条件和增减的规定。

7.2　通信工程工程量的计算规则

本节主要介绍工程量统计的基本原则、通信设备安装工程的工程量计算规则、通信线路及管道工程的工程量计算规则。

7.2.1　工程量统计的基本原则

工程量统计的基本原则包括：

(1) 工程量项目的划分、计量单位取定、有关系数的调整换算等，应按工程量的计算规则进行。例如，通信线路工程中施工测量分为直埋光(电)缆工程施工测量、架空光(电)缆工程施工测量、管道光(电)缆工程施工测量、海上光(电)缆工程施工测量，其计量单位均为 100 m，因此在统计工程量时，要区分开是哪种敷设方式。再例如，基站、接入网工程段各接口盘的安装测试，8 个端口以下的按人工定额乘以 3.0 系数计算，8 个端口以上的按人工定额乘以 2.0 系数计算。

(2) 工程量的计量单位有物理计量单位和自然计量单位。物理计量单位应采用国家规定的法定计量单位，如长度用"m"，但工程实际中多用"100 m""km"等，如通信线路工程施工测量以 100 m 为一个计量单位；质量用"g"表示，也常用"kg"表示，如在材料的使用统计中，铁线用"kg"进行计量。常用的自然计量单位有台、套、个、架、副、系统等。例如，在通信电源设备安装工程中，安装带高压开关柜以"台"为计量单位，送配电装置系统调试以"系统"为计量单位。

（3）通信建设工程计算工程量时，初步设计及施工图设计均需依据设计图纸统计。

（4）工程量计算应以设计规定的所属范围和设计分界线为准，布线走向和部件设置以施工验收技术规范为准，工程量的计量单位必须与定额计量单位相一致。例如，通信线路工程中施工测量的定额计量单位为"100 m"，则依据图纸统计出施工测量长度(如 12 385 m)后要换算成以"100 m"为单位(即 123.85 百米)。

（5）工程量应以施工安装数量为准，由于所用材料数量包含了各种消耗量，因此不能以材料使用量作为安装工程量。

7.2.2　通信设备安装工程的工程量计算规则

通信设备安装工程包括通信电源设备安装工程、有线通信设备安装工程和无线通信设备安装工程三类。其工程量计算规则主要包括以下几种。

1. 设备机柜和机箱的安装工程量计算

所有设备机柜、机箱的安装大致可分为三种情况计算工程量：

（1）以设备机柜、机箱整架(台)的自然实体为一个计量单位，即机柜(箱)架体、架内组件、盘柜内部的配线、对外连接的接线端子以及设备本身的加电检测与调试等均作为一个整体来计算工程量。

通信设备安装工程的多数设备安装属于这种情况。例如，TSY1—018 子目为"安装480 回线以下落地式总配线架"，按成套考虑，即把配线铁架及其内部组件作为一个整体(即1 架)来计算工程量。

（2）设备机柜、机箱按照不同的组件分别计算工程量，即机柜架体与内部的组件或附件不作为一个整体的自然单位进行计量，而是将设备结构划分为若干组合部分，分别计算安装的工程量。

这种情况一般常见于机柜架体与内部组件的配置成非线性关系的设备。例如，TSD1—053 子目为"安装蓄电池屏"，其内容是：屏柜安装不包括屏内蓄电池组的安装，也不包括蓄电池组的充放电过程。整个设备安装过程需要分三个部分分别计算工程量，即安装蓄电池屏(空屏)、安装屏内蓄电池组(根据设计要求选择电池容量和组件数量)、屏内蓄电池组充放电(按电池组数量计算)。

（3）设备机柜、机箱主体和附件的扩装，即在原已安装设备的基础上进行增装内部盘、线。

这种情况主要用于扩容工程。例如，子目为"增(扩)装信道板"，就是为了满足在已有基本信道板的基础上扩充生产能力的需要，所以是以载频数作为计量单位统计工程量的。

与前面将设备划分为若干组合部分分别计算工程的概念所不同的是，已安装设备主体和扩容增装部件的项目是不能在同一期工程中同时列项的，否则属于重复计算。

以上三种设备的工程量计算方法需要认真了解定额项目的相关说明和工作内容，避免工程量漏算、重算、错算。

几个需要特别说明的设备安装工程量计算规则如下：

（1）安装测试 PCM 设备工程量的单位为"端"，由复用侧一个 2 Mb/s 口、支路侧 32个 64 kb/s 口为一端，如图 7-2 所示。

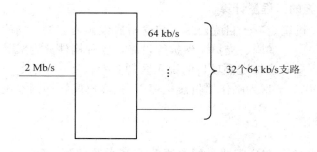

图 7-2　PCM 数字传输设备

(2) 安装测试光纤数字传输设备(PDH、SDH)工程量分为基本子架公共单元盘和接口单元盘两个部分。

基本子架公共单元盘包括交叉、网管、公务、时钟、电源等除群路、支路、光放盘以外的所有内容的机盘，以"套"为单位；接口单元盘包括群路侧、支路侧接口盘的安装和本机测试，以"端口"为单位。

例如，SDH 终端复用器 TM 有各种速率的端口配置，计算工程量时按不同的速率分别统计端口数量，一收一发为 1 个端口。安装分插复用器 ADM、数字交叉连接设备 DXC 均以此类推。

(3) WDM 波分复用设备的安装测试分为基本配置和增装配置。

基本配置含相应波数的合波器、分波器、功放和预放；增装配置是在基本配置的基础上增加相应波数的合波器、分波器并进行本机测试。

2. 设备缆线布放工程量计算

缆线的布放包括两种情况：设备机柜与外部的连线以及设备机架内部跳线。

1) 设备机柜与外部的连线

计算布放缆线工程量时需分为两步进行：先放绑、后成端。这种计算方法用于通信设备连线需要使用芯数较多的电缆，其成端工作量因电缆芯数的不同会有很大差异。

例如，有线通信设备安装工程中布放设备电缆(如布放 24 芯以下局用音频电缆)的工程量计算步骤如下：

(1) 计算放绑设备电缆工程量就是"放绑 24 芯以下局用音频电缆"，计算布放 24 芯以下局用音频电缆工程量时，首先对这个子目的工序(放绑)进行工程量统计。

(2) 计算编扎、焊(绕、卡)接设备电缆工程量就是"编扎、焊(绕、卡)接 24 芯以下局用音频电缆"，计算布放 24 芯以下局用音频电缆工程量时，再次把这个子目的工序(成端)进行工程量统计。

因此，布放 24 芯以下局用音频电缆的总工程量应为上述两步计算的工程量的和。

2) 设备机架内部跳线

设备机架内部跳线主要是指配线架内布放跳线，其他通信设备内部配线均已包括在设备安装工程量中，不再单独计算缆线工程量(有特殊情况需单独处理除外)。

例如，"布放总配线架跳线(100 条)"，计算其工程量时，总配线架跳线用量应按一架计取，每增加一架，增加跳线 70 m，工日不变。

3. 安装附属设施的工程量计算

安装设备机柜、机箱定额子目除已说明包含附属设施内容的，均应按工程技术规范书的要求安装相应的防震、加固、支撑、保护等设施，各种构件分为成品安装和材料加工并安装两类，计算工程量时应按定额项目的说明区别对待。

例如，TSW1—077 子目为制作"抗震机座"，抗震机座、加固设施及支撑铁架所需材料由设计按实计列。

4. 系统调测

安装后的通信设备大部分需要进行本机测试和系统调测，除了设备安装定额项目注明了已包括设备测试工作的，其他需要测试的设备均需统计各自的测试工程量，并且对于所有完成的系统都需要进行系统性能的调测。系统调测的工程量计算规则按不同的专业确定。

1) 供电系统调试

所有的供电系统(高压供电系统、低压供电系统、发电机供电系统、供油系统、直流供电系统、UPS 供电系统)都需要进行系统调试。

调试多以"系统"为单位，"系统"的定义和组成由相关专业规定，例如发电机组供油系统调测以每台机组为一个系统计算工程量。

2) 光纤传输系统调测

光纤传输系统性能调测包括两部分，即线路段光端对测和复用设备系统调测。

(1) 线路段光端对测：工程量计量单位为"方向·系统"。"系统"是指"一发一收"的两根光纤为"一个系统"；"方向"是指某一个站和相邻站之间的传输段关系，有几个相邻的站就有几个方向。

终端站 TM1 只有一个与之相邻的站，因此只对应一个传输方向，终端站 TM2 也是如此。再生中继站 REG 有两个与之相邻的站，它完成的是与两个方向之间的传输。

(2) 复用设备系统调测：工程量计量单位为"端口"。"端口"是指各种数字比特率的"一收一发"为"一个端口"。统计工程量时应包括所有支路端口。

3) 移动通信基站系统调测

移动通信基站系统调测分为 GSM 和 CDMA 两种站型。

(1) GSM 基站系统调测工程量：按"载频"的数量分别统计工程量。例如，"8 个载频的基站"可分解成"6 载频以下"及两个"每增加一个载频"的工程量。

(2) CDMA 基站系统调测工程量：按"扇·载"为计量单位(即扇区数量乘以载频数量)计算工程量。

4) 微波系统调测

微波系统调测分为中继段调测和数字段调测，这两种调测是按"段"的两端共同参与调测考虑的，在计算工程量时可以按站分摊计算。

(1) 微波中继段调测工程量：单位为"中继段"。每个站分摊的"中继段调测"工程量分别为 1/2 中继段。中继站是两个中继段的连接点，所以同时分摊两个"中继段调制"工程量，即 1/2 段 × 2 = 1 段。

(2) 微波数字段调测工程量：单位为"数字段"。各站分摊的"数字段调测"工程量分别为 1/2 数字段。

5) 卫星地球站系统调测

(1) 地球站内环测、地球站系统调测工程量：单位为"站"，应按卫星天线直径大小统计工程量。

(2) VSAT 中心站站内环测工程量：单位为"站"；网内系统对测工程量的单位为"系统"，"系统"的范围包括网内所有的端站。

7.2.3　通信线路及管道工程的工程量计算规则

1. 开挖(填)土(石)方

通信人孔设计示意图如图 7-3 所示。

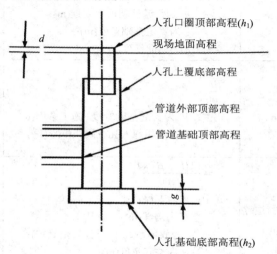

图 7-3　通信人孔设计示意图

开挖(填)土(石)方工程量计算规则如表 7-1 所示。

表 7-1　开挖(填)土(石)方工程量计算规则

计算项目	子 项	计算方法或统计规则	备 注
光缆接头坑个数	埋式光缆接头坑个数	初步设计按 2 km 标准盘长或每 1.7～1.8 km 取一个接头坑；施工图设计按实际取定	
	埋式电缆接头坑个数	初步设计按 1 km 取 5 个确定；施工图设计按实际取定	
挖光缆沟长度		图末长度 − 图始长度 − (截流长度 + 过路顶管长度)	
施工测量长度	管道工程施工测量长度	各人孔中心至人孔中心的长度之和	
	光缆工程施工测量长度	路由图末长度减去路由图始长度	

续表一

计算项目	子　项	计算方法或统计规则	备　注
缆线布放工程量		缆线布放工程量为缆线施工测量长度与各种预留长度之和	不能按主材使用长度计取工程量，因为主材使用长度还包含了各种消耗量
人孔坑挖深		人孔口圈顶部高程－人孔基础顶部高程－路面厚度 式中：各变量的单位均为 m	示意图如图 7-3 所示
管道沟深		$$\frac{(h_1-h_2+g)_{人孔1}+(h_1-h_2+g)_{人孔2}}{2}-d$$ 式中：h_1 为人孔口圈顶部高程(m)； 　　　h_2 为管道基础顶部高程(m)； 　　　g 为管道基础厚度(m)； 　　　d 为路面厚度(m)	管道沟挖深和通信管道设计示意图分别如图 7-4、图 7-5 所示
开挖路面面积	不放坡开挖管道路面面积(100 m²)	$$\frac{BL}{100}$$ 式中：B 为管道基础宽度+施工余度(m)； 　　　L 为两相邻人孔坑间距(m)	施工余度：管道基础宽度 >630 mm 时为0.6 m，每侧 0.3 m；管道基础宽度 ≤630 mm 时为 0.3 m，每侧 0.15 m
	放坡开挖管道路面面积(100 m²)	$$A=\frac{(2Hi+B)\times L}{100}$$ 式中：A 为工程量； 　　　H 为沟深(m)； 　　　i 为放坡系数(由设计规范确定)； 　　　B 为沟底宽度(m)； 　　　L 为管道沟路面长(m)	
	不放坡开挖人孔坑路面面积(100 m²)	$$\frac{ab}{100}$$ 式中：a 为人孔坑底长度(m)； 　　　b 为人孔坑底宽度(m)	坑底长度＝人孔外墙长度 + 0.8 m＝人孔基础长 + 0.6 m；坑底宽度＝人孔外墙宽度 + 0.8 m＝人孔基础宽度 + 0.6 m。人孔坑设计示意图如图 7-6 所示
	放坡开挖人孔坑路面面积(100 m²)	$$A=\frac{(2Hi+a)\times(2Hi+b)}{100}$$ 式中：A 为工程量； 　　　H 为坑深(m)； 　　　i 为放坡系数(由设计规范确定)； 　　　a 为人孔坑底长度(m)； 　　　b 为人孔坑底宽度(m)	
	开挖路面总面积	各人孔开挖路面面积总和 + 各管道沟开挖路面面积总和	

续表二

计算项目	子　项	计算方法或统计规则	备　注
开挖土方体积工程量	不放坡挖管道沟土方体积(100 m³)	$$V = \frac{BHL}{100}$$ 式中：V 为不放坡挖管道沟土方体积(m³)； 　　　B 为沟底宽度(m)； 　　　H 为不包含路面厚度的沟深(m)； 　　　L 为两相邻人孔坑坑口边距(m)	挖管道沟土方体积的计算就是计算立方体积的方法
	放坡挖管道沟土方体积(100 m³)	$$V = \frac{(Hi + B) \times H \times L}{100}$$ 式中：V 为放坡挖管道沟土方体积(m³)； 　　　H 为沟深(m)； 　　　i 为放坡系数； 　　　B 为沟底宽度(m)； 　　　L 为两相邻人孔坑坑坡中点间距(m)	
	不放坡挖一个人孔坑土方体积	$$\frac{abH}{100}$$ 式中：a 为人孔坑长度(m)； 　　　b 为人孔坑宽度(m)； 　　　H 为不包含路面厚度的人孔坑深(m)	
	放坡挖一个人孔坑土方体积	$$V\frac{H}{3} = [ab + (a + 2Hi)(b + 2Hi)$$ $$+ \sqrt{ab(a + 2Hi)(b + 2Hi)}]$$ 式中：V 是挖沟体积(100m³)； 　　　a 是人孔坑长度(m)； 　　　b 是人孔坑宽度(m)； 　　　H 是人孔坑深(不包含路面厚度)(m)； 　　　i 是放坡系数(设计规范确定)	
	总开挖土方体积(无路面情况下)	各人孔开挖土方体积总和 + 各段管道沟开挖土方体积总和	
	光(电)缆沟土石方开挖工程量(或回填量)(100 m³)	$$\frac{\dfrac{(B + 0.3) \times H \times L}{2}}{100}$$ 式中：B 为缆沟上口宽度(m)； 　　　H 为缆沟深度(m)； 　　　L 为缆沟长度(m)； 　　　0.3 为沟下底宽(m)	每增加一条光(电)缆，缆沟下底宽度增加 0.1 m，光(电)缆沟结构示意图如图 7-7 所示
回填土(石)方工程量	通信管道工程回填工程	挖管道沟与人孔坑土方量之和 − [管道建筑体积(基础、管群、包封)+人孔建筑体积]	
	埋式光(电)缆沟土石方回填量	埋式光(电)缆沟土(石)方回填量与开挖量相等	光(电)缆体积可以忽略不计
通信管道余土方工程量		管道建筑体积(基础、管群、包封)+人孔建筑体积	

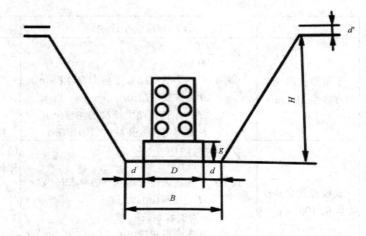

图 7-4　管道沟挖深示意图

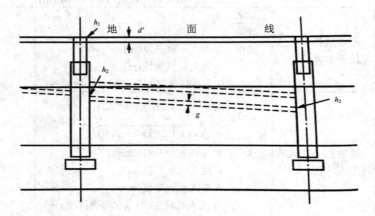

图 7-5　通信管道设计示意图

警示： 由于管道沟是由一端向另一端倾斜的，即管道沟并非水平，因此计算时要计算两端沟深的平均值，然后再减去路面厚度。

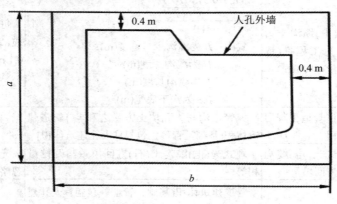

图 7-6　人孔坑设计示意图

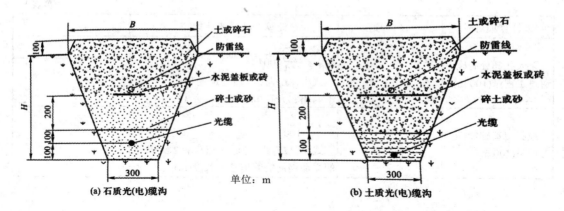

图 7-7 光(电)缆沟结构示意图

2. 通信管道工程

通信管道工程工程量计算规则如表 7-2 所示。

表 7-2 通信管道工程工程量计算规则

计算项目	子 项	计算方法或统计规则	备 注
混凝土管道基础工程量(100 m)		$N = \sum\limits_{i=1}^{M} \dfrac{L_i}{100}$ 式中：L_i 为第 i 段管道基础的长度(m)	分别按管群组合系列计算工程量
铺设水泥管道工程量(100 m)		$N = \sum\limits_{i=1}^{M} \dfrac{L_i}{100}$ 式中：L_i 为第 i 段管道的长度(两相邻人孔中心间距)(m)	铺设钢管、塑料管道工程分别按管群组合系列计算工程量
通信管道包封混凝土工程量(m³)	管道基础侧包封混凝土体积 V_1(m³)	$V_1 = (d - 0.05) \times g \times 2 \times L$ 式中：d 为包封厚度(m)； 0.05 为基础每侧外露宽度(m)； g 为管道基础厚度(m)； L 为管道基础长度(m)	管道包封示意图如图 7-8 所示
	管道基础以上管群侧包封混凝土体积 V_2(m³)	$V_2 = 2dHL$ 式中：d 为包封厚度(m)； H 为管群侧高(m)； L 为管道基础长度(m)	
	管道顶包封混凝土体积 V_3(m³)	$V_3 = (b + 2 \times d) \times d \times L$ 式中：b 为管道宽度(m)； d 为包封厚度(m)； L 为相邻两个人孔外壁间距(m)	
	通信管道包封混凝土总体积	$V = V_1 + V_2 + V_3$	

续表

计算项目	子　项	计算方法或统计规则	备　注
无人孔部分砖砌通道工程量(100 m)		$$N = \sum_{i=1}^{M} \frac{L_i}{100}$$ 式中：L_i 为第 i 段通道的长度，它等于两相邻人孔中心间距减去 1.6 m	
混凝土基础加筋工程量(100 m)		$$n = \frac{L}{100}$$ 式中：L 为除管道基础两端 2 m 以外的需加钢筋的管道基础长度(m)	

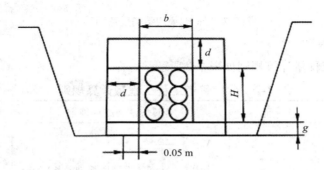

图 7-8　管道包封示意图

3. 光(电)缆敷设

光(电)缆敷设计算规则如表 7-3 所示。

表 7-3　光(电)缆敷设计算规则

计算项目	计算方法或统计规则	备　注
敷设光缆长度	施工丈量长度 × (1 + K‰) + 设计预留　式中：K 为自然弯曲系数，埋式光缆 $K = 7$；管道和架空光缆 $K = 5$	
光缆使用长度	敷设长度 × (1 + σ%)　式中：σ 为光缆损耗率。埋式光缆 $\sigma = 5$；架空光缆 $\sigma = 7$；管道光缆 $\sigma = 15$	理解敷设光缆长度和光缆使用长度的区别
槽道、槽板、室内通道敷设光缆工程量(百米条)	$$N = \sum_{i=1}^{M} \frac{L_i n_i}{100}$$ 式中，L_1 为第 i 段内光缆的长度(m)；n_i 为第 i 段内光缆的条数(条)	
整修市话线路移挂电缆工程量(档)	$$n = \frac{L}{40}$$ 式中：L 为架空移挂电缆路由长度(m)；40 为市话杆路杆距(m)	

4. 光(电)缆保护与防护

1) 护坎

护坎示意图如图 7-9 所示。

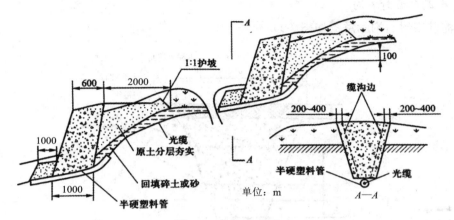

图 7-9　护坎示意图

护坎工程量计算公式如下:

$$V = 护坎高度 \times 护坎平均厚度 \times 护坎平均宽度 \tag{7-1}$$

式中: V 为护坎体积(m^3),护坎高度为地面以上坎高与光缆沟深的和。

注: 护坎土方量按"石砌""三七土"分别计算工程量。

2) 护坡

护坡工程量计算公式如下:

$$V = 护坡高 \times 护坡宽 \times 平均厚度 \tag{7-2}$$

式中: V 为护坡体积(m^3)。

3) 堵塞

光(电)缆沟堵塞示意图如图 7-10 所示。

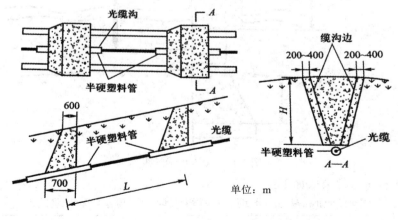

图 7-10　光(电)缆沟堵塞示意图

单个堵塞工程体工程量计算公式如下：

$$V = 光缆沟深 \times 堵塞平均厚度 \times 堵塞平均宽度 \tag{7-3}$$

式中：V 为堵塞体积(m^3)。

4) 水泥砂浆封石沟

水泥砂浆封石沟示意图如图 7-11 所示。

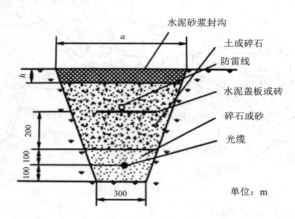

图 7-11　水泥砂浆封石沟示意图

水泥砂浆封石沟工程量计算公式如下：

$$V = 封石沟水泥砂浆浆厚 h \times 封石沟宽度 a \times 封石沟长度 L \tag{7-4}$$

式中：V 为水泥砂浆封石沟体积(m^3)。

5) 漫水坝

漫水坝示意图如图 7-12 所示。

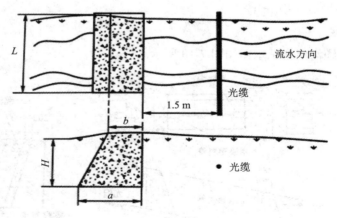

图 7-12　漫水坝示意图

漫水坝工程量计算公式如下：

$$V = \frac{漫水坝坝高 H \times 漫水坝长 L \times (漫水坝脚厚度 a + 漫水坝顶厚度 b)}{2} \tag{7-5}$$

式中：V 为漫水坝体积(m^3)。

5. 综合布线工程

1) 水平子系统布放缆线

水平子系统布放缆线示意图如图 7-13 所示。

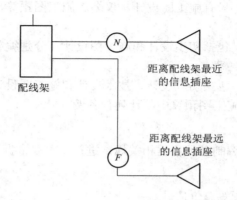

配线架

距离配线架最近
的信息插座

距离配线架最远
的信息插座

图 7-13　水平子系统布放缆线示意图

水平子系统布放缆线工程量计算公式如下：

$$S = [0.5 \times (F+N) + 0.5 \times (F+N) \times 10\% + b] \times C \qquad (7\text{-}6)$$
$$= [0.55 \times (F+N) + b] \times C$$

式中：S 为每楼层的布线总长度(m)；F 为最远的信息插座与配线架的最大可能路由距离(m)；N 为最近的信息插座与配线架的最大可能路由距离(m)；C 为每个楼层的信息插座数量；0.55 为平均电缆长度 + 备用部分；b 为编接容差，它是常数(主干采用 15；配线采用 6)。

2) 信息插座数量估值

每个楼层信息插座数量为

$$C = A \div P \times W \qquad (7\text{-}7)$$

式中：C 为每个楼层信息插座数量(个)；A 为每个楼层布线区域工作区的面积(m^2)；P 为单个工作区所辖的面积，一般取值为 9(m^2)；W 为单个工作区的信息插座数，一般为 1～4 个。

注：计算订购线缆长度时，应考虑每箱(盘、卷)长度(网线一般为 305 m)。

本节需着重掌握通信线路及管道的计算规则。

7.3　通信工程概预算编制

本节主要介绍通信工程概预算编制概述、通信工程预算编制注意事项以及通信工程概预算编制方法。

7.3.1　通信工程概预算编制概述

1. 设计阶段概预算的编制

通信工程概预算的编制必须根据工信部通信[2016]451号《信息通信建设工程概预算编

制规程》《信息通信建设工程费用定额》和《信息通信建设工程预算定额》(共五册)的要求进行。我国规定初步设计要编概算，施工图设计要编预算，竣工要编结(决)算。具体要求如下：

(1) 一阶段设计时，只有施工图设计，仅编制施工图预算，并计列预备费、投资贷款利息等费用。

(2) 二阶段设计时，包括初步设计和施工图设计，分别编制设计概算、施工图预算，施工图预算中不计列预备费。

(3) 三阶段设计时，包括初步设计、技术设计和施工图设计，分别编制设计概算、修正概算、施工图预算，施工图预算中不计列预备费。

2. 编制依据

通信工程概预算的编制必须根据相关规定进行，主要依据参见 6.5.1 节。

3. 编制内容

(1) 工程概况、概预算总价值。

(2) 编制依据及取费标准、计算方法的说明。

(3) 工程技术、经济指标分析。

(4) 需要说明的相关问题。

4. 编制程序

(1) 熟悉设计图纸，收集资料。

(2) 套用定额，计算工程量。

(3) 选用设备、器材及价格。

(4) 计算各种费用。

(5) 复核。

(6) 写编制说明。

(7) 审核出版。

5. 编制要求及表格组成

(1) 对通信建设工程应采用实物工程量法，按单项(或单位)工程和工程量计算规则进行编制。

(2) 概预算表组成如下：

表一：工程概预算总表，供编制建设项目总费用使用。

表二：建筑安装工程费用概预算表，供编制建安费使用。

表三甲：建筑安装工程量概预算表，供编制建安工程量使用。

表三乙：建筑安装工程机械使用费概预算表，供编制建安机械台班费使用。

表三丙：建筑安装工程仪器仪表使用费概预算表，供编制建安仪器仪表台班费使用。

表四甲：国内器材概预算表，供编制设备费、器材费使用。

表四乙：引进器材概预算表，供编制引进设备费、器材费使用。

表五甲：工程建设其他费概预算表，供编制工程建设其他费使用。

表五乙：引进设备工程建设其他费概预算表，供编制引进工程建设其他费使用。

7.3.2　通信工程预算编制注意事项

1. 定额手册注意事项

1) 总说明部分

(1) 《信息通信建设工程预算定额》是在国家标准的基础上制定出来的，是通信行业标准。

(2) 通信建设工程实行"控制量""量价分离""技普分开"的原则。

(3) 主要材料中已包括使用量和规定的损耗量，但不包括预留量，特别是光缆、电缆。

(4) 辅材按主材的系数取定，便于编制。成套引进设备的工程不计取此项。

(5) 工日的内容包括工种间交叉配合、临时移动水电、设备调测、超高搬运、施工现场范围的器材运输及配合质量检验等。

(6) 生产准备费计入企业运营费(维护费)，不得计入工程费。

(7) 土建、机房改造及装修的费用一般不计入通信工程费。

2) 手册说明

(1) 拆除系数的取定：通常设备工程按保护性取定；线路工程要根据实际情况按保护性或者按破坏性取定。

(2) 不能构成台班的"其他机械费"都包含在费用定额中的"生产工具使用费"内。

3) 章节说明

(1) 每章节的要求。

(2) 有关定额所包含的工作内容及工程量计算规则。

(3) 每节的注释要特别留意。

2. 合同规定注意事项

在实际工程建设过程中，工程预算的内容很多是根据工程建设方和工程相关方的合同约定来确定的，主要体现在以下几个方面：

(1) 工程量由建设方和工程施工方双方认定。

(2) 设备及器材价格由建设方和供货方双方商定。

(3) 工程费用标准由建设方和工程施工方双方商定。

(4) 其他费用由双方商定，如工程勘察设计费、工程监理费等。

(5) 若相关费用不符合定额规定，则要做出相应说明。

7.3.3　通信工程概预算编制方法

警示：在编制通信工程预算前，一要看懂工程设计图纸；二要清楚工程预算书中表与表之间的关系。

下面按照工信部通信[2016]451 号《信息通信建设工程概预算编制规程》《信息通信建设工程费用定额》和《信息通信建设工程预算定额》(共五册)的要求，说明通信工程概预算编制的方法。

1. 预算说明的编制

1) 概述

按照不同的专业分别说明，主要内容包括：工程名称、工程地点、用户需求及工程规模、采用的安装方式、预算总值、投资分析等。

2) 编制依据

预算说明编制的依据主要包括：委托书、采用的定额和取费标准、设备及器材价格、政府及相关部门的规定、文件及合同、建设单位的规定等。

3) 需要说明的问题

预算说明主要包括与工程相关的一些特殊问题。

2. 概预算表格的填写

通信工程预算文件共有 10 张表，建筑安装工程量概预算表(表三)甲是工程量表，只要确定了工程量表，建筑安装工程机械使用费概预算表(表三)乙、建筑安装工程仪器仪表使用费概预算表(表三)丙、器材预算表(表四)也就明确了。在确定了工程量、器材价格和台班价格后，建筑安装工程费用预算表(表二)也就能计算出来了，加上器材预算表(表四)中实际安装的设备费用，就构成了工程费，再加上计算出来的工程建设其他费、预备费和建设期利息，最后就可以算出这项工程的总预算费用了。因此，通常填写顺序为建筑安装工程量预算表(表三)、器材预算表(表四)、建筑安装工程费用预算表(表二)、工程建设其他费用预算表(表五)、工程概预算总表(表一)，下面按此顺序说明表格填写方法。

表格标题、表首填写说明：各类表格的标题中的"＿＿"应根据编制阶段填写"概"或"预"；表格的表首填写具体工程的相关内容。

1) 建筑安装工程量概预算表(表三)甲

建筑安装工程量概预算表(表三)甲如表 7-4 所示。

表 7-4　建筑安装工程量_____算表(表三)甲

工程名称：　　　　建设单位名称：　　　　表格编号：　　　　第　　页

序号	定额编号	项目名称	单位	数量	单位定额值(工日)		合计值(工日)	
					技工	普工	技工	普工
I	II	III	IV	V	VI	VII	VIII	IX

设计负责人：　　　　审核：　　　　编制：　　　　编制日期：　　年　　月

(1) 建筑安装工程量概预算表(表三)甲填写说明。

① 本表用于编制工程量，并计算技工和普工总工日数量。

② 第 II 栏根据《信息通信建设工程预算定额》填写所套用预算定额子目的编号。若没有相关的子目，则需临时估列工作内容子目，在本栏中标注"估列"两字；两项以上"估列"条目，应编估列序号。

③ 第 III、IV 栏根据《信息通信建设工程预算定额》分别填写所套定额子目的名称、单位。

④ 第Ⅴ栏填写根据定额子目的工作内容及图纸所计算出的工程量数值。

⑤ 第Ⅵ、Ⅶ栏填写所套定额子目的工日单位定额值。

⑥ 第Ⅷ栏为第Ⅴ栏与第Ⅵ栏的乘积。

⑦ 第Ⅸ栏为第Ⅴ栏与第Ⅶ栏的乘积。

(2) 建筑安装工程量概预算表(表三)甲的填写要求。

填写建筑安装工程量概预算表(表三)的核心问题是工程量的统计和预算定额的查找，工程量统计要认真、准确，查找定额要坚持三要素，即找对子目、看好单位、有无额外说明，具体内容如下：

① 预算定额是确定工程中人工、材料、机械台班和仪器仪表使用合理消耗量的标准，是确定工程造价的依据。它是国家或行业标准，具有法令性，不得随意调整。根据项目名称，套准定额。高套、错套、重套都是不对的。

对没有预算定额的项目，可套用近似的定额标准或相关行业的定额标准。若无参照标准，则可让工程管理部门或工程设计部门提供补充或临时定额暂供执行。待相关管理部门制定的定额标准下达后，再按上级定额标准执行。这类问题主要出现在设备安装工程中，是设备更新快，定额制定跟不上需要造成的。

② 计量单位是确定工程量计量的标准，工程量计取时要准确使用计量单位。

③ 工程量是工程预算中安装费组成的基础。工程量不实，就无法计算出准确的工程造价。工程量的多少是根据勘察结果和工程施工图纸计算出来的，多计或少计都是错误的。应按每章、每节说明和工程量计算规则要求完成。

(3) 建筑安装工程量概预算表(表三)甲中应注意的问题。

① 工程量的计算应按工程量计算规则进行。要特别注意在通信线路工程中，施工测量长度＜光电缆敷设长度＜光电缆材料长度。

② 手工填表时，应注意计量单位、定额标准是否写错，注意小数点。

③ 扩建系数的取定是指在原设备上扩大通信能力，并需要带电作业，采取保护措施的预算工日才能计取。

④ 各种调整系数只能相加，不能连乘。

⑤ 在设备采购合同中如果包括了设备安装工程中的安装、调测等项费用，则在工程设计中不得重复计列。成套设备安装工程中有许多类似的情况，应特别注意。

2) 建筑安装工程机械使用费概预算表(表三)乙

建筑安装工程机械使用费概预算表(表三)乙如表 7-5 所示。

表 7-5　建筑安装工程机械使用费_____算表(表三)乙

工程名称：　　　建设单位名称：　　　　表格编号：　　　　　第　　页

序号	定额编号	项目名称	单位	数量	机械名称	单位定额值		合计值	
						数量(台班)	单价(元)	数量(台班)	合价(元)
Ⅰ	Ⅱ	Ⅲ	Ⅳ	Ⅴ	Ⅵ	Ⅶ	Ⅷ	Ⅸ	Ⅹ

设计负责人：　　审核：　　　编制：　　　编制日期：　年　　月

(1) 建筑安装工程机械使用费概预算表(表三)乙填表说明。

① 本表供编制本工程所列的机械费用汇总使用。

② 第Ⅱ、Ⅲ、Ⅳ和Ⅴ栏分别填写所套用定额子目的编号、名称、单位以及该子目工程量数值。

③ 第Ⅵ、Ⅶ栏分别填写定额子目所涉及的机械名称及此机械台班的单位定额值。

④ 第Ⅷ栏填写根据《通信建设工程施工机械、仪表台班费用定额》查找到的相应机械台班单价。

⑤ 第Ⅸ栏填写第Ⅶ栏与第Ⅴ栏的乘积。

⑥ 第Ⅹ栏填写第Ⅷ栏与第Ⅸ栏的乘积。

(2) 建筑安装工程机械使用费概预算表(表三)乙的填写要求。

① 根据国家关于机械台班费编制办法的规定，机械台班费由两类费用组成：一类费用(折旧费、大修理费、经常修理费、安拆费)是不变费用，全国统一；二类费用(人工费、燃料动力费、养路费及车船税)是可变费用，可由各省或行业确定。

② 本地网工程的台班单价由建设单位确定。

(3) 建筑安装工程机械使用费概预算表(表三)乙中应注意的问题。

① 定额标准是否写错。

② 机械台班单价是否有错。

3) 建筑安装工程仪器仪表使用费概预算表(表三)丙

建筑安装工程仪器仪表使用费概预算表(表三)丙如表 7-6 所示。

表 7-6　建筑安装工程仪器仪表使用费_____算表(表三)丙

工程名称：　　　建设单位名称：　　　　表格编号：　　　　　　　第　　页

序号	定额编号	项目名称	单位	数量	仪表名称	单位定额值(工日)		合计值(工日)	
						数量(台班)	单价(元)	数量(台班)	合价(元)
Ⅰ	Ⅱ	Ⅲ	Ⅳ	Ⅴ	Ⅵ	Ⅶ	Ⅷ	Ⅸ	Ⅹ

设计负责人：　　　审核：　　　　编制：　　　　编制日期：　　年　　月

4) 国内器材概预算表(表四)

国内器材概预算表(表四)甲如表 7-7 所示。

表 7-7　国内器材_____算表(表四)甲
(主要材料表)

单项工程名称:　　　建设单位名称:　　　　　表格编号:　　　　　　　第　　页

序号	名称	规格程式	单位	数量	单价(元)	合计(元)			备注
					除税价	除税价	增值税	含税价	
I	II	III	IV	V	VI	VII	VIII	IX	X
1									
2									
3									
4									

设计负责人:　　　审核:　　　　　编制:　　　　编制日期:　　年　　月

(1) 国内器材概预算表(表四)甲填表说明。

① 本表供编制本工程的主要材料、设备和工器具的数量和费用使用。

② 根据国家规定的税率,按照比例计算增值税。

③ 表格标题下面括号内根据需要填写主要材料或需要安装的设备或不需要安装的设备、工器具、仪表。

④ 第 II、III、IV、V、VI 栏分别填写主要材料或需要安装的设备或不需要安装的设备、工器具、仪表的名称、规格程式、单位、数量、单价。

⑤ 第 VII 栏填写第 VI 栏与第 V 栏的乘积。

⑥ 第 VIII 栏填写需要说明的有关问题。

⑦ 依次填写需要安装的设备或不需要安装的设备、工器具、仪表之后,还需计取的费用包括:小计、运杂费、运输保险费、采购及保管费、采购代理服务费、合计。

⑧ 用于主要材料表时,应将主要材料分类后按小计、运杂费、运输保险费、采购及保管费、采购代理服务费合计计取相关费用,然后进行总计。

引进器材概预算表(表四)乙如表 7-8 所示。

表 7-8　引进器材_____算表(表四)乙
(设备安装费)

工程名称:　　　建设单位名称:　　　　　表格编号:　　　　　　　第　　页

序号	名称	规格程式	单位	数量	单价(元)	合计(元)			备注
					除税价	除税价	增值税	含税价	
I	II	III	IV	V	VI	VII	VIII	IX	X
1									
2									
3									
4									

设计负责人:　　　审核:　　　　　编制:　　　　编制日期:　　年　　月

(2) 引进器材概预算表(表四)乙填表说明。

① 本表供编制引进工程的主要材料、设备和工器具的数量和费用使用。

② 根据国家规定的税率,按照比例计算增值税。

③ 表格标题下面括号内根据需要填写引进主要材料或引进需要安装的设备或引进不需要安装的设备、工器具、仪表。

④ 第 Ⅵ、Ⅶ、Ⅷ 和 Ⅸ 栏分别填写外币金额及折算人民币的金额，并按引进工程的有关规定填写相应费用。其他填写方法与国内器材概预算表(表四)甲基本相同。

(3) 引进器材概预算表(表四)乙的填写要求。

① 通信工程中器材、设备价格是实际价，而不是按预算价确定的，一般采用的办法是：国内的器材、设备以国家有关部委规定的出厂价(调拨价)或指定的交货地点的价格为原价。地方材料按当地主管部门规定的出厂价或指定的交货地点的价格为原价。市场物资按当地商业部门规定的批发价为原价。引进的器材、设备，无论它们从何国引进的，一律以到岸价(CIF)的外币折成人民币价为原价。

② 目前通信建设工程中的器材、设备一般都是由建设单位的相关部门统一采购和管理的，而且绝大多数设备、器材都可以直接送达指定的施工集配地点，所以在预算表的通信设备安装工程项中，可以以中标厂家或代理商在供货合同中所签订的价格为准。若以出厂价或指定的交货地点(非施工集配地点)的价格为原价，则可另加相关费用。在通信线路工程中，一般对工程采用的是施工单位包清工，建设单位提供器材的方式，这样可以以建设单位供应部门提供的器料清单及合同采购价格为准，可另加相关费用。在通信管道工程中，由于各地区材料价格不同，对工程可采用施工单位包工包料的方式进行，因此对水泥、钢材、木材、砖、石灰等地方材料的价格，原则上可按当地工程造价部门公布的《工程造价信息》和建设单位招标的价格为准，另加采保费，包干使用，不再计取其他三项费用。

③ 通过招标方式来采购器材、设备的，应按照与中标厂(商)家签订的合同价为准。

(4) 引进器材概预算表(表四)乙中应注意的问题。

① 对于利旧的设备及器材，不但要列出数量，而且还要列出重估价值。

② 表中的设备、器材数量应与建筑安装工程量概预算表(表三)甲的工程量相对应，多供或少供都不合理。对于光(电)缆，工程实际用料 = 图纸净值 + 自然伸缩量 + 接头损耗量 + 引上用量 + 盘留量。

③ 注意计量单位、定额标准、单价是否写错，注意小数点。

④ 引进设备无论从何国引进的，一律以到岸价(CIF)的外币折成人民币价为原价。引进设备的税费，应按国家或有关部门的规定计取。

⑤ 对不需要安装的设备、工器具要到现场进行落实，列出清单。

5) 建筑安装工程费用概预算表(表二)

建筑安装工程费用概预算表(表二)用来计算建筑安装工程费。

表 7-9　建筑安装工程费用_____算表(表二)

工程名称：　　　建设单位名称：　　　　表格编号：　　　　第　　页

序号	费用名称	依据和计算方法	合计(元)	序号	费用名称	依据和计算方法	合计(元)
Ⅰ	Ⅱ	Ⅲ	Ⅳ	Ⅰ	Ⅱ	Ⅲ	Ⅳ
	建安工程费(含税价)			7	夜间施工增加费		
	建安工程费(除税价)			8	冬雨季施工增加费		
一	直接费			9	生产工具用具使用费		

序号	费用名称	依据和计算方法	合计(元)	序号	费用名称	依据和计算方法	合计(元)
(一)	直接工程费			10	施工用水电蒸汽费		
1	人工费			11	特殊地区施工增加费		
(1)	技工费			12	已完工程及设备保护费		
(2)	普工费			13	运土费		
2	材料费			14	施工队伍调遣费		
(1)	主要材料费			15	大型施工机械调遣费		
(2)	辅助材料费			二	间接费		
3	机械使用费			(一)	规费		
4	仪表使用费			1	工程排污费		
(二)	措施项目费			2	社会保障费		
1	文明施工费			3	住房公积金		
2	工地器材搬运费			4	危险作业意外伤害保险费		
3	工程干扰费			(二)	企业管理费		
4	工程点交、场地清理费			三	利润		
5	临时设施费			四	销项税额		
6	工程车辆使用费						

设计负责人：　　　　审核：　　　　　编制：　　　编制日期：　　年　　月

(1) 建筑安装工程费用概预算表(表二)填写说明。

① 本表供编制建筑安装工程费使用。

② 第 Ⅲ 栏根据《信息通信建设工程费用定额》相关规定，填写第 Ⅱ 栏各项费用的计算依据和方法。

③ 第 Ⅳ 栏填写第 Ⅱ 栏各项费用的计算结果。

(2) 建筑安装工程费用概预算表(表二)的填写要求。

① 本地网工程在预算时，可按人工标准计费单价方式进行取费，也可以根据工程量单价法，按技工、普工的工日综合价(建设方与施工方合同约定)分别来计取。

② 《通信建设工程概算、预算编制办法》规定：本办法所规定的计费标准均为上限。

③ 措施项目费、企业管理费、利润属于指导性费用，实施时可下浮。

④ 销项税按国家发布的税率计算。

(3) 建筑安装工程费用概预算表(表二)中应注意的问题。

取费时要明确是按人工标准计费单价方式取费还是按人工综合价方式取费。按人工标准计费单价方式取费时，要明确取费的项目。

6) 工程建设其他费概预算表(表五)

工程建设其他费概预算表(表五)甲用于计算国内工程的工程建设其他费，如表 7-10 所示。引进设备工程建设其他费概预算表(表五)乙用于引进设备工程，如表 7-11 所示。

表 7-10 工程建设其他费_____算表(表五)甲

工程名称：　　　　　建设单位名称：　　　　　　　　表格编号：　　　　　　第　　　页

序号	费用名称	计算依据及方法	金额(元)	备注
I	II	III	IV	V
1	建筑用地及综合补偿费			
2	建设单位管理费			
3	可行性研究费			
4	研究试验费			
5	勘察设计费			
6	环境影响评价费			
7	劳动安全卫生评价费			
8	建设工程监理费			
9	安全生产费			
10	工程质量监督费			
11	工程定额测定费			
12	引进技术及引进设备其他费			
13	工程保险费			
14	工程招标代理费			
15	专利及专利技术使用费			
16	生产准备及开办费(运营费)			
	总计			

设计负责人：　　　　审核：　　　　　编制：　　　　　编制日期：　　年　　月

表 7-11 引进设备工程建设其他费_____算表(表五)乙

工程名称：　　　　　建设单位名称：　　　　　　　　表格编号：　　　　　　第　　　页

序号	费用名称	计算依据及方法	金额		备注
			外币( )	折合人民币(元)	
I	II	III	IV	V	VI

设计负责人：　　　　审核：　　　　　编制：　　　　　编制日期：　　年　　月

(1) 工程建设其他费概预算表(表五)甲填写说明。

① 本表供编制国内工程计列的工程建设其他费使用。

② 第 III 栏根据《信息通信建设工程费用定额》相关费用的计算规则填写。

③ 第 V 栏根据需要填写补充说明的内容事项。

(2) 引进设备工程建设其他费概预算表(表五)乙填写说明。

① 本表供编制引进工程计列的工程建设其他费使用。

② 第 III 栏根据国家及主管部门的相关规定填写。

③ 第 IV、V 栏分别填写各项费用所需计列的外币与人民币数值。

④ 第 VI 栏根据需要填写补充说明的内容事项。

(3) 工程建设其他费概预算表(表五)填写要求。

① 表中有多项指标与政府政策规定有关,参见通信工程概预算配套文件。

② 其他费应根据实际情况由双方商定,但必须要有依据,并列出清单。

7) 工程概预算总表(表一)

工程概预算总表(表一)如表 7-12 所示。

表 7-12　工程＿＿＿＿算总表(表一)

工程名称:　　　　建设单位名称:　　　　　表格编号:　　　　　　　第　　　页

序号	表格编号	费用名称	小型建筑工程费	需要安装的设备费	不需安装的设备、工器具费	建筑安装工程费	其他费用	预备费	总价值			
					(元)				除税价	增值税	含税价	其中外币( )
I	II	III	IV	V	VI	VII	VIII	IX	X	XI	XII	XIII
1												
2												
3												
4												

设计负责人:　　　　审核:　　　　　编制:　　　　　编制日期:　　年　　月

(1) 工程概预算总表(表一)填写说明。

① 本表供编制单项(单位)工程概算(预算)使用。

② 根据国家规定税率计算增值税费。

③ 表首"工程名称"填写立项工程项目全称。

④ 第 II 栏根据本工程各类费用概算(预算)表格编号填写。

⑤ 第 III 栏根据本工程概算(预算)各类费用名称填写。

⑥ 第 IV～VIII 栏根据相应各类费用合计填写。

⑦ 第 X 栏为第 IV～IX 栏之和。

⑧ 第 XI 栏填写本工程引进技术和设备所支付的外币总额。

⑨ 当工程有回收金额时,应在费用项目总计下列出"其中回收费用",其金额填入第 VIII 栏。此费用不冲减总费用。

(2) 工程概预算总表(表一)填写要求。

根据工程价款结算办法规定:非承包的通信工程项目的总费用,在结算时应该据实填写,也就是说它只包括工程费和工程建设其他费两项,不再包括预备费。

完成以上内容，单项通信工程预算书的编制完成。

本小节需着重掌握预算表格的填写方法及相关注意事项。

7.4　通信工程概预算编制实例

7.4.1　××线路整改单项工程一阶段设计施工图预算

1. 已知条件

(1) 本工程为××线路整改单项工程，自 P28 沿新建厂房围墙新敷设一条直埋光缆至 P32，并分别在 P28、P32 新建接头，对原光缆进行割接。本设计为一阶段施工图设计。

(2) 设计图纸及说明如下：

① ××线路整改光缆线路施工图如图 7-14 所示。

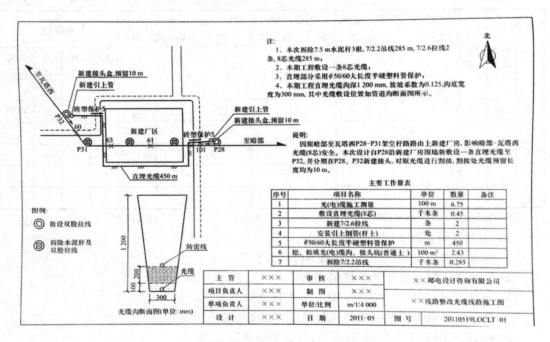

图 7-14　××线路整改光缆线路施工图

② 拆除一条 8 芯架空光缆，敷设一条埋式光缆并铺管保护，保护管按路由长度计算，不再计取损耗。

③ 拆除 P29、P30、P31 三根 7.5 m 电杆及其上 7/2.2 吊线。

④ 在 P28、P32 电杆处装设拉线、引上钢管、穿放引上光缆并进行铺砖保护。

⑤ 在 P28、P32 电杆处新建接头并进行割接。

⑥ 在直埋光缆上敷设防雷线。

⑦ 在直埋光缆线路上埋设标石。

(3) 施工企业距施工现场 20 km。

(4) 本工程"勘察设计费"协商给定 3500 元，不计取"建设用地及综合赔补费""可行性研究费""研究试验费""环境影响评价费""劳动安全卫生评价费""工程质量监督费""工程定额测定费""引进技术及引进设备其他费""工程保险费""工程招标代理费""专利及专利技术使用费"。

(5) 主材运距均在 100 km 范围内。

(6) 主材原价按××市电信管理局物资处编制的《电信建设工程概算、预算常用电信器材基础价格目录》取定。主材单价如表 7-13 所示。

表 7-13 主材单价表

序号	主材名称	规格型号	单位	单价(元)
1	光缆	GYTS 8 芯	km	2700
2	大长度半硬塑料管	Φ50/60 mm	m	9
3	机制红砖	240 mm×115 mm×53 mm(甲级)	千块	170
4	普通标石		个	30
5	油漆		kg	5
6	镀锌铁线	Φ1.5 mm	kg	8.9
7	镀锌铁线	Φ2.0 mm	kg	8.9
8	镀锌铁线	Φ3.0 mm	kg	8.9
9	镀锌铁线	Φ4.0 mm	kg	8.9
10	镀锌铁线	Φ6.0 mm	kg	8.9
11	地锚铁柄		套	35
12	水泥拉线盘	LP—500 mm×300 mm×150 mm	套	28
13	三眼双槽夹板	7.0 mm	副	11.8
14	拉线抱箍	D164—50 mm×8 mm	套	18.5
15	镀锌钢绞线	7/2.6	kg	9.5
16	拉线衬环	5 股(槽宽 21)	个	1.2
17	镀锌钢管	Φ80 mm 直	根	60
18	镀锌钢管	Φ80 mm 弯	根	60
19	光缆接续器材		套	450
20	聚乙烯塑料子管	Φ28 mm×32 mm	m	2.7

2. 工程量统计

在编制概预算填写表格时，一般先要按照施工图纸进行工程量统计。所谓工程量统计，简单讲就是在工程中要做什么，做了多少。工程量统计对工程预算至关重要，计算过程中一定要认真、仔细。本工程主要工程量计算及其说明如下：

(1) 光缆施工测量工程量(100 m)。

① 直埋光(电)缆工程施工测量工程量：

数量 = 450 m = 4.5(100 m)。

说明：数量等于光缆路由的丈量长度。

② 架空光(电)缆工程施工测量工程量：

数量 = 60 m + 63 m + 61 m + 101 m = 285 m = 2.85(100 m)。

说明：数量等于光缆路由的丈量长度，等于图中各段长度的和。

(2) 挖、填光缆沟工程量(100 m^3)：

$$数量 = \frac{\frac{(0.6 + 0.3) \times 1.2 \times 450}{2}}{100} = 2.43$$

说明：参见表 7-1 开挖士(石)方工程量计算规则中关于光缆沟开挖工程量的计算。

(3) 敷设埋式光缆工程量(千米条)：

数量 = 450 m(1 + 0.7%) + 20 m = 473 m = 0.473(1000 m)。

说明：敷设光缆长度要考虑自然弯曲和设计预留。

(4) 铺保护管工程量(100 m)：数量 = 4.5(100 m)。

说明：保护管按直埋路由长度计算。

(5) 埋设标石工程量(个)：数量 = 8(个)。

说明：按图纸统计个数。

(6) 敷设防雷线(单条)工程量(km)：数量 = 0.45(1000 m)。

说明：防雷线按直埋路由长度计算。

(7) 铺砖保护工程量(km)：数量 = 5 m + 5 m = 0.01(1000 m)。

说明：两端各铺砖保护 5 m。

(8) 拆除水泥杆工程量(根)：数量 = 3(根)。

说明：按图 7-14 共拆除 3 根。

(9) 拆除 7/2.6 单股拉线工程量(条)：数量 = 2(条)。

说明：拆除拉线按条计量，不论其多长，共拆除两条。

(10) 夹板法装 7/2.6 单股拉线工程量(条)：数量 = 2(条)。

说明：安装拉线按条计量，不论其多长，共安装两条。

(11) 安装拉线式电杆地线工程量(条)：数量 = 2(条)。

说明：安装地线按条计量，不论其多长，共安装两条。

(12) 拆除吊线工程量(千米条)：

数量 = 60 m + 63 m + 61 m + 101 m = 285 m = 0. 285(1000 m)。

说明：按图 7-14 各段长度求和统计。

(13) 拆除架空光缆工程量(千米条)：

数量 = 60 m + 63 m + 61 m + 101 m = 285 m = 0.285(1000 m)。

说明：按图 7-14 各段长度求和统计。

(14) 安装引上钢管工程量(条)：数量 = 2(条)。

说明：安装引上钢管按条统计，共两条。

(15) 穿放引上光缆工程量(条)：数量 = 2(条)。

说明：穿放引上光缆统一按条计量，不论其多长，共两条。

(16) 光缆接续工程量(头)：数量=2(头)。

说明：两端各一接头，共两头。

(17) 中继段测试工程量(中继段)：数量 = 1(中继段)。

说明：按图 7-14 以 1 个中继段计量。

根据以上统计，线路整改单项工程的工程量汇总如表 7-14 所示。

表 7-14　线路整改单项工程的工程量汇总表

序号	主材名称	单位	单价(元)
1	直埋光(电)缆工程施工测量	100 m	4.5
2	架空光(电)缆工程施工测量	100 m	2.85
3	挖光缆沟	100 m³	2.43
4	敷设埋式光缆	千米条	0.473
5	铺保护管	100 m	4.5
6	埋设标石工程量	个	8
7	敷设防雷线(单条)	km	0.45
8	拆除水泥杆	根	3
9	拆除 7/2.6 单股拉线	条	2
10	夹板法装 7/2.6 单股拉线	条	2
11	安装拉线式电杆地线	条	2
12	拆除 7/2.2 吊线	千米条	0.285
13	拆除架空光缆	千米条	0.285
14	安装引上钢管	条	2
15	穿放引上光缆	条	2
16	光缆接续	头	2
17	中继段测试	中继段	1
18	铺砖保护	km	0.01

3. 填写表格

确定了工程量，接下来填写相应表格，首先填写建筑安装工程量概预算表(表三)甲、建筑安装工程机械使用费概预算表(表三)乙、建筑安装工程仪器仪表使用费概预算表(表三)丙，具体方法先按照 7.1.5 节介绍的《信息通信建设工程预算定额》使用方法，根据工程量所涉及的工作查询相应定额，再按照 7.3.3 节介绍的通信工程概预算编制方法填写、计算表中各项内容，同时将各定额中涉及的器材、设备进行统计，分别如表 7-15~表 7-18 所示。

注明：本次取的定额为 75 定额。

表 7-15　建筑安装工程量预算表(表三)甲

工程名称：光缆线路工程　　　　　建设单位名称：××电信局　　　　　表格编号：0301

序号	定额编号	项目名称	单位	数量	单位定额值(工日)		合计值(工日)	
					技工	普工	技工	普工
I	II	III	IV	V	VI	VII	VIII	IX
1	TXL1—001	直埋光(电)缆工程施工测量	100 m	4.5	0.7	0.3	3.15	1.35
2	TXL1—002	架空光(电)缆工程施工测量	100 m	2.85	0.6	0.2	1.71	0.57
3	TXL2—001	挖、松填光(电)缆沟、接头坑普通土	100 m³	2.43		42	0	102.06
4	TXL2—017	平原地区敷设埋式光缆 12 芯以下	千米条	0.473	12.2	35.7	5.77	16.89
5	TXL2—126	铺管保护(铺大长度半硬塑料管)	100 m	4.5	1.5	2.5	6.75	11.25
6	TXL2—127	铺砖保护(横铺砖)	km	0.01	2	15	0.02	0.15
7	TXL2—135	埋设标石	个	8	0.06	0.12	0.48	0.96
8	TXL2—142	安装防雷设施敷设排流线(单条)	km	0.45	2.2	8.25	0.99	3.71
9	TXL3—001	拆除 9 m 以下水泥杆综合土(工日×0.7)	根	3	0.61	0.61	1.28	1.28
10	TXL3—054	拆除 7/2.6 单股拉线综合土(工日×0.7)	条	2	0.84	0.6	1.18	0.84
11	TXL3—054	夹板法装 7/2.6 单股拉线综合土	条	2	0.84	0.6	1.68	1.2
12	TXL3—146	电杆地线(拉线式)	条	2	0.07		0.14	0
13	TXL3—163	拆除 7/2.2 吊线(工日×0.7)	千米条	0.285	5.42	5.64	1.08	1.13
14	TXL3—184	拆除架空光缆 12 芯以下(工日×0.7)	千米条	0.285	16.84	13.13	3.36	2.62
15	TXL4—041	安装引上钢管杆上	根	2	0.25	0.25	0.5	0.5
16	TXL4—046	穿放引上光缆	条	2	0.6	0.6	1.2	1.2
17	TXL5—001	光缆接续 12 芯以下	头	2	3		6	0
18	TXL5—067	40 km 以下光缆中继段测试 12 芯以下	中继段	1	5.6		5.6	0
		合计					40.89	145.71
		总计					44.98	160.28

设计负责人：×××　　审核：×××　　编制：×××　　编制日期：××年××月

表 7-16　建筑安装工程机械使用费预算表(表三)乙

工程名称：光缆线路工程　　　　　建设单位名称：××电信局　　　　　表格编号：0302

序号	定额编号	项目名称	单位	数量	机械名称	单位定额值		合计值	
						数量(台班)	单价(元)	数量(台班)	合价(元)
I	II	III	IV	V	VI	VII	VIII	IX	X
1	TXL3—001	拆除9 m以下水泥杆综合土(工日×0.7)	根	3	汽车式起重机	0.04	400	0.08	33.60
2	TXL5—001	光缆接续12芯以下	头	2	光纤熔接机	0.5	168	1.00	168.00
3	TXL5—001	光缆接续12芯以下	头	2	汽油发电机	0.3	290	0.60	174.00
4	TXL5—001	光缆接续12芯以下	头	2	光缆接续车	0.5	242	1.00	242.00
		合计							617.60

设计负责人：×××　　　审核：×××　　　编制：×××　　　编制日期：××年××月

表 7-17　建筑安装工程仪器仪表使用费预算表(表三)丙

工程名称：光缆线路工程　　　　　建设单位名称：××电信局　　　　　表格编号：0303

序号	定额编号	项目名称	单位	数量	仪表名称	单位定额值		合计值	
						数量(台班)	单价(元)	数量(台班)	合价(元)
I	II	III	IV	V	VI	VII	VIII	IX	X
1	TXL1—001	直埋光(电)缆工程施工测量	100 m	4.5	地下管线探测仪	0.1	173	0.45	77.85
2	TXL1—002	架空光(电)缆工程施工测量	100 m	2.25	地下管线探测仪	0.05	173	0.11	19.46
3	TXL2—017	平原地区敷设埋式光缆12芯以下	千米条	0.473	光时域反射仪	0.1	306	0.05	14.47
4	TXL2—017	平原地区敷设埋式光缆12芯以下	千米条	0.473	偏振模色散测试仪	0.1	626	0.05	29.61
5	TXL5—001	光缆接续12芯以下	头	2	光时域反射仪	1	306	2.00	612.00

续表

序号	定额编号	项目名称	单位	数量	仪表名称	单位定额值		合计值	
						数量(台班)	单价(元)	数量(台班)	合价(元)
6	TXL5—067	40 km 以下光缆中继段测试12 芯以下	中继段	1	稳定光源	0.8	72	0.80	57.60
7	TXL5—067	40 km 以下光缆中继段测试12 芯以下	中继段	1	光功率计	0.8	62	0.80	49.60
8	TXL5—067	40 km 以下光缆中继段测试12 芯以下	中继段	1	光时域反射仪	0.8	306	0.80	244.80
9	TXL5—067	40 km 以下光缆中继段测试12 芯以下	中继段	1	偏振模色散测试仪	0.8	626	0.80	500.80
	合计								1606.19

设计负责人：×××　　　审核：×××　　　编制：×××　　　编制日期：××年××月

表 7-18　线路整改单项工程主材用量统计表

工程名称：光缆线路工程　　　　建设单位名称：××电信局　　　　表格编号：0304

序号	定额编号	项目名称	工程量	主材名称	规格型号	单位	主材使用量
1	TXL2—017	平原地区敷设埋式光缆12 芯以下	0.473(千米条)	光缆	GYTS 8 芯	m	473 × 1.005 = 475.4
2	TXL2—126	铺管保护(铺大长度半硬塑料管)	4.5(100 m)	大长半硬塑料管	Φ50/60 mm	m	450
3	TXL2—017	铺砖保护(横铺砖)	0.01(km)	机制红砖	240 mm×115 mm×53 mm(甲级)	千块	0.01 × 8.16 = 0.08
4	TXL2—135	埋设标石	8(个)	标石		个	8 × 1.02 = 8.16
				油漆		kg	8 × 0.1 = 0.8
5	TXL2—142	安装防雷设施敷设排流线(单条)	0.45(km)	镀锌铁线	Φ2.0 mm	kg	0.45 × 0.51 = 0.23
				镀锌铁线	Φ6.0 mm	kg	0.45 × 225.33 = 101.4

续表

序号	定额编号	项目名称	工程量	主材名称	规格型号	单位	主材使用量
6	TXL3—054	夹板法装 7/2.6 单股拉线综合土	2(条)	镀锌钢绞线	7/2.6	kg	2 × 3.8 = 7.6
				镀锌铁线	Φ1.5 mm	kg	2 × 0.04 = 0.08
				镀锌铁线	Φ3.0 mm	kg	2 × 0.55 = 1.1
				镀锌铁线	Φ4.0 mm	kg	2 × 0.22 = 0.44
				地锚铁柄		套	2 × 1.01 = 2.02
				水泥拉线盘	LP—500 mm× 300 mm× 150 mm	套	2 × 1.01 = 2.02
				三眼双槽夹板	7.0 mm	副	2 × 2.02 = 4.04
				拉线衬环	5 股 (槽宽 21 mm)	个	2 × 2.02 = 4.04
				拉线抱箍	D164—50 mm× 8 mm	套	2 × 1.01 = 2.02
7	TXL3—146	电杆地线拉线式	2(条)	镀锌铁线	Φ4.0 mm	kg	2 × 0.2 = 0.4
8	TXL4—041	安装引上钢管	2(根)	管材	直	根	2 × 1.01 = 2.02
				管材	弯	根	2 × 1.01 = 2.02
				镀锌铁线	Φ4.0 mm	kg	2 × 1.2 = 2.4
9	TXL4—046	穿放引上光缆	2(条)	镀锌铁线	Φ1.5 mm	kg	2 × 0.04 = 0.08
				聚乙烯塑料子管	Φ28 mm× 32 mm	m	30(设计给定)
10	TXL5—001	光缆接续 12 芯以下	2(头)	光缆接续器材		套	2 × 1.01=2.02

设计负责人：×××　　　审核：×××　　　编制：×××　　　编制日期：××年××月

　　主材用量统计出来之后，即可填写国内器材预算表(表四)甲，如表 7-19 所示。

　　建筑安装工程量预算表(表三)、国内器材预算表(表四)填写完毕之后，完成工程量的技工工日、普工工日、机械使用费用、仪表使用费用及器材费用都能确定，即可填写建筑安装工程费用预算表(表二)，如表 7-20 所示。建筑安装工程费用预算表(表二)的费用计算出来之后，即可填写工程建设其他费预算表(表五)甲，如表 7-21 所示。建筑安装工程费用预算表(表二)、工程建设其他费预算表(表五)甲费用计算出来之后，再加上预备费(本工程为一阶段设计，总预算中要计列预备费)，即可算出总预算费用，完成工程预算总表(表一)的填写，如表 7-22 所示，至此，全部预算表格填写完毕。

表 7-19　国内器材预算表(表四)甲

(主要材料表)

工程名称：光缆线路工程　　　　建设单位名称：××电信局　　　　表格编号：0304

序号	名　称	规格程式	单位	数量	单价(元)	合计(元)	备注
I	II	III	IV	V	VI	VII	VIII
1	光缆	GYTS 8 芯		0.48	2700	2700.48	
2	小计 1					2700.48	
3	运杂费(小计 1 × 0.1%)					27	
4	运输保险费 (小计 1 × 0.1%)					2.7	
5	采购及保管费 (小计 1 × 0.1%)					29.71	
6	合计 1					2759.89	
7	机制红砖	240 mm× 115 mm× 53 mm(甲级)	千块	0.08	170	13.6	
8	普通标石		个	8.16	30	244.8	
9	油漆		kg	0.8	5	4	
10	镀锌铁线	Φ1.5 mm	kg	0.16	8.9	1.42	
11	镀锌铁线	Φ2.0 mm	kg	0.23	8.9	2.05	
12	镀锌铁线	Φ3.0 mm	kg	1.1	8.9	9.79	
13	镀锌铁线	Φ4.0 mm	kg	3.24	8.9	28.84	
14	镀锌铁线	Φ6.0 mm	kg	101.4	8.9	902.46	
15	地锚铁柄		套	2.02	35	70.7	
16	水泥拉线盘	LP—500 mm× 300 mm× 150 mm	套	2.02	28	56.56	
17	三眼双槽夹板	7.0 mm	副	4.04	11.8	47.67	
18	拉线抱箍	D164—50 mm × 8 mm	套	2.02	18.5	37.37	
19	镀锌钢绞线	7/2.6	kg	7.6	9.5	72.2	
20	拉线衬环	5 股(槽宽 21)	个	4.04	1.2	4.85	
21	镀锌钢管	Φ80 mm 直	根	2.02	60	121.2	
22	镀锌钢管	Φ80 mm 弯	根	2.02	60	121.2	
23	光缆接续器材		套	2.02	450	909	
24	小计 2					2647.71	
25	运杂费(小计 2 × 3.6%)					95.32	

续表

序号	名　称	规格程式	单位	数量	单价(元)	合计(元)	备注
26	运输保险费(小计 2×0.1%)					2.65	
27	采购及保管费(小计 2×1.1%)					29.12	
28	合计 2					2774.8	
29	大厂半硬塑料管	Φ40/50 mm	m	450	9	4050	
30	聚乙烯塑料子管	Φ28 mm×32 mm	m	30	2.7	81	
31	小计 3					4131	
32	运杂费(小计 3×4.3%)					177.63	
33	运输保险费(小计 3×0.1%)					4.13	
34	采购及保管费(小计 3×1.1%)					45.44	
35	合计 3					4358.21	
36	总计					9892.89	

设计负责人：×××　　　审核：×××　　　编制：×××　　　编制日期：××年××月

表 7-20　建筑安装工程费用预算表(表二)

工程名称：光电缆线路工程　　　建设单位名称：××电信局　　　表格编号：02　　　第　页

序号	费用名称	依据和计算方法	合计(元)	序号	费用名称	依据和计算方法	合计(元)
I	II	III	IV	I	II	III	IV
	建筑安装工程费	一＋二＋三＋四	24 332.85	8	夜间施工增加费	人工费×0%	0.00
一	直接费	(一)＋(二)	18 833.67	9	冬雨季施工增加费	人工费×2%	104.08
(一)	直接工程费	1～4 项之和	17 350.50	10	生产工具用具使用费	人工费×3%	156.12
1	人工费	技工费＋普工费	5204.13	11	施工用水电蒸气费	按实计列	0.00
(1)	技工费	技工总计×技工单价	2158.91	12	特殊地区施工增加费	(技工总计＋普工总计)×0	0.00

续表

序号	费用名称	依据和计算方法	合计(元)	序号	费用名称	依据和计算方法	合计(元)
(2)	普工费	普工总计 × 普工单价	3045.22	13	已完工程及设备保护费	按实计列	0.00
2	材料费	主要材料费 + 辅助材料费	9922.57	14	运土费	按实计列	0.00
(1)	主要材料费	国内器材概预算表(表四)甲(材料)	9892.89	15	施工队伍调遣费	单程调遣费定额 × 调遣人数 × 2	0.00
(2)	辅助材料费	主要材料费 × 0.3%	29.68	16	大型施工机械调遣费	单程运价 × 调遣距离 × 总吨数 × 2	0.00
3	机械使用费	建筑安装工程机械使用费概预算表(表三)乙	617.60	二	间接费	(一) + (二)	3226.56
4	仪表使用费	建筑安装工程仪器仪表使用费概预算表(表三)丙	1606.20	(一)	规费	1~4 项之和	1665.32
(二)	措施费	1~16 项之和	1483.18	1	工程排污费	按实计列	0.00
1	环境保护费	人工费 × 1.5%	78.06	2	社会保障费	人工费 × 26.81%	1395.23
2	文明施工费	人工费 × 1%	52.04	3	住房公积金	人工费 × 4.19%	218.05
3	工地器材搬运费	人工费 × 5%	260.21	4	危险作业意外伤害保险费	人工费 × 1%	52.04
4	工程干扰费	人工费 × 0%	0.00	(二)	企业管理费	人工费 × 30%	1561.24
5	工程点交、场地清理费	人工费 × 5%	260.21	三	利润	人工费 × 30%	1561.24
6	临时设施费	人工费 × 5%	260.21	四	税金	(直接费 + 间接费 + 计划利润) × 3.41%	711.38
7	工程车辆使用费	人工费 × 6%	312.25				

设计负责人：×××　　　审核：×××　　　编制：×××　　　编制日期：××年××月

表 7-21　工程建设其他费预算表(表五)甲

工程名称：光电缆线路工程　　　　　　建设单位名称：××电信局　　　　　表格编号：05

序号	费用名称	计算依据及方法	金额(元)	备注
I	II	III	IV	V
1	建筑用地及综合补偿费			不计取
2	建设单位管理费	财建[2002]394 号规定	364.99	
3	可行性研究费			不计取
4	研究试验费			不计取
5	勘察设计费			协商给定
	勘察费			
	设计费			
6	环境影响评价费			不计取
7	劳动安全卫生评价费			不计取
8	建设工程监理费	发改价格[2007]670 号规定	882.32	
9	安全生产费	建筑安装工程费 × 1.0%	243.33	
10	工程质量监督费			不计取
11	工程定额测定费			不计取
12	引进技术及引进设备其他费			不计取
13	工程保险费			不计取
14	工程招标代理费	计价格[2002]1980 号规定		不计取
15	专利及专利技术使用费			不计取
16	生产准备及开办费(运营费)			在运营费中列支
	合计		1490.64	

设计负责人：×××　　　审核：×××　　　编制：×××　　　编制日期：××年××月

4. 施工图预算文档编制

预算表格全部填写完毕后，即可进行预算文档的编制，具体内容如下。

1) 预算编制说明

(1) 工程概况、预算总价值如下：

本工程为××线路整改单项工程，按一阶段设计编制施工图预算。

本工程共敷设 8 芯直埋光缆 0.473 千米条，预算总价值为 30 496 元，总工日 205.25 工日(技工工日 44.98，普工工日 160.27)。

(2) 编制依据如下：

① 批准的有关文件。

② 施工图设计图纸及说明。

③ 工信部规[2008]75 号文件及附件(仅本次使用)。

④ 建设项目所在地政府发布的土地征用和赔补费用等有关规定。

⑤ 相关合同、协议等。

(3) 有关费用与费率的取定如下：

① 本工程为一阶段设计，总预算中计列预备费，费率为 4%。

② 施工企业距施工现场不足 35 km，不计取施工人员调遣费。

③ 其他相关费用依照规定执行。

(4) 工程技术经济分析如下：

本工程总投资 30 497 元。其中建安费 24 333 元；工程建设其他费 4991 元；预备费 1173 元。敷设光缆 3.784 芯公里 = 8 芯 × 0.473 km，平均每芯公里造价 8059 元(30 496 ÷ 3.784 = 8059)。

2) 预算表格

(1) 工程预算总表(表一)，如表 7-22 所示。

(2) 建筑安装工程费用预算表(表二)，如表 7-20 所示。

(3) 建筑安装工程量预算表(表三)甲，如表 7-15 所示。

(4) 建筑安装工程机械使用费预算表(表三)乙，如表 7-16 所示。

(5) 建筑安装工程仪器仪表使用费预算表(表三)丙，如表 7-17 所示。

(6) 国内器材预算表(表四)甲，如表 7-19 所示。

(7) 工程建设其他费预算表(表五)甲，如表 7-21 所示。

表 7-22　工程预算总表(表一)

建设项目名称：××线路整改工程

工程名称：光缆线路　　　　建设单位名称：××电信局　　　　　　表格编号：01

序号	表格编号	费用名称	小型建筑工程费	需要安装的设备费	不需要安装的设备、工器具费	建筑安装工程费	其他费用	预备费	总价值	
						(元)			人民币(元)	其中外币( )
I	II	III	IV	V	VI	VII	VIII	IX	X	XI
1	02	建筑安装工程费				24 333				
2										
3										
4										
5		小计(工程费)				24 333			24 333	
6	05	工程建设其他费					4911		4911	
7										
8		合计				24 333	4911		29 324	

续表

序号	表格编号	费用名称	小型建筑工程费	需要安装的设备费	不需要安装的设备、工器具费	建筑安装工程费	其他费用	预备费	总价值	
			(元)						人民币(元)	其中外币( )
9		预备费(合计×4.0%)						1173	1173	
10										
11		总计				24 333	4911	1173	30 497	
12		生产准备及开办费								

设计负责人：×××　　　审核：×××　　　编制：×××　　　编制日期：××年××月

7.4.2　××机要局接入工程施工图预算

1. 已知条件

(1) 本期工程新建 1 个大客户接入点，采用 SDH 传输方式上连到上端局。本设计为一阶段施工图设计。

(2) 设计图纸及说明如下：

① ××机要局接入工程设备组网图如图 7-15 所示。

② ××机要局机房设备安装及布线示意图如图 7-16 所示。

③ 缆线明细表如图 7-16 所示。

④ 设备配置如图 7-16 所示。

⑤ 没有说明的设备均不考虑，软光纤、SYV 类射频同轴电缆由厂商提供，不计费用。

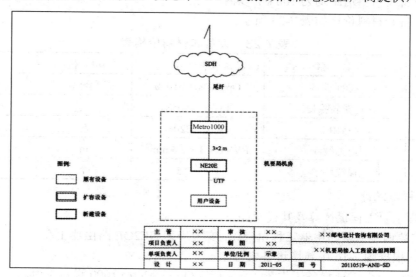

图 7-15　设备组网图

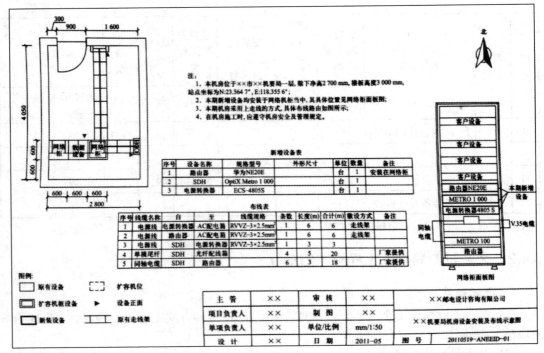

图 7-16　设备安装及布线示意图

(3) 施工企业距施工现场 10 km。

(4) 本工程不计取"建设用地及综合赔补费""可行性研究费""研究试验费""环境影响评价费""劳动安全卫生评价费""工程质量监督费""工程定额测定费""引进技术及引进设备其他费""工程保险费""工程招标代理费""专利及专利技术使用费"。

(5) 设备及材料运距均为 100 km 以内。

(6) 设备和材料价格如表 7-23 所示。

表 7-23　设备和材料价格表

序号	名　　称	规格型号	单　位	单价(元)
1	SDH 设备	OptiX Metro1000	台	12 806.00
2	电源转换器	ECS—4805S	套	2300.00
3	路由器	华为 NE20E	套	127 000.00
4	电力线缆	RVVZ—3 × 2.5 mm²	m	6.30
5	接线端子	DT—2.5	个	0.55

2. 工程量统计

本工程主要工程量计算及其说明如下：

(1) 安装调测低端路由器工程量(套)：安装华为 NE2OE 路由器 1 套。

说明：根据图 7-16 中新增设备表可知。

(2) 安装测试 SDH 设备工程量(台)：安装 OptiX Metro 1000 设备 1 台。

说明：根据图 7-16 中新增设备表可知。

(3) 安装电源转换器工程量(台)：安装 ECS—4805S 设备 1 台。

说明：根据图 7-16 中新增设备表可知。

(4) 布放 3 芯电力电缆 16 mm² 以下工程量(10 米条)：

数量 = 6 m + 6m + 3 m = 15 m = 1.5(10 米条)。

说明：根据图 7-16 中布线表可知。

(5) 放、绑软光纤(15 m 以下)工程量(条)：4(条)。

说明：根据图 7-16 中布线表可知，由 SDH 设备到光缆配线箱共 4 条光纤。

(6) 放绑 SYV 类射频同轴电缆(单芯)工程量(百米条)：0.18(百米条)。

(7) 编扎、焊(绕、卡)接设备电缆(SYV 类射频同轴电缆)工程量(芯条)：6(芯条)。

说明：布放缆线计算工程量时需分为两步进行，即先放绑，后编扎。根据图 7-16 中布线表可知，由 SDH 设备到路由器共布放 6 条 3 m 同轴电缆。

根据以上统计，机要局接入工程的工程量汇总表如表 7-24 所示。

表 7-24   机要局接入工程工程量汇总表

序号	工程量名称	单 位	数 量
1	安装调测低端路由器工程量	套	1
2	安装测试 SDH 设备工程量	台	1
3	安装电源转换器工程量	台	1
4	布放 3 芯电力电缆(16 mm² 以下)	10 米条	1.5
5	放、绑软光纤	条	4
6	放绑 SYV 类射频同轴电缆(单芯)	百米条	0.18
7	编扎、焊(绕、卡)接设备电缆	芯条	6

3. 填写表格

确定了工程量，接下来填写相应表格，首先填写建筑安装工程量预算表(表三)，具体方法与线路工程类似(本工程没有用到机械，故没有建筑安装工程机械使用费概预算表(表三)乙，同时将各定额中涉及的材料、设备进行统计，分别如表 7-25～表 7-27 所示。

表 7-25   建筑安装工程量预算表(表三)甲

单项工程名称：××机要局接入工程　　建设单位名称：中国电信集团公司××分公司　　表格编号：EBS-0301

序号	定额编号	项目名称	单位	数量	单位定额值		合计值	
					技工	普工	技工	普工
I	II	III	IV	V	VI	VII	VIII	IX
1	TSY4—022	安装调测低端路由器(综合调测路由器)	套	1.00	15.00	0.00	15.00	0.00
2	TSY4—005	安装测试 SDH 设备基本子架及公共单元盘	套	1.00	3.50	0.00	3.50	0.00
3	TSY4—016	安装电源转换器 ECS—4805S	台	1.00	0.50	0.00	0.50	0.00

续表

序号	定额编号	项目名称	单位	数量	单位定额值		合计值	
					技工	普工	技工	普工
4	TSY1—075	布放 3 芯电力电缆 16 mm² 以下 (系数乘以 2)	10 米条	1.50	0.36	0.00	0.54	0.00
5	TSY1—071	放、绑软光纤(放、绑软光纤 15 m 以下)	条	4.00	0.40	0.00	1.60	0.00
6	TSY1—046	放绑 SYV 类射频同轴电缆(单芯)	百米条	0.18	1.50	0.00	0.27	0.00
7	TSY1—060	编扎、焊(绕、卡)接设备电缆(SYV 类射频同轴电缆)	芯条	6.00	0.12	0.00	0.72	0.00
	合计						22.13	0.00

设计负责人：×××　　　审核：×××　　　编制：×××　　　编制日期：××年××月

表 7-26　建筑安装工程仪器仪表使用费预算表(表三)丙

单项工程名称：××机要局接入工程　　　　建设单位名称：中国电信集团公司 ××分公司　　　表格编号：EBS-0301

序号	定额编号	项目名称	单位	数量	仪表名称	单位定额值 (工日)		合计值(工日)	
						数量 (台班)	单价 (元)	数量 (台班)	合价 (元)
I	II	III	IV	V	VI	VII	VIII	IX	X
1	TSY4—022	安装调测低端路由器 综合调测低端路由器	套	1	数字传输分析仪	0.1	1002	0.1	100.2
2	TSY4—022	安装调测低端路由器 综合调测低端路由器	套	1	协议分析仪	2	66	2	132
3	TSY4—022	安装调测低端路由器 综合调测低端路由器	套	1	网络测试仪	2	105	2	210
	合计								422.2

设计负责人：×××　　　审核：×××　　　编制：×××　　　编制日期：××年××月

表 7-27　机要局接入工程材料、设备统计表

序号	定额编号	项目名称	工程量	材料、设备名称	规格型号	单位	主材使用量
1	TSY4—022	安装调测低端路由器(综合调测路由器)	1 套	路由器	华为 NE20E	台	1
2	TSY2—005	安装测试 SDH 设备基本子架及公共单元盘(2.5 Gb/s 以下)	1 台	SDH 设备	METRO1000	台	1
3	TSY4—016	安装电源转换器 ECS—4805S	1 台	电源转换器	ECS—4805S	台	1
4	TSY1—075	布放 3 芯电力电缆 16 mm^2 以下	1.5(10 米条)	电力线缆	RVVZ—3 × 2.5 mm^2	m	$1.5 \times 10.15 = 15.25$
				接线端子	DT—2.5	个	$3 \times 2.03 = 6.09$

材料、设备统计出来之后，即可填写国内器材预算表(表四)甲，需要注意的是设备、材料要分开填写，分别如表 7-28、表 7-29 所示。

表 7-28　国内器材预算表 1(表四)甲

(主要材料表)

单项工程名称：××机要局接入工程　　建设单位名称：中国电信集团公司 ×× 分公司　　　　表格编号：EBS-0402

序号	名称	规格程式	单位	数量	单价(元)	合价(元)	备注
I	II	III	IV	V	VI	VII	VIII
1	SDH 设备	OptiX Metro1000	台	1.00	12 806.00	12 806.00	
2	电源转换器	ECS—4805S	套	1.00	2300.00	2300.00	
3	路由器	华为 NE20E	套	1.00	127 000.00	127 000.00	
4	小计					142 106.00	
5	运杂费(小计 × 3.6%)					1136.85	
6	运输保险费(小计 × 3.6%)					568.42	
7	采购及保管费(小计 × 3.6%)					1165.27	
8	采购代理服务费					0.00	
	合计					144 976.54	

设计负责人：×××　　　　审核：×××　　　编制：×××　　　编制日期：××年××月

表 7-29　国内器材预算表 2(表四)甲
(需要安装的设备表)

单项工程名称：××机要局接入工程　　　建设单位名称：中国电信集团公司 ××分公司　　　表格编号：EBS-0401

序号	名称	规格程式	单位	数量	单价(元)	合价(元)	备注
I	II	III	IV	V	VI	VII	VIII
1	电力线缆	RVVZ—3 × 2.5 mm²	m	15.23	6.30	35.92	
2	接线端子	DT—2.5	个	6.09	0.55	3.35	
3							
4	小计					99.27	
5	运杂费(小计 × 3.6%)					3.57	
6	运输保险费(小计 × 3.6%)					0.10	
7	采购及保管费 (小计 × 3.6%)					0.99	
8	采购代理服务费					0.00	
	合计					103.93	

设计负责人：×××　　　　审核：×××　　　　编制：×××　　　　编制日期：××年××月

　　材料、设备费用计算出来之后，需要注意的是材料费填入建筑安装工程费用预算表(表二)，可计算出建筑安装工程费，如表 7-30 所示；设备费要填入工程预算总表(表一)，同时建筑安装工程费加上设备费构成工程费，此时，即可计算工程建设其他费预算表(表五)甲的相关费用并填写工程建设其他费预算表(表五)甲，如表 7-31 所示。

表 7-30　建筑安装工程费用预算表(表二)

单项工程名称：×× 机要局接入工程　　　建设单位名称：中国电信集团公司 ××分公司　　　表格编号：EBS-0401

序号	费用名称	依据和计算方法	合计(元)	序号	费用名称	依据和计算方法	合计(元)
I	II	III	IV	I	II	III	IV
	建筑安装工程费	一 + 二 + 三 + 四	2993.43	8	夜间施工增加费	人工费 × 2.0%	21.24
一	直接费	(一) + (二)	1917.46	9	冬雨季施工增加费	人工费 × 2.0%	21.24
(一)	直接工程费	1~4 项之和	1609.41	10	生产工具用具使用费	人工费 × 2.0%	21.24
1	人工费	技工费 + 普工费	1062.24	11	施工用水电蒸气费	按实计列	0
(1)	技工费	技工总工日 × 48 元/工日	1062.24	12	特殊地区施工增加费	(技工总计 + 普工总计) × 0.0	0

续表

序号	费用名称	依据和计算方法	合计(元)	序号	费用名称	依据和计算方法	合计(元)
I	II	III	IV	I	II	III	IV
(2)	普工费	普工总工日×19元/工日	0	13	已完工程及设备保护费	按实计列	0
2	材料费	主要材料费+辅助材料费	104.97	14	运土费	按实计列	0
(1)	主要材料费	国内器材概预算表(表四)甲(材料)	103.93	15	施工队伍调遣费	单程调遣费定额×调遣人数×2	0
(2)	辅助材料费	主要材料费×1.0%	1.04	16	大型施工机械调遣费	单程运价×调遣距离×总吨数×2	0
3	机械使用费	建筑安装工程机械使用费概预算表(表三)乙	0	二	间接费	(一)+(二)	658.59
4	仪表使用费	建筑安装工程仪器仪表使用费概预算表(表三)丙	442.2	(一)	规费	1~4项之和	339.92
(二)	措施费	1~16项之和	308.05	1	工程排污费	按实计列	0
1	环境保护费	人工费×1.2%	12.75	2	社会保障费	人工费×26.81%	284.79
2	文明施工费	人工费×1.0%	10.62	3	住房公积金	人工费×4.19%	44.51
3	工地器材搬运费	人工费×1.3%	13.81	4	危险作业意外伤害保险费	人工费×1.00%	10.62
4	工程干扰费	人工费×4.0%	42.49	(二)	企业管理费	人工费×30%	318.67
5	工程点交、场地清理费	人工费×3.5%	37.18	三	利润	人工费×30%	318.67
6	临时设施费	人工费×6.0%	63.73	四	销项税	(一+二+三)×11%	
7	工程车辆使用费	人工费×6.0%	63.73				

设计负责人：×××　　审核：×××　　编制：×××　　编制日期：××年××月

表 7-31 工程建设其他费预算表(表五)甲

单项工程名称：××机要局接入工程   建设单位名称：中国电信集团公司 ×× 分公司   表格编号：EBS-0401

序号	费用名称	计算依据及方法	金额(元)	备注
I	II	III	IV	V
1	建筑用地及综合补偿费		0	不计取
2	建设单位管理费	参照财建[2002]394 号规定	2147.06	
3	可行性研究费		0	不计取
4	研究试验费		0	不计取
5	勘察设计费	参照计价格[2007]10 号规定	2834	
	勘察费		934	合同规定
	设计费		1900	合同规定
6	环境影响评价费		0	不计取
7	劳动安全卫生评价费		0	不计取
8	建设工程监理费		300	
9	安全生产费	建筑安装工程费×1.0%	29.93	
10	工程质量监督费		0	已取消
11	工程定额测定费		0	已取消
12	引进技术及引进设备其他费		0	不计取
13	工程保险费		0	不计取
14	工程招标代理费	计价格[2002]1980 号规定	0	不计取
15	专利及专利技术使用费		0	不计取
16	生产准备及开办费 (运营费)		0	不计取
	合计		5010.99	

设计负责人：×××   审核：×××   编制：×××   编制日期：××年××月

最后，根据由建筑安装工程费用预算表(表二)、工程建设其他费预算表(表五)甲及计算出来的预备费计算出预算总费用，完成工程预算总表(表一)的填写。

表 7-32　工程预算总表(表一)

单项工程名称：××机要局接入工程　　建设单位名称：中国电信集团公司 ×× 分公司　　表格编号：EBS-01

序号	表格编号	费用名称	小型建筑工程费	需要安装的设备费	不需要安装的设备、工器具	其他费用	预备费	总价值	
								人民币	其中外币
					(元)			(元)	( )
I	II	III	IV	V	VI	VII	VIII	IX	X	XI
1	EBS—02	建筑安装工程费				2993.43			2993.43	
2	EBS—0402	国内设备费		144 976.54					144 976.54	
3		小计(工程费)							147 969.97	
4	5	工程建设其他费					5010.99		5010.99	
5		合计							152 980.97	
6		预备费(合计×4.0%)							4589.43	
7		总计							157 570.4	
8		生产准备及开办费								

设计负责人：×××　　审核：×××　　编制：×××　　编制日期：××年××月

4. 施工图预算编制

预算表格全部填写完毕后，即可进行预算文档的编制，具体内容如下。

1) 预算编制说明

(1) 工程概况、预算总价值。

本工程为××机要局接入工程，安装华为 SDH 传输设备和 NE20E 设备等。本项工程预算总投资为 157 570.40 元人民币，其中需要安装的设备费为 144 976.54 元，安装工程费为 2993.43 元，工程建设其他费 5010.99 元，预备费 4589.44 元。

(2) 编制依据。

① 施工图设计图纸及说明。

② 工信部规[2008]75 号文件及附件。(仅本次使用)

③ 根据建设单位及物资部门提供的设备、材料出厂原价。

④ 国家发展计划委员会建设部计价格[2002]10 号《关于发布<工程勘察设计收费管理规定>的通知》。

⑤ 工信厅通[2009]22 号《关于停止计列通信建设工程质量监督费和工程定额测定费的通知》。

⑥ 国家发展和改革委员会、建设部发改价格[2007]670 号《建设工程监理与相关服务收费管理规定》。

⑦ 建设单位提供的设备、材料价格。

⑧ 相关合同、协议等。

(3) 有关费用与费率的取定。

① 施工企业距施工现场不足 35 km，不计取施工人员调遣费。

② 其他相关费用依照规定。

2) 预算表格

本单项工程预算表格主要包括：

(1) 工程预算总表(表一)(见表 7-32)；

(2) 建筑安装工程费用预算表(表二)(见表 7-30)；

(3) 建筑安装工程量预算表(表三)甲(见表 7-25)；

(4) 建筑安装工程仪器仪表使用费预算表(表三)丙(见表 7-26)；

(5) 国内器材预算表 1(表四)甲(主要材料表)(见表 7-28)；

(6) 国内器材预算表 2(表四)甲(主要需要安装的设备表)(见表 7-29)；

(7) 工程建设其他费预算表(表五)甲(见表 7-31)。

7.5　实　验　项　目

实验项目一：学习《信息通信建设工程预算定额》。

目的要求：理解定额含义，掌握定额查阅方法，了解相关注意事项。

实验项目二：根据已有施工图(实例)进行××站电源设备安装工程施工图预算编制。

目的要求：掌握工程量的统计方法及预算的编制方法。

已知条件包括：

(1) 本工程系××站电源设备安装工程施工图设计。本设计为一阶段施工图设计。

(2) 设计图纸及说明如下：

① ××站交直流供电系统及地线系统图如图 7-17 所示。

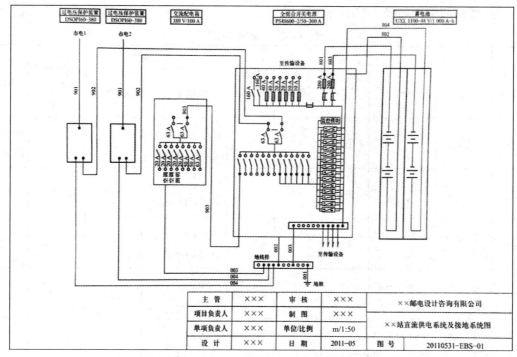

图 7-17　××站交直流供电系统及地线系统图

② ××站电源设备平面布置及电缆路由示意图如图 7-18 所示。

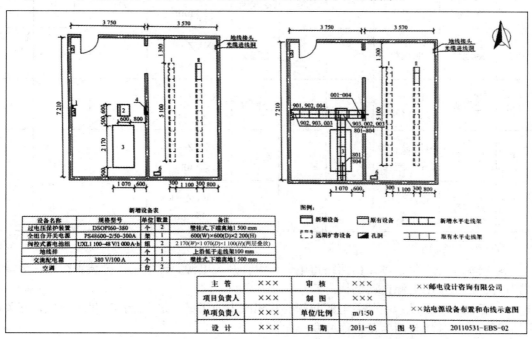

图 7-18　××站电源设备平面布置及电缆路由示意图

③ 线缆明细表如表 7-33 所示。

表 7-33　线缆明细表

线缆编号	线缆路由		设计电压/V	设计电流/A	敷设方式	选用缆线			备注
	由	到				规格型号	载流量/A	条数×长度/m	
901	市电	过压保护装置	380	57		RVVZ—3×35＋1×16 mm²	137		建设单位负责
902	过压保护装置	全组合开关电源	380	57	走线架	RVVZ—3×35＋1×16 mm²	137	2×10	
801	电池组(1)"－"	全组合开关电源"－"	48	30	走线架	RVVZ—1×50 mm²	283	1×10	
802	电池组(1)"＋"	全组合开关电源"＋"	48	30	走线架	RVVZ—1×50 mm²	283	1×10	
803	电池组(2)"－"	全组合开关电源"－"	48	30	走线架	RVVZ—1×50 mm²	283	1×10	
804	电池组(2)"＋"	全组合开关电源"＋"	48	30	走线架	RVVZ—1×50 mm²	283	1×10	
001	接地体	地线盘			走线架	RVVZ—1×95 mm²		1×10	
002	地线盘	开关电源正极排			走线架	RVVZ—1×95 mm²		1×5	
3	地线盘	电源设备机壳保护地			走线架	RVVZ—1×35 mm²		1×10	
4	地线盘	过压保护装置			走线架	RVVZ—1×35 mm²		2×8	

④ 图纸说明如下：

● 交流供电系统：本站由两路市电、全组合开关电源、过电压保护装置组成。运行方式为主、备用市电电源自动倒换。

● 直流供电系统：由开关电源和阀控式铅酸电池组成，采用全浮充供电方式，开关电源架上的整流模块与两组蓄电池并联浮充供电。

● 接地系统：采用联合接地方式，按单点接地原理设计。

● 过电压保护：采用不小于 60 V·A 过电压保护装置。开关电源架交流输入端带有过压保护装置，在直流配电单元输出端带有浪涌抑制器。

● 电源设备配置，如表 7-34 所示。

表 7-34 电源设备配置

序号	设备名称	规格容量	单位	数量	单价(元)
1	过压保护装置	DSOPI60—380	台	2	7000.00
2	全组合开关电源架	PS48600—2/50～300 A	架	1	78 000.00
3	阀控式蓄电池组	UXL1100—48 V/1000 A·h	组	2	106 000.00
4	交流配电箱	380 V/100 A	个	1	8000.00
5	地线盘		个	1	300.00

● 没有说明的设备均不考虑。

(3) 施工企业距施工现场 10 km。

(4) 施工用水电蒸汽费 1000 元。

(5) “勘察设计费”给定为 18 000.00 元，不计取“可行性研究费”“研究试验费”“环境影响评价费”“劳动安全卫生评价费”“引进技术及引进设备其他费”“工程保险费”“专利及专利技术使用费”“其他费用”“综合赔补费”“工程质量监督费”“工程定额测定费”。

(6) 本工程不计预备费。

(7) 设备运距、主材运距如下：

① 电缆运距为 1500 km 以内。

② 铁件及其他主材运距为 1500 km 以内。

③ 设备运距为 1500 km 以内。

(8) 材料价格如表 7-35 所示。

表 7-35 材料价格表

序号	名　　称	规格型号	单位	单价(元)
1	铜芯聚氯乙烯绝缘聚氯乙烯护套电力电缆	RVVZ—$3 \times 35 + 1 \times 16 \ mm^2$	m	94.00
2	铜芯聚氯乙烯绝缘聚氯乙烯护套电力电缆	RVVZ—$1 \times 50 \ mm^2$	m	39.20
3	铜芯聚氯乙烯绝缘聚氯乙烯护套电力电缆	RVVZ—$1 \times 95 \ mm^2$	m	70.00
4	铜芯聚氯乙烯绝缘聚氯乙烯护套电力电缆	RVVZ—$1 \times 35 \ mm^2$	m	25.00

实验项目三：填写 FTTx 光纤接入网络工程软件中写字楼勘察设计模块预算编制步骤。

目的要求：掌握预算表格内容关系。

实验项目四：按照 7.5 节已知条件编制施工图预算。

目的要求：能独立编制施工预算表格。

本 章 小 结

本章主要介绍通信工程概预算编制，主要内容包括：

(1) 定额的基本知识，包括定额的概念、特点、分类、预算定额和概算定额以及预算定额的查询方法。

(2) 通信建设项目工程量的计算规则，包括工程量统计的基本原则，具体包括通信设备安装工程工程量的计算规则、通信线路及管道工程工程量的计算规则。

(3) 通信工程概预算编制，包括概预算表格的填写、概预算说明的编制。

(4) 通信工程概预算编制实例，包括通信线路和通信设备安装工程的预算编制实例。

复 习 与 思 考 题

1. 简述定额的概念及其特点、分类。
2. 简述通信工程量统计的基本原则。
3. 简述设备及线路工程的工程量具体计算方法。
4. 试述预算表格的填写方法。
5. 试述定额与工程造价的关系。
6. 试举一个通信工程中定额的例子。

第 8 章　通信管道工程设计及概预算

本章内容

- 通信管道工程的基本概念
- 通信管道工程设计任务书
- 通信管道工程勘察测量
- 通信管道工程设计方案
- 通信管道工程设计文档编制
- 通信管道工程概预算文档编制

本章重点、难点

- 通信管道工程勘察方法
- 通信管道工程设计方案的确定
- 通信管道工程概预算编制方法
- 通信管道工程纵剖面设计
- 通信管道工程的工程量统计

本章学习目的和要求

- 理解通信管道工程的概念和特点
- 掌握通信管道工程勘察设计的一般方法
- 了解城市地下综合管网的概念

本章学时数

- 建议 8 学时

8.1　通信管道工程概述

本节主要介绍通信管道工程的基本概念、通信管道的特点以及通信管道的分类。

8.1.1　基本概念

在实际工程中通信光(电)缆有架空、直埋等多种敷设安装方式，管道方式是城市通信线路的一种主要敷设方式。随着我国城镇化进程的推进和通信业务、通信网络的发展，通信管道光缆、电缆等通信线路的主要载体，已经成为构建通信网络必不可少的一种重要基础资源。

下面从通信工程设计实务角度，介绍通信管道的概念及其组成。

1. 通信管道

通信管道是以管型材料为主体，为通信线缆提供敷设安装路由和固定、保护功能的建筑物。

通信管道以地下埋设方式为主，一般属于隐蔽工程。对于不适合地下埋设的特殊场合，应用其他方式建设。例如，对于桥面不适合敷设管道的情况，可以考虑以桥挂钢管方式建设桥上管道。

从工程设计角度来看，通信管道是由人(手)孔和管道段组成的。

2. 人(手)孔

人(手)孔是指管道建筑中设置的用于管道连接并便于施工、检修的空间和结构。人孔和手孔的主要差异是体积不同。从功能上讲人孔不仅能容纳人体进出，还要有相对宽裕的作业空间，手孔的体积比人孔要小。我国通信标准图集中对通信管道的人孔、手孔建筑有一系列明确的标准。工程中一般采用人(手)孔形式(包括结构、安装方式等)、编号等基本参数来标明某个人(手)孔的特性。

3. 管道段

管道段是指由人(手)孔等分割成的具有一定长度的管路。工程中一般采用管道段长度、管群断面(管材的规格和数量)等基本参数，以及基础、包封、路面情况等辅助信息来标明某个管道段的特性。

单一管道段一般应为直线路由，特殊情况下可以采用小强度的弧形弯曲，但不得出现"S"形弯曲。

对于一个路段的通信管道来说，在同一个管道段内，各部分管材的数量和型号是一致的；在不同的管道段，管材的数量和型号可以相同，也可以根据需要进行调整。

4. 通信通道

通信通道(或隧道)也是一种可靠性很高的地下光(电)缆的承载方式，可容纳线缆条数较多，主要适用于所需容量大(管孔大于 48 孔)、不易扩建的地段，如大局站的局前部分、穿越城市主干街道、高速公路、铁道等路段的管道，可以考虑建筑通信通道。篇幅所限，这里不做具体描述。

总之，由若干管型材料组成的管道段构成了地下光(电)缆的主要通路，是设计图纸中的"线"；而人(手)孔则为这个通路变向、分歧以及线缆穿放、接续和引上提供了必要条件，是设计图纸中的"点"。由这些线段和节点组成的建筑结构体，逐步构成了一个城市复杂地下管网中的管道网络。

目前我国通信管道建设的主体是各电信运营商，另外军队、地方政府以及其他如矿山、高速公路等拥有专网的企事业单位也根据需要拥有自己的通信管道或通信管孔。所以，广义的通信管道包括通信专用管道和市政综合性管道中的信息系统专用管孔。

8.1.2　通信管道的特点

相对于其他敷设方式而言，通信管道具有以下特点：
(1) 隐蔽安全，可以满足美化市容的要求。
(2) 适用范围广、容量较大、使用灵活、维护方便、使用寿命较长。
(3) 工程建设难度大、建设周期长、工程投资大。

8.1.3　通信管道的分类

随着我国电信体制改革的逐步推进以及通信业务的迅猛发展，当前通信管道建设的特点更加突出了适用性、经济性、多样性和综合性，所以很难严格定义通信管道的分类方法。为加深读者对通信管道概念的理解，下面简单介绍工程项目中经常用到的四种通信管道分类方法。

1. 按工程性质分类

根据工程性质不同，通信管道可分为新建、扩容和迁改三种。
(1) 一般管道工程多为新建工程。
(2) 管道扩容工程是指管孔容量不能满足网络发展需要时增加管道容量的工程，具体有外扩容和内扩容两种方式。外扩容是指在原有管道的路由上或路由一侧增加敷设管孔的方式，因施工难度和工程投资都很大，所以实际中很少使用；内扩容是指成规模地在原有管道空余管孔穿放小口径管孔的建设方式，小口径管孔包括一般的塑料子管和适用于穿放微型光缆的微管。
(3) 迁改工程是指受市政建设等因素影响，需要对原有管道改造的管道工程，包括垂直迁改(管群和人孔下沉)、水平迁改和加固改造三种方式。

2. 按建设目的分类

根据建设目的和主要用途不同，通信管道可分为长途通信管道、城域通信管道和用户接入管道。
(1) 长途通信管道主要沿铁路、高等级公路或高速公路建设，主要用于长途通信光缆和信息系统专网光缆的穿放。
(2) 城域通信管道分布在城市街道和主要乡镇的主干道和次干道，一般用于城域光缆、市话电缆的穿放。
(3) 用户接入管道是指特定的企事业单位或居民小区接入到通信管道上的管道。用户接入管道包括用户引接管道和小区通信管道两部分。

① 用户引接管道是为某个用户机房上连城域网局站提供光(电)缆通道而建设的通信管道。

② 小区通信管道是为每个用户终端接入用户机房提供光(电)缆通道而建设的通信管道。小区通信管道的用途广泛、线缆类型丰富，如各种用途的光缆以及市话电缆、视频同轴电缆、数据通信电缆、安防监控等通信线缆。

3. 按建筑材料分类

根据建筑材料(主要指管材)类型不同，通信管道大致可分为水泥管管道(混凝土管、石棉水泥管)、陶瓷管管道、金属管管道(镀锌钢管、铸铁管)和塑料管管道(PVC_U、HDPE等)。目前，石棉水泥管、陶瓷管已很少使用，而塑料管道因结构灵活、外硬内滑、施工方便等优点，得到越来越普遍的应用。金属管管道因造价高，仅用在需要加固、防护或屏蔽的特殊场所。

4. 按建设方式分类

目前国家正在推动电信基础设施"共建共享"，在电信运营商竞争与合作关系下，通信管道建设方式和使用方式呈现多样化趋势，除电信运营商自主建设方式外，还存在电信运营商合作建设、委托统建(即从管网公司购置)、资源置换和租用等多种方式。

警示： ① 建设方式和网络运营商项目管理方式不同，对设计工作的要求差异很大，设计时应特别注意。② "共建共享"是国家对电信基础设施的重要要求，设计人员应提高认识，在勘察设计时应当充分调查研究，避免因资源闲置和重复投资而造成不必要的损失。

8.2　通信管道工程设计任务书

本节主要介绍通信管道工程设计任务书的主要内容和任务书实例。

8.2.1　主要内容

除通用内容外，通信管道工程设计任务书一般还包括以下内容：

(1) 通信管道工程的名称、性质和建设目的。

(2) 通信管道的计划建设规模和投资规模。

(3) 管道具体路段、路由走向。

(4) 预期增加的通信能力。

(5) 设计阶段、设计依据、取费标准。

8.2.2　任务书实例

下面给出一个工程设计任务书实例。

工程设计任务书

××通信设计咨询有限责任公司：

为提高市区基站传输系统成环率，并满足和平路附近宽带用户光缆接入需求，根据省公司对我市公司本年度管道工程可行性研究报告的批复，1月18日在市公司召开的网络建设工作会议安排以及市规划局提供的规划设计条件，本公司计划在和平路(建设街—安园街)南侧新建 6 根塑料管道(5 根 7 孔梅花管+1 根双壁波纹管)通信管道，路由长度约0.5 km，要求与和平路上建设街和安园街的原有管道连通。批复的可行性研究报告中，本路段新建管道工程的投资估算为 30 万元(人民币)。

7 孔梅花管、双壁波纹管及其他主要材料依据省公司采购价格进行采购，水泥等地方性材料可按照我市今年一季度价格询价。施工、赔补等各项费用根据市公司本年度指导价格计取。

工程已批复立项，项目编号为 XM20××0069，单项工程名称为"和平路(建设街—安园街)通信管道工程"，计划 3 月初实施。请你公司于 2 月 18 日前完成该段新建管道工程的一阶段设计工作，会审时间另行通知。

××公司××市分公司网络建设部

20××年 1 月 21 日

通信管道工程一般属于隐蔽工程，实际中多为新建工程，本实例即为新建通信管道工程。本章后续内容中的实例项目，即指本设计任务书指定的项目。

8.3　通信管道工程勘察测量

本节主要介绍通信管道工程勘察工作的目的和要求、勘察的依据、勘察工作的主要步骤、常用勘察工具以及勘察测量实例。

8.3.1　勘察工作的目的和要求

通信管道的勘察与光电缆线路勘察有很多共同点，诸如长度测量、拐点选取等。结合通信管道工程建设的特点，通信管道专业的勘察工作有一些具体要求，实际工作中应该尤其注意。

1. 勘察目的

通信管道勘察工作的目的和要求是通过现场勘察测量，采集现场基础数据，核对现有管线资料，确定通信管道建设的具体路由位置、建筑安装工艺、各项防护措施，为绘制施工图和编制概、预算文件提供必要的基础资料。

2. 勘察要求

1) 影响因素

影响通信管道工程勘察工作的主要因素有：

(1) 工程的类别。

(2) 设计深度的要求。

(3) 基础资料的完备程度。

(4) 工程现场的复杂程度。

2) 注意事项

根据以上因素，勘察工作必须注意以下要求：

(1) 准备阶段务必明确需求，力争资料详尽，不能马马虎虎走过场。

(2) 勘察过程中要做到信息全面(避免勘测不仔细导致设计错误或勘察返工)、重点突出(如起止点、路口或其他管线交越位置等)、粗细有度(避免现场浪费不必要的时间)。

(3) 勘察成果必须满足设计的需要。因为信息量比较大，所以勘察草图不仅要内容翔实，记录书写也要力求规范、工整。

8.3.2　勘察的依据

通信管道工程勘察的依据主要包括以下三方面内容。

1. 相关设计规范

目前，我国通信管道工程设计的相关规范主要有信息产业部颁布的《通信管道与通道工程设计规范》(GB50373—2006)和《长途通信光缆塑料管道工程设计规范》(YD5025—2005)。规范中关于路由和位置选择、人手孔设置等内容是勘察工作的基本原则。另外，中国工程建设标准化协会出台的推荐性标准《城市地下通信塑料管道工程设计规范》(CECS 165：2004)可作为通信管道勘察设计的重要参考。

2. 规划设计条件

市政规划部门批复的规划设计条件一般包括路段的起止位置、路段的长度、管道距离道路中心线的位置、高程要求以及特殊地段(如桥梁、箱涵)说明等。

3. 建设单位的要求

建设单位的要求包括建设需求、建设标准、设计深度等方面的要求。设计任务书是集中体现建设单位要求的一种文件。

(1) 建设需求不仅包括明示的要求(如是否需要预埋过路管)，也有隐含的需求(如必须便于管道连通、管线引出等)。必要时应当全面了解光(电)缆的设计方案和建设需求。

(2) 建设标准是建设单位在符合设计规范要求的前提下，从经济性和可靠性两个方面权衡提出的标准取向和个性化原则，例如是否需要全程包封等。

(3) 建设单位对设计深度的要求会直接影响前期勘察工作。

8.3.3　勘察工作的主要步骤

根据设计深度的不同，通信管道勘察测量工作也有不同的方法和步骤。下面对通信管道设计工作中的常规方法和步骤进行简要说明。

1. 收集资料、调查情况

准备工作中，除了明确建设需求之外，最重要的是基础图纸的准备。很多情况下，可以根据基础图纸研究设计方案，整理出勘察时应重点注意的问题，从而可以提高勘察测量工作的效率和准确性。

通信管道一般建在城市建成区内或沿规划成型的道路边，所以勘测前应搜集好管道路由沿线的高程图以及道路综合管网图，也就是道路的平面带状地形图、纵剖图和横断图。

一般而言，新建街道和公路的纵剖图应当依据市政道路工程的设计文件，城区现有街道的纵剖图可以由平面带状地形图上的高程点近似推断得出。

横断图一般包括本街道断面图纸和相交街道的横断图纸，其用途有所不同：

(1) 本街道断面图用以确定新建管道的横向距离。

(2) 相交街道横断图用以确定新建管道穿越主要街道时与这些街道上其他管线的位置关系。

实际工作中，城市道路下各种不同功能的管线很多、错综复杂，各类管线在平面或立面上很容易发生空间冲突。通信设计时除了到规划、市政部门调查、核实有关情况之外，设计人员日常也应学习、积累并掌握关于上述管线的一些必要的知识，必要时可参考《城市工程管线综合规划规范》(GB50289—1998)。

常见的城市道路地下管线、通道通常包括通信管道(通常用"T"表示)、电力电缆管道、煤气管道(M)或其他燃气管道、热力管道(R)、给水管道(J)、雨水管道(Y)、污水管道(W)、人防通道、地铁通道等。

本小节需着重掌握以下两点：

(1) 规划设计条件是城市通信管道设计的重要依据。

(2) 常见城市道路地下管线的类型。

地下各种管线的断面、埋深以及外护层材料结构差异很大。在搜集现有地下设施和道路图纸资料的同时应向政府相关部门和沿途相关厂矿单位调查了解有关情况，包括城市建设近远期总体规划、道路(桥梁、涵洞)扩建改造计划、地下管网设施的建设和改造计划、电厂电站和化工厂有关情况、地下水位和冰冻层深度、政府赔补费用标准以及其他有关方面的情况。

2. 协调与其他管网的位置关系

本步骤的主要工作内容是以通信管道建设需求为中心，根据收集的数据资料，协调市政综合管网的位置关系，提出通信管道的路由方案。如果市政规划部门已明确指定通信管道的建设位置、避让方案，且通信管道与沿途企事业单位的管网没有冲突，则本步骤可以省略。

1) 总体安排

(1) 市政管线应当尽可能安排在人行道下，当人行道宽度不够时，可将排水管敷设在机动车道下，电信电缆、给水输水、燃气输气等管线敷设在非机动车道下。在满足安全间距要求的前提下，也可将部分管线安排在道路红线与建筑之间。

(2) 市政管线之间应当尽量减少交叉。为此，各类管线一般在各自独立的位置、平行于道路中心线敷设。分歧、转弯的管线一般也会与道路中心线垂直。

(3) 一般情况下，给水管、电力线路宜在道路西侧或北侧敷设，电信线路(含广播电视线路)、燃气管宜在道路东侧或南侧敷设。从道路边线向道路中心线方向平行布置的管线次序依次为：给水配水管道、电力电缆管道、电信电缆管道、再生水管道、污水管道、燃气配气管道、燃气输气管道、给水输水管道、雨水管道。

2) 管线交叉的避让原则

(1) 压力管线避让自流管线，例如给水管应当避让排水管。

(2) 易弯曲管线避让不易弯曲管线，如金属管道应当避让混凝土管道。

(3) 小管径管线避让大管径管线。

(4) 拟建管线避让已建管线。

(5) 临时管线避让永久性管线。

根据上述原则以及通信管线自身的特点，拟建的通信管线一般应当主动避让其他已建管线，特殊情况除外。

3) 间距要求

各类市政管线之间、各种管线与建筑物及构筑物之间的最小水平和垂直净距离，应当符合相关规范要求。因客观因素限制无法满足规范要求时，由城市规划行政主管部门会同管线单位根据实际情况采取安全措施后，可适当减少其最小净距离。

通信管道与通道应尽量避免与燃气管道、高压电力电缆在道路同侧建设，通信管道、通道和其他地下管线及建筑物间应满足最小净距要求(见表 8-1)。

表 8-1　通信管道、通道和其他地下管线及建筑物间的最小净距

其他地下管线及建筑物名称		平行净距/m	交叉净距/m
已有建筑物		2	
规划建筑物红线		1.5	
给水管	管径 300 mm 以下	0.5	0.15
	管径 300～500 mm	1	
	管径 500 mm 以上	1.5	
污水、排水管		1.0①	0.15②
热力管		1	0.25
煤气管	压力≤300 kPa(压力≤3 kg/cm²)	1	0.3③
	300 kPa<压力≤800 kPa	2	
	(3 kg/cm²<压力≤8 kg/cm²)		
电力电缆	35 kV 以下	0.5	0.5④
	35 kV 以上	2	
高压铁塔基础边	大于 3 kV	2.5	
通信电缆(或通信管道)		0.5	0.25
绿化	乔木	1.5	
	灌木	1	
地上杆柱		0.5～1.0	
马路边石边缘		1	
铁路钢轨(或坡脚)		2	
沟渠(基础底)			0.5
涵洞(基础底)			0.25
电车轨底			1
铁路轨底			1

注：① 主干排水管后敷设时，其施工沟边与管道间的水平净距不宜小于 1.5 m。

② 当管道在排水管下部穿越时，净距不宜小于 0.4 m，通信管道应做包封。

③ 在交越处 2 m 范围内，煤气管不应做结合装置和附属设备。若这种情况不能避免，则通信管道应做包封。

④ 当电力电缆加保护管时，净距可减至 0.15 m。

3. 选定路由和位置

通信管道路由的具体位置一般应严格按照市政规划部门提供的规划设计条件确定。如果在设计阶段尚未取得市政规划部门的批复，则应当根据以下几个方面选取管道路由和位置：

(1) 通信管道应敷设在路由较稳定的位置，避免受道路扩改和铁路、水利、城建等部门建设的影响，避开地上(下)管线及障碍物较多、经常挖掘动土地段。

(2) 避免在已有规划，但规划尚未成型，或虽已成型但土壤尚未沉实的道路上，以及流沙、翻浆或有岩石的地带修建管道与通道。

(3) 选取通信管道路由时应考虑选择路由平直、地势平坦、地质稳固、高差较小、土质较好、石方量较小、不易塌陷和冲刷的地段，避开地形起伏很大的山区。

(4) 市区通信管道应选择地下、地上障碍物较少的街道，最好建筑在人行道下，若在人行道下无法建设，则可建筑在慢车道下，但不宜建筑在快车道下。

(5) 高等级公路上的通信管道建筑位置选择顺序依次是：在隔离带下、路肩上、防护网以内。

(6) 通信管道与通道一般应顺路取直，或平行于道路中心线或建筑红线。在道路弯曲或需绕越障碍物时，可建设弯曲管道，但应根据材料类型保证曲率半径要求(水泥管道应不小于 36 m、塑料管应大于外径的 15 倍)。弯管道中心夹角宜尽量小，以减少光(电)缆敷设时的侧压力。同一段管道不应有反向弯曲(即 "S" 形弯)或弯曲部分的中心夹角大于 90° 的弯曲管道(即 "U" 形弯)。

(7) 通信管道与通道路由应远离电蚀和化学腐蚀地带。

(8) 通信管道与通道位置不宜选在制造、储藏易燃易爆品场所附近。

(9) 通信管道路由不宜选择在地下水位高和常年积水的地区。

(10) 通信管道与通道位置不宜选在埋设较深的其他管线附近。

(11) 为便于光(电)缆引上或引出，通信管道位置宜建于杆路同侧，以及目标客户退路同侧。

(12) 对于道路另一侧建有原有管道的情况，需要在路口等适当位置将道路两侧的通信管道连通，连通部分应有足够的容量，以保证在两侧发展不均衡时，两侧可以余缺互补，灵活使用管孔容量。

4. 勘察测量

因为通信管道工程地形复杂、造价较高，所以对测量精度要求较高，勘测过程中应引起重视。避免出现较大的误差。

现场勘测主要有三个方面的工作：一是 "勘"，重点是调查、核对现场现有相关地下管线和地面建筑的主要情况；二是 "测"，即取得新建通信管道路由长度等关键要素；三是 "绘"，也就是将勘和测的结果记录下来。所以勘测时要做好人员组织分工。另外，最好邀请规划部门相关负责人或其他掌握现场情况较多的人员到现场进行指导。

具体来讲，现场勘测的五项主要内容是：管道测量、人(手)孔定位、交越方式处理、地面情况和地质情况测绘。

1) 管道测量

管道测量分为平面测量和高程测量。

(1) 平面测量的目的是在地面上确定管道的水平位置，测量的数据是长度和间距。适于平面测量的仪器比较多，工作时可以酌情选用。平面测量中需测绘的对象主要有以下几个方面：

① 街道总体情况：包括街道中心线、两侧边石、两侧房屋基线(建筑红线)、街心绿化隔离带、树木、路灯等，以确定或核对街道断面图。

② 管道附近情况：主要是指地面可见标志物，包括电杆、标石、光电缆交接箱、交压器室、路灯控制箱、消火栓、邮筒、地下管线检查井、地下通道透气孔等，勘测时可根据管道建筑土方规模，详细测绘出管道中心线 2～3 m 内的地面可见标志物。

在管道长度测量方面通常还可以选取一些参考数据，防止测量现场出现差错。不管是直线段还是弯曲段，如果起始位置确定、路由变化不频繁，则一般可以在市区的街道带状地形图中测出管道长度，作为现场测量结果的一个重要参考。高等级公路的里程碑也可以作为长途光缆通信管道的长度的参考。另外，使用 GPS 定位工具也可以避免在平面测量中出现累计误差。

(2) 高程测量的目的是测量地面各点之间的高程差值，以确定管道的坡度、埋深。高程测量常用的仪器是水准仪。在我国城市规划地图中标注的高程一般是绝对高程，绝对高程是以黄海平均海面作为水准零点测量的数据。因为在通信管道设计中关心的主要是高程差值，所以工程实际中常常采用相对高程。相对高程是在一个工程项目中设定一个水准点作为高程的起点后，将测量出的地面各点与该水准点之间的高程差值作为管道设计的高程参数。工程实际中，相对高程中的水准点一般选取管道起点附近永久性建筑的某个位置。

2) 人(手)孔定位

人(手)孔定位工作一般在勘察阶段拟定初步方案，在图纸设计阶段再根据需要灵活调整，必要时可能要在勘测和设计的过程中反复斟酌。

现场勘测时应注意以下事项：

(1) 局站前以及主要路口、规划路口附近必须修建人(手)孔。

(2) 应注意光(电)缆分歧点处、引出点(包括预期接入的企事业单位)、接口点(如建筑物地下线入点)等位置。

(3) 管道自身水平路由拐点或突出弯曲点、坡度的显著变化点应设置人(手)孔。

(4) 穿越铁路等交通设施或顶管穿越其他障碍时，两侧应设置人(手)孔。

(5) 靠近消火栓、水井、排水检查井等设施以及容易积水、漏水的位置不应设置人(手)孔。

(6) 障碍较多、距离其他人(手)孔以及建筑较近而造成的空间紧张或危及相邻建筑物安全的位置不应设置人(手)孔。

(7) 交通繁忙的要道路口、加油站或公共建筑门前等可能影响交通安全的位置不宜设置人(手)孔。

(8) 临街危建、危险品仓库附近不宜设置人(手)孔。

3) 交越方式处理

勘测时应核查地下管线的情况，包括管线的类别、走向、埋深等信息。除消火栓外，现在城市地下管线很难找到地面以上标志，所以一般可通过临近的检查井，确定相关管线的平面交叉位置、管径大小以及埋深。对于原有管线资料不全或不能打开检查井的重要地段，应选取关键位进行坑探。

通信管道与其他管线交越时，一般采用上跨越方式，特殊情况下可以采用下穿越方式。不管是跨越还是穿越，应保持足够的间距，采取一定的保护措施，并尽量保证垂直交叉。通信管道与其他管线交越时的间距要求见表 8-1。

4) 地面情况

地面情况包括路由附近建筑物和路由上的路面形式。地面情况测绘就是通过观察、测量，将地面情况绘制在勘察草图上。城市通信管道工程投资较大的一个主要原因就是地面情况比较复杂。对于路由上有永久性障碍的应避开，有临时性障碍的应考虑迁移障碍物；对于不同的路面情况，勘察时应经过调查，根据经验确定路面是否可以开挖，不可开挖的按顶管方式设计。

(1) 开挖方式应注意的问题。

① 对于由砖石铺砌的路面，需要根据管道沟上口宽度和砖石的规格确定单位长度上开挖砖石的数量，不能简单地按管道沟上口宽度计算开挖工作量。

② 对于柏油、混凝土路面，因很多情况下由临街单位自行修筑，所以其建筑标准不统一，厚度一般应在调查的基础上进行估算。

(2) 顶管方式应注意的问题。

① 顶管部分管材可能不同于管道其他地段，但应保证足够的断面管孔规模，可以穿放的光电缆的条数和等效外径应不小于其他地段。

② 应详细勘测地下管线的综合情况，确定安全合理的顶管深度。

③ 顶管方式有人工顶管、液压机械顶管、微控顶管等方式，对应于不同的顶管方式，勘测时应确定是否有工作坑或顶管设备工作位置。

④ 因为微控顶管起止点不一定在人孔处，且顶管路由一般都是弯曲的，所以实际需要的单根管材长度应大于设计中的地面距离。

5) 地质情况测绘

管道设计现场勘测工作中一个很容易忽略的问题就是地质情况。地质情况关系到土石方开挖、基础修建、防水处理等多方面的问题，如果不认真调查，则会对设计施工质量造成很大的影响。土质、地下水位、冰冻层可到城市建设部门搜集资料，无资料可查时应进行坑探。一般要求坑探深度在通信管道设计沟底 1 m 以下。

8.3.4　常用勘察工具

通信管道工程勘察设计需要三维坐标系统，且每个方向的测量范围和精度要求也不尽相同。勘察中常用的工器具有盒尺、皮尺、地链、测距推车、平板仪、经纬仪、红外测距仪、激光测距仪、全球定位系统(GPS)等。各种勘测工具在测量精度、测量方法和操作性上均有独特的优点，所以准确把握各种工器具的适用场所和使用范围，可以充分发挥各种工器具的优点，做到优势互补，满足工程勘察测量的具体要求。

现在一些通信工程设计软件正在探索基于地理信息管理系统(GIS)的勘察设计工具软件，这些软件结合现代化的管理理念和测量工具，为勘察设计工作提供了更为系统、方便、快捷、准确的方法和手段，必将极大地提高设计质量，缩短设计周期，并可以在一定程度上减轻通信管道工程勘察设计工作的劳作强度。

8.3.5　勘察测量实例

下面根据本章设计任务书确定的勘察设计任务，介绍勘察工作的完成过程。

1. 勘察准备工作

1) 资料调研

(1) 取得市政规划部门的批复。本实例项目批复的规划设计条件概括为道路长度约为 0.5 km，通信管道规划在道路南侧，管道基本断面为 300 mm×200 mm 塑料管道，管道距离道路中心线标准段为 13.5 m，距离道路红线标准段为 2.5 m。

(2) 熟悉市政规划部门提供的图纸。本实例中的图纸资料包括比例为 1∶500 的带状地形图、街道断面图等。该路段街道控制红线宽度为 32 m，拟建管道位置在人行便道上。

(3) 通过其他途径查阅相关资料。本实例选用了最新出版的升级地图册，同时辅以 Google-Earth 电子地图软件，详细了解拟建管道的街道周边的自然环境、企事业单位和主要建筑物情况。该市为平原地区，该街道为市区东部原有街道，为交通次干道。地下水位较低，水文地质等情况对项目实施无特殊要求。

(4) 经核查城市建设规划总体设计和中期城市道路建设规划等相关文件和图纸，无影响项目实施和稳固使用的情况存在。

2) 勘察工具准备

在取得精度很高的电子版图纸的基础上，本实例项目的勘测可以选用盒尺和测距推车。

(1) 测距推车用于管道路由上的纵向长度测量，可据此初步拟定人孔位置。

(2) 盒尺(5 m 规格)用于横向间距测量，可据此找准管道相对于红线和相邻管线或参照物的路由位置，并可以大致测量原有人孔的规格数据。

另外，还需要准备好绘图工具以及打开井盖的工具、手电筒等配套工具。

3) 勘测人员组织

勘测小组由三名勘测人员组成：成员甲任组长，并具体负责管道路由横向情况的调查和测量(即以"勘"为主)，使用的工具是盒尺和打开井盖的钥匙；成员乙具体负责管道纵向路由的确认和测量(以"测"为主)，使用的工具是测距推车；成员丙具体负责草图绘制和数据记录(以"绘"为主)，使用的工具是手工绘图工具、材料。

2. 实地勘察

1) 粗略勘察路由

粗略勘察路由的目的是确认管道的起止点，了解现场情况(如障碍物等)，发现重点、难点问题，以便统筹安排勘察工作，避免不必要的劳作，并绘制简要的路由图。勘察较长路段时可以借助一些方便的交通工具，如勘察车辆等。

本实例项目因为距离很短，勘察时采用沿着人行便道步行的方式，由东向西完成初勘。

经路由粗略勘察，取得以下结论：

(1) 确认市政规划部门批复的路由位置可行，没有压占规划路由的情况。

(2) 工程实施难度不大，没有需要特殊设计的情况(如桥梁、涵洞等)。

(3) 没有额外高额建筑费用，施工维护方便。难点是两个路口的过路问题。

2) 详细勘察测量

具体步骤不再赘述，需要注意两点：一是长度测量的基准点是人孔井盖中心点；二是间距测量也应以管线中心线测量、标注，但在实际应用中管线间距可以换算为净距。勘察测量取得的数据和结果主要有以下内容：

(1) 路由长度为 497.8 m，通信管道的相邻管线为热力管线，中心间距为 2 m，对工程实施基本没有影响。

(2) 石南路为破损旧路，交通量小，可以开挖(柏油路面 28 m、花砖便道两侧共 17 m)。过安园街需要顶管(主作业面设置在路口西侧)，顶管长度为 35.8 m

(3) 建设 18#原有人孔基础深为 2.5 m，安园街 19#原有人孔基础深为 3.3 m。

(4) 开挖管道沟需要破路面的情况(见勘察草图 8-1)。

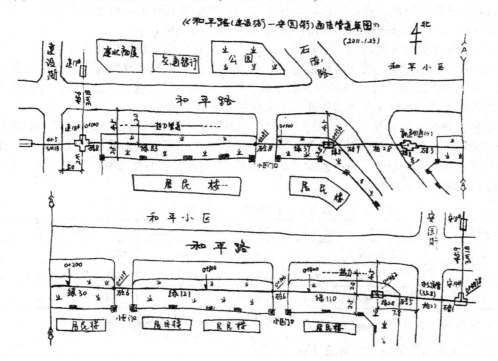

图 8-1　通信管道工程实例勘察草图

警示：

● 在城市繁华街道勘测时，要注意交通安全。

● 打开各种人孔时，要注意设置安全警示和围挡。

● 进入通信人孔前，要注意通风换气。

● 出入人孔时，要使用竖梯，不得踩踏管线设施。

8.4　通信管道工程设计方案

本节主要介绍通信管道工程设计方案中容量的确定、工程材料及选择、通信管道建筑平面设计、通信管道建筑纵剖面设计以及设计方案实例。

8.4.1　容量的确定

通信管道是一种长期稳定的电信基础资源，在管道覆盖范围、网络整体结构上应根据各运营商发展远期容量的需要进行总体规划，在各个路段的管道容量上也应根据远期业务预测进行规划，保证主干管道与接入管道保持合理的容量配比关系和管群组合关系，满足电信业务长期发展的需要，避免在一条路由上多次开挖。但受多种因素的影响，管孔规划难度较大，设计时应在总体规划的基础上与建设单位充分沟通，最终确定合理的管道建设容量。一般可以按下面的方法估算：

(1) 计算基础容量。在根据线缆外径取定子孔规格的基础上，根据线缆条数推算出各种规格子孔的数量。某种规格子孔的基础容量可按式(8-1)计算。

基础容量 = 本期占用子孔数量 + 预留自用子孔数量 + 预留出租子孔数量　　　(8-1)

(2) 确定设计容量。设计容量根据基础容量、管材规格和管群排列等因素综合取定。例如，某段水泥通信管道的需求为本期布放 1 根大对数市话电缆、2 根光缆，计划为 1 根大对数市话电缆、6 根光缆预留管孔，不考虑预留出租管孔。

如果按每个水泥管孔布放 1 根大对数市话电缆或穿放 3 根 $\Phi28/32$ mm 子管以容纳 3 根光缆考虑，则电缆本期和预留共需要 2 孔，光缆本期和预留共需要 8 子孔，即 3 孔光电缆共需要占用 5 孔。因此从标准水泥管块的规格序列(见表 8-2)中选用 6 孔水泥管，规格为 600 mm × 360 mm × 250 mm。

表 8-2　标准水泥管材规格

标称	孔数 × 孔径(mm)	外形尺寸(mm)(长 × 宽 × 高)	使用范围
三孔管块	3 × 90	600 × 360 × 140	城区主干管道、配线管道
四孔管块	4 × 90	600 × 250 × 250	城区主干管道、配线管道
六孔管块	6 × 90	600 × 360 × 250	城区主干管道、配线管道

下面介绍不同用途的通信管道在确定管孔容量时应当注意的问题。

1. 长途通信管道容量计算应注意的问题

长途通信管道距离长，管孔数量变化对投资影响比较大，而且一定时期的业务量需求基本可以在光缆纤芯容量、波分设备扩容两个层面得以保证，因此管道容量不宜过大。具体考虑以下几个方面：

(1) 因基本用于穿放长途光缆，所以可以选用小口径的塑料单管或组合管，如硅芯管、多孔梅花管等。如果考虑更长的使用年限，则也可以选用水泥管。

(2) 全程管道容量不易频繁变化。

(3) 应把管道出租放在相对重要的位置上。

2. 城域通信管道容量计算应注意的问题

(1) 影响管道容量需求的主要因素可归纳为业务发展和技术发展两个方面。其中技术发展层面潜在的决定因素是有线技术与无线技术、光缆与电缆接入技术以及线路与设备技术等方面的发展造成的成本变化，这种变化通过局站的分布密度和光电缆的网络结构最终影响到管道容量需求的变化。

(2) 具体路段的管道容量要根据路段与局站的位置关系、附近业务发展预测结果来综合考虑，一般应当从长途光缆、城域网核心层和汇聚层光缆、接入层光缆和电缆等几个层面分别考虑光缆、电缆的建设需求，其中对管孔容量起决定作用的是以星状和树状结构为主的接入层光缆和电缆的需求。最常用的方法是将整个城市合理划分为若干个汇聚区，仅在所属的汇聚区内综合考虑该路段与局站的位置关系以及附近业务发展情况，使问题得到简化。

(3) 对于管孔需求量很大的路段，可将管道修建在道路的两侧或者修建通道。对于进局管道，应根据终局需求量一次建设，如果管孔大于 48 孔，则应考虑修建通道，与地下进线室相接。

(4) 由于城域网业务具有容量大、种类多、发展快、分布不平衡等特点，因此城市主要街道的通信管道规划应考虑充分的预留容量。

3. 用户接入管道容量计算应注意的问题

1) 用户引接管道容量计算应注意的问题

用户引接管道是用户机房上连城域网局站的光缆通道，这里仅指小区外的部分，一般短则几米，长则 1 km 左右。如果不考虑用户机房覆盖其他区域的业务，则该部分一般 1～2 孔管道长短即可。

2) 小区通信管道容量计算应注意的问题

因为小区内用户群基本确定，突发业务可能性不大，且每户投资也比较敏感，所以小区通信管道一般可根据当前可以预测的容量需求并适当留有备用孔即可，不宜扩大管孔建设规模。但在管孔分配时应注意各种电缆线路之间的相互干扰，电视电缆、广播电缆线路不宜和市话通信电缆同管敷设。

8.4.2　工程材料及选择

1. 管材

通信管道的基本作用是为光电缆提供安全的路由通道，所以通信管道通常采用的管材应具有足够的机械强度、较小的内壁摩擦系数、良好的密闭性和稳定性，且不应对光电缆的外护层有腐蚀作用。

按结构不同，通信管道的材料可分为单孔管和多孔管。按材质不同，通信管道的材料分为水泥管、塑料管、金属管等，以下分别予以介绍。

1) 水泥管

水泥管道由水泥管块组成管群拼接而成。水泥管道适用于城区新建的道路，当管道主要用于穿放主干光缆时，应首选建设水泥管道。20 世纪，在城市通信管道中水泥管道一直被广泛应用，但由于水泥管道施工要求高、管孔摩擦系数大，因此近期它的使用范围逐步缩小。

水泥管不宜在以下地段采用：

(1) 地基有不均匀下沉或跨距较大的地段；

(2) 土壤中有腐蚀性介质的地段；

(3) 障碍较多必须多次弯曲的地段；

(4) 容易受到水侵蚀的地段。

水泥管块孔径是根据电缆的外径来确定的，如今常用电缆最大对数为 2400 对(线径 0.4 mm)，外径约为 76 mm，因此管孔直径确定为 90 mm。根据抗压、抗折强度及抗冲击强度的要求，我国采用的水泥管块外壁厚度为 25 mm、内孔间距为 2 mm，横断面如图 8-2 所示。水泥管重量较大，因此每节长度不宜过长，否则给施工带来较多的困难，标准的 3 孔、4 孔和 6 孔水泥管每节的长度均为 60 mm。

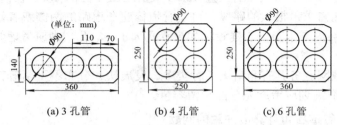

(a) 3 孔管　　　　　　(b) 4 孔管　　　　　　(c) 6 孔管

图 8-2　标准水泥管块横断面图

2) 塑料管

较水泥管道而言，塑料管道材料轻、易弯曲、施工方便，近年来得到很快普及。根据塑料管的特性，塑料管道比其他管道更适用于以下场合：

(1) 原有管道各种综合管线较多、地形复杂的路段。

(2) 土壤有一定腐蚀性的地段。

(3) 管道埋深在地下水位以下或与有渗漏的排水管线相临近时。

(4) 桥挂或穿越沟渠时。

(5) 建设长距离光缆专用通道时。

受温度特性影响，塑料管不宜用在高温地带，在城市管网中应与热力管保持足够的隔距。在低于 −70℃ 的特殊环境下不易采用聚氯乙烯管。另外，由于塑料管耐冲击强度低，也不宜用于埋深过浅的地段。

通信用塑料管道的管材应执行《地下通信管道用塑料管》(YD/T841—1996)和《地下通信管道用硬聚氯乙烯(PVC-U)多孔管》(YD/T1324—2004)标准。通信用塑料管道的材料主要有硬聚氯乙烯(PVC-U)、聚乙烯(PE)管和高密度聚乙烯(HDPE)硅芯管。塑料材料技术成熟，加工方便，可以将塑料管加工成各种特殊功能和形状的管束，下面对通信工程中常用的塑料管材分别予以介绍。

(1) 硅芯式单孔塑料管：通信用硅芯式塑料管一般采用高密度聚乙烯(HDPE)管，内壁上模压有一层硅芯层。这种硅芯管具有较高的硬度、韧性，内壁硅芯层具有润滑作用，摩擦系数小，被广泛用作光缆保护管，尤其适用于长途光缆通信管道的建设，可以与气流法相结合，一次完成较长距离光缆的布放。硅芯管单盘长度可达 2000 m，外径为 32～

60 mm，工程中常用硅芯管的规格尺寸见表 8-3。另外，近十几年来，结合微型光缆的逐步普及应用，微型硅芯管在非开挖技术领域以及原有管道资源扩容方面的应用受到了业界的关注。

表 8-3　硅芯管标准规格尺寸

序号	规格/mm	外径 D/mm	壁厚/mm	适用范围
1	60/50	60	5.0	光缆、配线管道
2	50/42	50	4.0	光缆、配线管道
3	40/33	40	3.5	光缆、配线管道
4	34/28	34	3.0	光缆、子管、配线管道

(2) 普通单孔塑料管：工程中常用的为实壁塑料管和双壁波纹管，标准规格为 Φ100 mm × 5 mm × 6000 mm、Φ110 mm × 5 mm × 6000 mm(外径 × 壁厚 × 长度)。双壁波纹管外壁呈波纹状，内壁呈平滑状，有良好的承受外部荷载能力和内部贯通性。对于非开挖的路段，微控顶管一般采用单孔实壁塑料管。

(3) 多孔式塑料管：包括多孔管、蜂窝管和栅格管，均采用结构紧凑的多孔一体化结构，单孔为圆六边形、正五边形、方形等多种，单管内径可以是等径，也可以是异径，以满足穿放光缆和配线电缆的不同要求。多孔管、蜂窝管管孔数量为 3～7 孔，管孔排列以外形接近圆形为主，外径一般为 Φ110 mm。栅格管单孔有多种规格，一般单孔内边长度为28～90 mm，可按需要组成为正方形或长方形的不同孔径，也可根据需要任意组合生产，外形为方形。常用塑料管如图 8-3 所示。

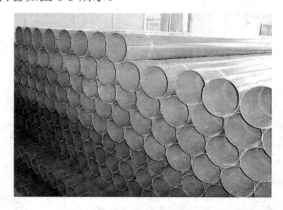

图 8-3　常用塑料管

根据不同的应用场合，可以通过改变多孔式塑料管管材的配料和加工工艺，生产出定长硬管(一般为 6 m)和不定长软盘管(盘绕式最长可达 200 m)，以满足铺设管道、直埋保护和顶管的要求。

3) 金属管

通信工程用到的金属管主要是钢管和铸铁管。因原材料消耗大、韧性差，铸铁管在通信工程中主要用于引上部分，直管、弯管要配套使用，不再赘述。

因钢管的价格高、易腐蚀，通信管道工程中不宜大范围使用，但由于钢管具有良好的机械性能和密闭性能，通常适用于以下场合：

(1) 跨距较大的地段(如桥梁河渠)。

(2) 穿越公路或铁路的路段。

(3) 需要用钢管顶管的路段。

(4) 地基不稳，有可能造成不均匀下沉的路段。

(5) 埋深浅、路面在较重荷载或可能遇有强烈震动的路段。

(6) 有强电干扰或需要电磁屏蔽的路段。

(7) 引上段或短距离引接段。

(8) 与建筑物预留钢管对接的管道引入段。

(9) 施工期限很短，不便于做管道基础的场合。

根据成型工艺不同，钢管可分为焊接钢管和无缝钢管。在通信管道工程中，开挖沟槽后铺设用的钢管一般选择锌(对边)焊接钢管，而无缝钢管一般只在短距离(20 m 以下)顶管或有其他特殊要求的地段使用。

若需对钢管进行长度和重量转换，则应查阅产品资料。如果不方便或精度要求不高时，则每米普通钢管的理论重量 W 可以按式(8-2)近似计算：

$$W = 0.024668 \times 壁厚 \times (外径 - 壁厚) \tag{8-2}$$

镀锌钢管抗腐蚀性能较好，实际使用较多，其重量可参考普通钢管的重量推算。

2. 专用铁件

通信管道工程专用铁件包括人孔口圈、人孔铁盖(包括人孔外盖和人孔内盖)、电缆托架及穿钉、电缆托板、拉力环、积水罐等。图 8-4 以小号三通人孔为例，描述了上述铁件的安装位置。

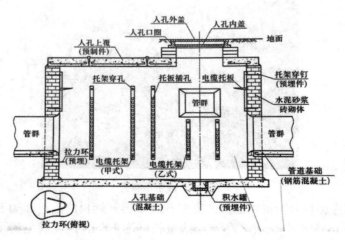

图 8-4　通信人孔中的铁件安装位置

1) 人孔口圈和人孔铁盖

人孔口圈和人孔铁盖由铸铁制成，并根据允许荷载的不同分为人行道用和车行道用两种。铁盖分为外盖和内盖，设置双层井盖对行人安全有保障。为防止被盗，除采取加装防盗锁措施外，还可以采用其他材料制成的人孔盖。在城区以外管道可采用混凝土预制板结构人孔盖,在城区人行道可采用其他新型复合材料加工而成的人孔盖代替常规的人孔铁盖。

2) 电缆托架及穿钉

电缆托架用铸钢或槽钢加工而成,使用电缆托架穿钉安装固定于人(手)孔侧壁上,电缆托架上安装电缆托板后,可以承托光(电)缆和接头盒。为防止缆线外皮受到损伤,电缆与托板之间常加垫托板垫。常用的电缆托架有甲式(安装孔间距为 1200 mm)和乙式(600 mm)两种,电缆托板一般在光电缆安装工程中根据需要安装,有单式(100 mm)、双式(200 mm)和三式(300 mm)等规格,分别可以承托不同数量的光(电)缆。

3) 拉力环

拉力环用 $\Phi16$ 普通碳素圆钢加工而成,全部做镀锌防锈处理,安装在人(手)孔内管孔的下面,作为敷设管道电缆时辅助牵引力的一个支点。

4) 积水罐

积水罐和积水罐盖子均由铸铁制成。积水罐在人(手)孔基础施工时浇灌安装在人(手)孔基础上,并对应于人孔口圈的中心位置。积水罐便于积聚、清除渗漏到人(手)孔内的积水。

3. 建筑材料

在通信管道建筑中采用的建筑工程结构性材料包括钢筋、机制砖、水泥、白灰、沙子、石子等材料,主要用于管道基础铺设、管材包封、人(手)孔和通道侧壁构筑及上覆制作。其他材料不再赘述,下面简单介绍钢筋材料。

钢筋在通信管道建筑中用于管道基础和人(手)孔上覆制作以及塑料管群固定。通信管道工程中常用的钢筋截面规格较小,螺纹钢作为主筋使用,圆钢作为辅筋使用。管道基础和固定塑料管一般用 6#或 10#钢筋,人(手)孔上覆一般用 6#~14#钢筋。通信管道工程常用钢筋的规格和重量见表 8-4。

表 8-4　通信管道工程常用钢筋的规格和重量

圆　钢		螺　纹　钢	
直径/mm	重量/(kg/m)	直径/mm	重量/(kg/m)
6	0.222	6	0.222
8	0.396	8	0.395
10	0.617	10	0.62
12	0.888	12	0.89
14	1.21	14	1.21
16	1.58	16	1.58

4. 辅助材料

通信管道建设中可能用到的辅助性材料有木材、PVC 胶、管塞、纱布等,需要防水处理的工程还会用到油毡、沥青、玻璃布、石粉等材料。

在通信管道建设中所用的木材，不是直接使用到建筑物上，只是用作混凝土的模型板或基坑上的护土板，因此一般可以重复使用若干次，编制概预算时应注意成本分摊。

1) 管孔排列

管孔排列也就是合理地组织管群断面。通信管道工程中大多数情况都是同时敷设多孔管道或多组管块，因此管孔排列是管道设计工作中很重要的一个内容，排列的合理与否对管道建设质量和工程投资有很大影响。我国信息产业部发布的《通信管道横断面图集》(D/T5162—2007)是设计管孔排列的主要依据。管孔排列应遵循以下原则：

(1) 可行性原则。管孔排列时应首先考虑复杂多变的地下管网和地下障碍情况，设计时应保证管群适应周边情况的变化并以合理隔距穿越地下障碍。对于引入落地交接箱的管孔，应根据交接箱结构合理安排管孔，避免管群断面超出交接箱底座。

(2) 安全性原则。埋深越深，管群上部地面以下的静态荷载越大；埋深越浅，管群受地面上部动态荷载的影响越大。管孔排列时应从通信管道承受荷载的角度考虑，减小管孔受压变形或碎裂的可能性。一般情况下，波纹管放在多孔管的下面；埋深较浅时塑料管孔应放在水泥管块一侧，埋深较深时塑料管孔可放在水泥管块上部。

(3) 经济性原则。管群排列时要求管材排列紧凑，一般排列成长方形或正方形，高度不超过宽度的一倍，以减小管道沟土方量。

(4) 一致性原则。尽可能减少管材的种类和规格，做到方便施工、整齐美观。在管孔规模和组成没有变化的情况下，应保持管孔排列顺序的一致；在管孔规模和组成发生变化的情况下，应尽可能保证种类相同、规格相同的管材的相对位置不变；顶管时，也应尽可能保证管群断面的一致性。

451 定额第五册附录五(参阅 451 定额行业标准)对多孔水泥管块的组合形式做出了示例，单孔管道组成的管群参照表 8-5 确定排列规则。单孔管道管群中的层间和列间应留有14～20 mm 的间隔，且在进入人孔前 2 m 范围内管间缝隙应适当加大。管间缝隙根据不同需要可以填充水泥砂浆、中粗砂或细土等物质。

表 8-5　单孔管道管群推荐排列规则表

管孔数量	2～4	5～6	7～9	10～12	13～16	17～24	25～30
层数	1～2	2～3	3	4	4	5～6	5～6
列数	2	2-3	3	3	4	4	5

2) 管道沟

通信管道工程属于浅基础施工范围，一般采用人工开挖方式。管道沟断面设计时，应综合考虑土质、土方量、施工安全、邻近管线和建筑的安全等因素。工程实际中，因为管道沟坡度变化要求或躲避其他管线的需要，管道沟的深度、宽度不可能统一，但在设计文件中应根据管孔排列规则明确具有代表性的管道沟断面图。

(1) 明确沟深。对于一般性土壤，地下管道静态荷载和动态荷载与埋设深度的关系曲线相交于 1.2 m 上下，故在条件允许的情况下通信管道宜埋设在 0.8～1.5 m 深度。

管道设计规范中对各种管道顶部至路面最小埋深予以规定，最小埋深应符合表 8-6 的要求。

表 8-6　路面至管顶的最小深度表

类别	人行道下	车行道下	与电车轨道交越 (从轨道底部算起)	与轨道交越 (从轨道底部算起)
水泥管、塑料管	0.5 m	0.7 m	1.0 m	1.5 m
钢管	0.3 m	0.5 m	0.7 m(应加保护措施)	1.2 m(应加保护措施)

如果现场情况需要降低管道埋深要求，则管道应采用混凝土包封或铺水泥盖板保护等措施，但管道顶部距离路面应不小于 0.3 m。

(2) 明确沟宽。管道沟底宽一般以管道基础宽度为基数，每侧留有 0.15 m 的宽度以方便施工人员操作。如果需要挡土板保护，则每侧需要增加 0.10～0.20 m 的宽度。另外，如果管道沟深超过 2 m，则应考虑增加 0.20 m 的宽度，且每加深 1 m 应至少考虑增加 0.20 m 的宽度。一般情况下，管道沟顶宽比管道沟底宽 0.20～0.40 m，或根据设计中确定的放坡系数进行计算(参见图 8-5)。

$$放坡系数 i = \frac{沟顶单侧展宽 d}{沟深 H} \tag{8-3}$$

$$沟顶宽度 D = 沟底宽度 B + 2 \times 沟顶单侧展宽 d = B + 2Hi \tag{8-4}$$

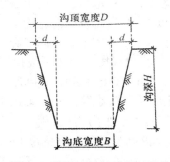

图 8-5　管道沟放坡系数的计算

3) 底基

在通信管道工程中要以土壤和岩石等地层作为底基，承载管道以及管道上的静态荷载和动态荷载。底基可分为天然底基和人工底基。可以作为天然底基的代表性地层有岩石类、碎石类以及自然黏土层。对于土壤自身或者土壤受地下水位、环境温度的影响后，不能满足建设通信管道所需的土壤稳定性要求，例如湿陷性黄土、软土、膨胀土、盐渍土以及有冻土现象和流沙现象的土壤，需要人工加固底基。

常用的人工加固底基的方法可分为夯实法、换土法、桩基法和胶结法四类。

4) 基础

基础是铺设在通信管道与底基之间的一种建筑结构。在通信管道工程中，铺设基础是为防止通信管道和人(手)孔建筑由于底基稳定性不够而发生下沉、变形、断裂等现象而采取的一种保护措施。

(1) 管道基础的作用包括：

① 可以把管道荷载均匀地扩散到地基中去，从而减少地基发生不均匀沉降的概率。

② 便于管道敷设。

③ 混凝土基础可以结合管道接头包封，起到一定的防水作用。

④ 混凝土基础和钢筋混凝土基础可以防止其他管线在管道下面施工穿越时，引起通信管道断裂。

⑤ 钢筋混凝土基础可以保证管道与人孔壁有机结合，避免管道断裂。

工程实际中，是否需要管道基础，主要考虑两个方面的因素：一方面是底基土壤，需要分析底基土壤的稳定性和容许承载力是否可以满足通信管道建筑的要求；另一方面是管道材料，混凝土管比塑料管对基础的要求高，钢管管道一般情况下不需建筑基础。

(2) 通信工程中常用的基础有砂土基础、三合土基础、灰土基础、混凝土基础和钢筋混凝土基础五种类型。

① 砂土基础是采用粗砂和中砂直接铺设于坑基后形成的基础，采砂困难时可用细土代替砂子。要求砂层夯实后的厚度达到 100 mm。砂土基础一般用在塑料管道建筑中天然底基或人工底基条件比较好的场合。若敷设多层塑料管，则管间应铺设 20 mm 砂层保持塑料管间距，管群上面也应铺设 50 mm 厚度的砂层。

② 三合土基础是石灰、砂和较好的土壤按 1：2：4～1：3：6 的体积比混合后，填入坑基并分层夯实形成的基础。分层铺设的具体要求是每层铺 220 mm 并夯实到 150 mm。该方法适用于地下水位以上冰冻层以下、稳定性较好的土壤以及没有其他管线穿越的场合。

③ 灰土基础是石灰和细土以 3：7 的体积比混合均匀后，加适量的水搅拌后填入坑基并分层夯实形成的基础，分层夯实方法和适用场合同三合土基础。

④ 混凝土基础是水泥、砂、石和水按一定比例搅拌均匀后填入坑基内形成的基础。混凝土标号主要采用 C10、C15、C20、C25 系列，基础厚度一般为 80 mm，宽度比管群宽度每侧增加 50 mm。对于基础土壤的局部小跨度不均匀沉陷，混凝土基础能起到较好的管道支撑作用，因此在通信管道工程中得到了广泛应用。

⑤ 钢筋混凝土基础的目的是提高基础的抗拉强度和抗压强度。与混凝土基础相比，钢筋混凝土基础可以防止土壤较大的沉陷或支撑较大跨度的管道建筑，但造价较高。钢筋混凝土基础主要适用于沉陷性土壤、地下水位以下且冰冻层以上土壤以及跨度较大的场合，在靠近人孔 2 m 内也应做钢筋混凝土基础，以避免人孔和管道建筑不同的沉降程度形成的剪切力危害管道安全。

5. 接续与包封

1) 管道接续

管道接续是将定型管材连接成管道段的过程。工程中各种管材的接续方法不尽相同，但管道接续均应重点考虑接续部位的机械强度、管道贯通性和密封性。为增强管群的抗压能力，要求将管群中同层管材的接续点前后错开。

(1) 水泥管块一般按平口接续设计，接续方法多采用抹浆法，用纱布将水泥管块的接缝处包缠 80 mm 宽度，抹纯水泥浆后立即抹 100 mm 宽、15 mm 厚的 1：2.5 的水泥砂浆。

(2) 塑料管常采用承插法进行接续，也有的管材配有专用接续套圈。塑料管承插部分可配合使用涂黏合剂。

(3) 钢管接续宜采用管箍法。使用有缝钢管时，应将管缝面向上方。

2) 管道包封

管道包封是以加强管道抗拉和抗压强度、增强安全性、防止渗漏为目的，在管群外围用混凝土进行封闭式防护的一种措施。管道采用混凝土包封时，两侧包封厚度为 50～80 mm，要求与基础等宽，顶部包封厚度为 80 mm。

设计规范中对必须进行包封的情况规定如下：

(1) 当管道在排水管下部穿越时，净距不宜小于 0.4 m，通信管道应做包封。

(2) 在交越处 2 m 范围内，煤气管不应做接合装置和附属设备。

当上述情况不能避免时，通信管道应作包封。

工程实际中，应根据管道建筑的具体情况与建设单位沟通是否进行管道包封。一般情况下，城域主干管道应进行混凝土全程包封，接入管道可只进行接头包封，接头包封长度为 1 m。另外，如果管线必须穿越其他管井，则管井内的管道应进行包封处理。

钢管管道一般不用混凝土包封，当钢管穿过电车轨道隔距较小时，应采用沥青进行包封。如果遭遇外界机械损伤的可能性较大，则可采用 50 mm 混凝土包封。

8.4.3　通信管道建筑平面设计

通信管道平面设计是设计文件中最基本、最直观的组成部分。如何确定管道路由和位置见本章 8.3.3 节。在图纸设计阶段，应该充分利用手头资料对勘测中确定的方案予以详细分析研究，遇有不合理的情况应及时纠正，情况不明的需要到现场进行复勘。本小节主要介绍管道段长和人(手)孔的有关知识。

1. 管道段长

通信管道段长应考虑的因素主要有管道内壁的摩擦力(也称摩擦系数，见表 8-7)和光(电)缆引出点的分布密度。

表 8-7　通信管道各种管材摩擦系数表

管材种类	摩擦系数(f)	
	无润滑剂时	有润滑剂时
水泥管	0.8	0.6
塑料管(涂塑钢管)	0.29～0.33	
钢管	0.6～0.7	0.5
铸钢管	0.7～0.9	0.6

弯曲管道的设计计算比较复杂，书中不再介绍，工作中可根据具体情况查阅有关资料确定设计方案。直线管道最大段长可按式(8-5)计算：

$$L = \frac{T}{W \times f} \tag{8-5}$$

式中：L 为最大段长(m)；T 为光(电)缆最大允许张力(N)；W 为光(电)缆单位自重(N/m)；f 为光(电)缆管壁摩擦系数。

管道段长最终由合理安排人孔位置实现。在直线路由上，水泥管道的段长最大不得超过 150 m，塑料管道可适当延长，高等级公路上的通信管道段长不得超过 250 m。对于郊区光缆专用塑料管道，根据选用的管材形式和施工方式不同，段长可达 1000 m 左右。

2. 人(手)孔位置

在图纸设计阶段，人(手)孔位置的设计方案调整应主要考虑以下几个方面：

(1) 应根据管材等因素确定管道段的基本段长，补充设置人(手)孔位置，将管道路由分割成为满足光(电)缆设计和施工要求的管道段。

(2) 各管道段的设计长度应有所差异，以便于光(电)缆的灵活调配。

(3) 在调整管道段长时，应考虑在近期以及规划的光电缆的路由分歧点、引上部位、入楼部位、交接部位设置人(手)孔，并注意保持与其他相邻管线的距离。

(4) 在管道路由上遇有障碍或规划路由有垂直横向变化时，一般应修建两个平行的人(手)孔并横向贯通，变化距离不大时，两个人(手)孔可合二为一。

(5) 长途管道的手孔位置应重点考虑是否便于光缆及空压机设备运达，并考虑是否满足光缆接头盒的保护要求，不要选择在地下水位高或常年积水的地段。如果手孔间距超过 200 m，则应在管道路由上安装标石和宣传标志牌。

3. 人(手)孔类型

人(手)孔类型较多，设计工作中一般根据具体情况和设计要求选用规范图集中的标准规格。关于管群、人(手)孔图及相关配件方面的规范和要求，可依据《通信管道人孔和手孔图集》(YD5178—2009)和《通信电缆配线管道图集》(YD5062—1998)等部颁标准图集来确定。

根据人孔在管道网络中的地理位置和管道的偏转角度，人孔总体结构可以分别选取直通、三通、四通、斜通和局前型。根据管道工程规模和具体工艺要求，人孔形状可以分别选取腰鼓形和长方形。根据管孔规模和使用要求，可选用小号、中号、大号人孔规格和各种规格的手孔(见表 8-8)。根据管道建筑所处综合环境，人(手)孔可以分别选取砖砌结构、混凝土砌块结构和钢筋混凝土结构。对于小区内通信管道，可参考《通信电缆配线管道图集》选取合适的人(手)孔规格。另外，近些年来出现了一种钢制安全人(手)孔，它可以与混凝土管和塑料管相连接构建成安全性和密闭性更高的管道。

表 8-8　人(手)孔型号与管群单方向最大容量对应关系参考表

类别	90 mm 单孔管	32 mm 多孔管	形式
手孔	6 孔	12 子孔	手孔
人孔	6～12 孔	24 子孔	小号人孔
	24 孔	36 子孔	中号人孔
	48 孔	72 子孔	大号人孔
局前人孔	24 孔及以下	36 子孔	小型局前人孔
	25～48 孔	72 子孔	大型局前人孔

对于受空间限制或有特殊容量体积要求并且标准人(手)孔不适用的情况，应根据现场情况和具体要求进行特殊人(手)孔设计。特殊设计时人(手)孔内布置应考虑光电缆布放、盘

留和接头的要求，一般要求电缆弯曲半径大于电缆外径的 10 倍，光缆弯曲半径大于光缆外径的 20 倍。

4. 人(手)孔建筑基本要求

1) 基础

砖砌人孔通常以混凝土做基础，如果底基土壤稳定性不好，则可采用钢筋混凝土做基础。基础可采用 C10 或 C15 以上标号的混凝土，厚度为 120 mm。基础两侧应伸出人孔墙壁 100 mm，基础中心附近应按要求预留积水罐安装位置。钢筋混凝土基础应在基础底部以上 80 mm 高度铺设钢筋网。

2) 四壁

砖砌手孔和小号人孔四壁采用 240 mm 砖砌结构，中号、大号人孔四壁采用 370 mm 砖砌结构。抹面和抹八字水泥、砂浆配比(体积)为 1∶2.5，内壁与外壁抹面厚度分别为 10 mm 和 15 mm。

3) 上覆

人(手)孔结构适用于人行道下和车行道下，上覆厚度根据不同情况有 150 mm 和 200 mm 两种，建筑方式也有现场浇灌和预制构件两种。

4) 土方量

人(手)孔坑底宽度与四壁外缘间距应不小于 400 mm，坑顶每边宽度应比坑底宽度加宽 200～400 mm。人孔内净高为 1.8 m，手孔内净高为 1.1 m，特殊情况下可以加大 0.7 m 左右。人(手)孔口圈与上覆之间一般加垫三层红砖以适应路面改造高程变化。如果人(手)孔埋深较大，则也是通过调整垫砖的层数实现。各种标准人(手)孔的土方量可参阅 451 定额第三章。

5) 建筑程式

根据地下水位情况，人(手)孔建筑程式可按表 8-9 的规定确定。

表 8-9　人孔建筑程式表

地下水位情况	建筑程式
人孔位于地下水位以上	砖砌人孔等
人孔位于地下水位以下，且在土壤冰冻层以下	砖砌人孔等(加防水措施)
人孔位于地下水位以下，且在土壤冰冻层以内	钢筋混凝土人孔(加防水措施)

8.4.4　通信管道建筑纵剖面设计

1. 管道坡度要求

管道坡度设计的目的是利于渗入管孔内的水流入人孔以便清除。管道坡度设计太小，容易造成管孔积水甚至导致泥沙堵塞管孔。管道坡度设计太大，则光电缆长期受力，从而影响性能和寿命，并可能增加光电缆敷设施工难度。管道坡度一般控制在 3‰～4‰，最小不得低于 2.5‰，常用坡度设计方法有"一字坡""人字坡"和"自然坡"(见图 8-6)，这些方法可保证渗水流向管道段的一端或两端人孔。

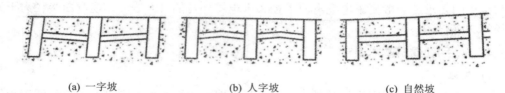

　　　　(a) 一字坡　　　　　　　　(b) 人字坡　　　　　　　　(c) 自然坡

图 8-6　通信管道坡度设计方式

　　(1) "一字坡"是在两个相邻人孔之间同高度上沿一条直线敷设管道。

　　(2) "人字坡"是以两个相邻人孔间适当地点作为高程顶点，以一定的坡度分别向两边敷设管道。

　　(3) "自然坡"是随着路面自然坡度，将管道向一方倾斜而敷设管道。

　　比较而言，"自然坡"一般用于道路自身有 3%以上坡度的情况下，"一字坡"设计较简单，但管道沟土方量大，在管道段比较长的地段不适用；"人字坡"的设计和施工难度较大，但可以有效减小土方工作量。

　　不管采用哪种方法，应保证管道段的平滑，并不得向上弯曲。入局管道或小区内与预埋管相接管道应向建筑物外放坡排水。

　　2. 管道纵剖面图

　　管道纵剖面图是反映管道及人(手)孔高程变化关系的、沿管道中心线方向的垂直立面切图，是指导管道施工的重要依据。管道纵剖面图直观显示了管道及人(手)孔的建筑的埋设深度变化情况。

　　管道纵剖面图的关键数据是高程，数据来源是街道带状地形图和勘测资料。在城市平坦街道进行通信管道设计时，各点的路面高程也可以结合现场情况用推算的数据代替。如果采用绝对高程，则高程和坐标标准应与规划部门统一。

　　1) 管道剖面图的组成

　　一个完整的剖面图可分为上、中、下三部分，图纸上部为管道平面位置图，中间部位是剖面结构图，下部是数据信息表。

　　(1) 平面位置图：按比例绘制，也可从管道平面图中复制，作为绘制剖面图的参照。

　　(2) 剖面结构图：以人孔结构剖面和管群结构剖面为主，也包括路面起伏情况和横向交叉管线的情况。

　　(3) 数据信息表：与剖面结构图相对应，以数字的方式精确标明了有关信息。

　　2) 管道纵剖面图的内容

　　管道纵剖面图以图形和表格的方式，主要对以下内容进行描述：

　　(1) 路面高程。

　　(2) 管道沟挖深、管群埋深。

　　(3) 管道坡度。

　　(4) 人(手)孔的程式、坑深。

　　(5) 交越管线的类型、位置、埋深及其规格。

　　(6) 路面程式及土质情况。

3) 管道纵剖面图的绘制要求

(1) 管道剖面图一般采用 A3 加长图框，以完整容纳一条街道的图形信息。

(2) 水平方向比例一般与平面图比例相同，垂直(深度)方向上的比例一般取为 1∶50。

(3) 图纸的三个部分描述的对象和信息在垂直方向上应当一一对应。

(4) 剖面结构图中要体现其他交叉管线，其管径和埋深要准确。

如果需要详细设计，则顶管部分可以不在管道纵剖面图中绘制，在设计文件中单独设计顶管图纸(道路横断面图)。应特别注意的是，顶管部分断面、剖面可能都有变化，且顶管部分不应绘制管道基础。

4) 管道纵剖面图坡度设计具体方法

管群坡度设计是管道剖面图设计的关键，其设计过程比较烦琐，计算量大。如果没有专用软件，则一般需要制作一个电子表格，建立各图形要素的关联关系，并检验是否符合设计规范和现场可行性的要求。以"一字坡"设计某个管道段为例，在电子表格中输入一端人孔处管道高程数据，就可以通过试算，调整设计坡度值，使另一端的人孔处的管道高程符合设计要求。以此类推，就可以测算出各个管道段的合理坡度设计结果。

在设计时必须注意以下几个方面：

(1) 满足管道最小埋深(如人行道下 0.7 m)的要求。

(2) 满足管道沟最小坡度(2.5‰)的要求。

(3) 满足通信管道与交越的其他管线的最小净距要求。

(4) 满足管道进入人孔时与上覆底部和基础顶部的最小净距(分别是 0.30 m 和 0.40 m)要求。

(5) 尽量减小管道沟和人孔坑的土方量。

(6) 尽量减小人孔两侧管的相对高差(宜小于 0.50 m)。

8.4.5　设计方案实例

1. 容量和材料

8.2.2 节委托实例中，新建通信管道容量和基本材料已指定，不必考虑方案选择的问题。本设计中在和平路(建设街—安园街)南侧约 0.5 km 路段全程新建 6 根塑料管道，双壁波纹管选用 Φ110 mm× 6000 mm 规格，7 孔梅花管选用 Φ110 mm× 6000 mm 规格，过路顶管部分选用与之对应的软盘管。

2. 横断面设计

1) 管群设计

因顶管工艺特殊，过路顶管部分塑料管一般是束状自由组合。以下提到的横断面设计，是指人工敷设路段。

根据《通信管道横断面图集》(YD/T5162—2007)中的 GD—H—6S，本实例项目的 6 根塑料管可以按 2×3 或 3×2 方式排列。因为市政规划部门批复的路由位置比较宽裕，所以本设计选用 3×2 方案；塑料管用管架支撑，管群间的缝隙用 M10 砂浆灌注后，全程用 C15 混凝土包封，管群上方可不加警告标识物。包封后的管群断面为宽 0.55 m、高 0.41 m

的长方形(如图 8-7 所示)。

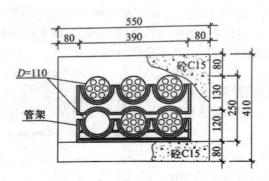

图 8-7　实例管道横断面

2) 管道沟设计

管道沟设计方案直接影响到工程土方量、路面开挖面积和工程赔补费用。本实例项目所在地土壤为硬土。冻土层厚度为 0.7 m，管群覆土厚度在 1.0 m 左右即可(根据本实例的纵剖面设计可以确定沟深为 1.25～1.45 m)，管道沟深度不大，施工又选在非雨季节，因此不需要挡土板保护。设计中根据管道基础宽度每侧增加 0.15 m 作为管道沟底部的宽度，管道沟顶比管道沟底宽 0.30 m。

3) 街道横断面设计

本实例项目的街道横断面设计结果如图 8-8 所示。需要说明的是该图为示意性断面图，只是简要地反映了和平路道路下的各种管线在横向上的位置关系，没有严格标明各种管线的材质、断面、埋深等信息。严格意义上的街道横断面图可以参考过路顶管部分的图纸。

3. 平面设计

1) 段长

本实例项目在市区主要街道，管道段不宜过长，以方便人孔设置和施工维护。一般在路口两侧应各设置一个人孔，而在本实例项目中 0.5 km 的路由上，跨越了两个路口，因此根据勘察确定共新建 6 个人孔(位置及编号见图 8-9)，即平均段长约为 70 m。

2) 人孔选择

本实例项目管道容量为 1 根单孔管和 35 个子孔，宜按小型人孔设计。在石南路口东侧位置，人孔选用小号四通型人孔，其余均选用小号直通型人孔。

3) 人孔定位

(1) 本实例项目中，除和平 3#小号四通型人孔选在路口附近外，其余新建人孔均选在绿化带中，避免工程实施时对便道砖的破坏。

(2) 和平 2#、和平 6#设置在路口西南角，具体定位在南北方向的建筑控制红线以西，目的是不压占石南路和安园路相邻规划管线的位置。

(3) 和平 3#设置在石南路口东南角的人行便道上，具体定位应在石南路通信管道的规划路的交叉点上。但因市政规划未能确定石南路通信管道的最终位置，所以为了避免压占石南路相邻规划管线的位置，本设计和平 3#具体定位在石南路南北方向的建筑控制红线以东。

4) 图纸设计

(1) 根据现场勘测草图和人孔定位设计结果，绘制通信管道平面图，作为施工的主要依据。因本实例项目比较简单，可以省略通信管道路由图。通信管道平面图绘制步骤和注意事项如下：

① 选取合适图框和绘制比例：本实例项目路由较短，为便于设计装订和工程实用，图框选用标准 A3 图框、横向使用；通信管道平面图一般按 1∶500 比例绘制，为简洁直观，本实例中改用 1∶1000 比例绘制。

② 绘制城市街道：绘制主路边缘石的轮廓线、建筑红线(以沿街小区围墙代替)、街道中心线等，并标注街道名称。绘制时注意在管道路由方向上应当严格按图纸统一比例绘制，而横向若内容较多、表达困难，则可以根据需要适当调整比例。根据本实例中的电子版街道带状图，和平路约有 2° 的倾斜角度，绘制平面图时应对勘测草图水平街道进行修正。

③ 绘制主要参照物：一般以沿街建筑物和管道侧的相关情况为主。本实例中街道和路段明确，为简化图纸，和平路北侧的建筑物不再绘制，和平路南侧小区内的居民楼也可以省略，仅绘制沿街小区围墙即可。另外，根据勘察情况，简要绘制了绿化池边缘和邻近的热力管道。

④ 定位管道路由：绘制路由辅助线，在适当位置标明位置信息(以道路中心线为准)以及与相邻的热力管道和小区围墙的间距。路由辅助线应当放置在独立的图层中以便不用时随时关闭。

⑤ 绘制管道：包括设计段长并定位人孔、人孔选型(本例符号依建设单位习惯)和标号、管道段长标注和每段的管孔标注、管道沟路面信息标注等内容。

⑥ 图纸说明：对必要情况予以说明，如本实例中的管材规格数量、管道位置和图中未描述的路面信息等。另外，对管道沟横断面一般以图形方式单独予以补充说明。

⑦ 其他工作：对图纸进行分割、裁剪、合理布局；对图纸中文字、符号、线段空间位置进行调整，以使版面整齐美观；整理图例、图衔、方向标等内容。

(2) 根据市政规划部门提供的街道管线带状图，绘制通信管线路由和人孔位置等信息。本实例中，城市测绘图纸采用的是该市地方坐标系统，高程以 1985 国家高程为基准。根据市规划部门要求，人孔选用圆形符号，管群性质和规格在适当位置标注为"通信管线 $B \times H = 0.55 \text{ m} \times 0.41 \text{ m}$"即可，如图 8-10 所示。

4. 纵剖面设计

根据带状图中的高程，可以判断在管道路由上，地势东高西低，路面较平坦。在管道设计中，需要人为增加管道沟的坡度，本实例按"一字坡"的方式设计坡度。

1) 人孔

和平 6#人孔坑设计深度为 3.0 m(人孔净高 2.3 m)，和平 3#四通设计深度为 2.8 m(人孔净高 2.0 m)，其余直通设计深度为 2.5 m(覆土厚度为 0.3~0.4 m、上覆 0.2 m、净高 1.8 m、基础 0.12 m)。各人孔坑的放坡系数 $i = 0.33$。

2）管道沟

下面以建设街东侧第一个管道段为例，说明纵剖面图的设计思路。

平坦路面情况下按"一字坡"的方式进行设计时，坡度与管道段长有密切关系。本设计第一个管道段长度适中(70 m)，取坡度为 3‰计算，建设 18#与和平 1#处管道沟开挖深度分别为 1.4 m 和 1.3 m。管道最小埋深在和平 1#人孔西侧(0.89 m)，且均满足上述几个方面的条件。第一个管道段中间位置附近横向有一条 Φ100 mm 的污水管，通过查阅市政规划部门资料可知，该处地面高程 65.86 m，管顶高程 65.46 m，埋深(地面高程与管顶高程之差)为 0.4 m。因此，通信管道需要从该污水管下方穿过，根据规范要求包封后应保证净距不小于 0.4 m。实际设计数据为污水管底部高程(管顶高程减去管径 0.1 m)为 65.36 m，通信管道底部高程为 64.92 m，两者间距为 0.44 m，满足规范要求。

其他段的设计细节不再赘述。图 8-11 中包括从建设 18#原有人孔至和平 4#新建人孔的纵剖面设计，剩余管道段的设计图从略。

3）顶管

根据安园街地下管线分布情况，浅层顶管和从管线中间穿越顶管不具备可行性，所以只能采取深层顶管方式，也就是在所有现有管线最下方穿越。为方便施工，设计时就应当在设计规范允许的范围内，一方面要尽量减小顶管深度，另一方面又要给安全施工留有适当裕度。

设计规范中对与通信管线的交叉间距要求最大的是电力电缆，要求间距不小于 0.5 m。根据规划部门提供的安园街和平路口地下管线情况(见图 8-12)，电力电缆(5 号管线)埋深为 0.69 m，对深层顶管的深度没有影响。通信管道光缆(9 号管线)为安园街路口埋深最大的管线，也就是水平顶管的交叉净距最小处，规范要求为 0.25 m，考虑裕度后本设计定为 0.4 m。由此确定顶管的基本操作面在海拔 62.10 m 处(指管群顶部)。

虽然微控顶管基本不需要很大的作业坑，但管道两端的人孔一般仍比较深，这主要是因为顶管深度的影响。若条件受限人孔的深度和体积不宜过大，则施工时允许靠近人孔处的管道略微向上弯曲，但管道弯曲后将不利于雨水和泥沙排出，设计时应尽量避免。

4）图纸设计

本实例管道剖面图的绘制步骤和注意事项如下：

(1) 选取合适图框和绘制比例：为便于出版装订，本实例项目的管道剖面图选用标准 A3 图框、横向使用，用 1∶1000 比例绘制。

(2) 建立平面参照系：按比例绘制管道简易平面位置图，在和平 2#、3#人孔间标明石南路中心线。

(3) 绘制剖面图：根据路面高程和人孔深度，绘制若干 0.2 m 间隔的高程水平线，标明高程刻度(如本实例中的整数高程刻度为 63～66 m)；绘制各人孔剖面，并根据各人孔的水平位置和路面高程定位各个人孔；根据带状图的信息绘制路面和横向交叉管线；使用电子表格按"一字坡"方式进行坡度设计，并根据结果绘制管群剖面。

(4) 填制数据表：根据电子表格的计算结果，填制数据表。表的最左列列举各项内容的名称。

(5) 其他工作：对图纸进行分割，裁剪成两部分，并在 A3 图框中合理布局；整理图例、图衔等内容。

8.5 通信管道工程设计文档编制

因为通信管道投资比较大，工程性质比较独特，所以通信管道工程作为一个专业从光电缆工程中单独列出。通常情况下，长途通信管道、城域主干管道设计文件单独成册，接入管道一般与目标用户的光电缆设计合并为一册出版，但预算分为管道和光电缆两部分。如果是以光电缆施工为主的工程，管道部分的工作量很小，则预算部分也可以不分开，各项费率可以统一按光电缆工程取定。

与通信工程其他专业设计文件一样，通信管道工作设计文件主要包括说明、预算和图纸三部分内容。预算部分将在下一节详细讲述，下面以设计说明和设计图纸为主，讲述通信管道设计文件编制的一般方法和一些需要注意的内容。

8.5.1 设计说明的编写

下面具体讲述通信管道工程设计说明各部分内容和编写要求。

1. 概述

1) 工程概况

工程概况包括工程名称、设计阶段、项目背景、项目位置等内容。

2) 建设规模

对于只有单个路段通信管道的工程，需要描述管道类型、孔数和长度(敷设和顶管分别描述)、人(手)孔的数量和规格等。对于由多个管道段组成的工程，需要列表对各段管道的上述建设规模内容列出明细并汇总。

3) 工程投资和技术经济分析

工程投资和技术经济分析包括总投资、单位长度造价(管程千米、孔千米等)、造价分析等内容。

2. 设计依据

设计依据包括国家和相关部门颁布的相关设计规范、技术标准，工程所在地规划部门的批复文件，建设单位各级主管部门下发的相关文件，设计任务书，设计单位的勘察资料等。以上内容分条目列明，对于有文号或发文日期的，应当一并注明。根据工程项目具体要求，设计文件中可增加城市规划建设的批复文件、关于城市赔补有关文件等内容作为设计文件附件。

3. 分工界面和设计范围

分工界面包括管道工程设计的主要内容，以及管道专业设计文件与其他专业设计文件之间的分工界面。

设计范围一般包括通信管道敷设和人(手)孔建筑的安装设计，具体可分为管道平面设计、管道剖面设计、过街管道设计、引上管道设计、电信管道与其他地下管道管线的交越及保护措施等方面。如果不属于设计范围的，则应予以说明。

4．主要工程量

通信管道工程设计说明中的主要工程量一般以表格方式列明，主要包括：

(1) 施工测量长度。

(2) 敷设管道和顶管的长度。

(3) 人(手)孔的数量和规格。

(4) 开挖、回填的土方量。

(5) 基础与包封等。

5．设计方案

设计方案包括通信管道的路由选择和通信管道建筑设计两方面的内容。

6．施工技术要求

施工技术要求包括通信管道设计规范和施工验收规范中的重点内容，以及规范中指出的需要设计文件予以明确的技术标准和施工要求。建设单位对通信管道工程实施过程的指导意见也应在本部分内容中加以明确。

7．其他需要说明的问题

1) 环境保护要求

全面考虑工程实施过程中和建成后，对项目建设地点的自然环境和社会环境的影响，包括对工程沿线地区的地质、水文、土壤、植被、名胜古迹、地下文物等基本环境要素的影响，以及制定相应的保护措施。为引起重视，环保方面的内容可单独作为说明文件的一个组成部分。

2) 安全生产要求

安全生产要求包括通信管道施工安全的要求和注意事项，避免交通事故、损坏相邻建筑或塌方现象的发生。特殊情况下还应考虑堆土、排水、支撑、危房处理等问题。安全生产方面的内容也可单独作为说明文件的一个组成部分。

3) 项目审批和协调

项目审批和协调包括需要建设单位办理规划审批手续、协调沿线主要企事业单位和障碍物等方面的问题。

对于合建管道工程，应明确主建单位和随建单位，以方便工程的组织实施。合建路段的管孔排列、管孔分配、管孔标识等情况，应在设计文件中予以说明。

4) 其他

其他包括勘察设计条件所限未详细说明的事项、工程中可能遇到变更的内容，以及施工作业和技术处理的特殊问题等。

8.5.2　设计图纸的组织

通信管道工程设计图纸是管道设计方案的集中体现，主要包括管道路由图、管道施工图和管道通用图三部分。很多情况下通信管道工程图纸需要按蓝图出版。城域管道施工图通常按 1：500 的比例绘制，按条形图出版。小区通信管道施工图相对比较灵活。路由图、通用图的比例和图幅可根据需要设置，一般情况下 A3 和 A4 的图幅即可满足要求。

1. 管道路由图

管道路由图以简要地反映工程概况为目的，应重点体现新建管道的总体路由走向、新旧管道组网关系或管道与局站、用户的位置关系、管道在街道上的相对位置、管孔规模和长度等内容。对于规模较小、内容单一的通信管道工程，管道平面施工图基本可以描述相关信息，这种情况下可以省略管道路由图。

2. 管道施工图

管道施工图包括平面图、纵剖图、断面图、特殊施工工艺图等内容。

1) 平面图

通信管道工程平面图是根据勘测结果绘制出来的，它能够相对详细准确地反映通信管道的空间位置、建筑标准和建设规模，是预算编制和指导施工的重要依据。通信管道工程平面图一般有以下两种：

(1) 平面施工图：是指没有基础底图、完全根据勘测结果绘制出的平面图。它一般采用 1：500 的比例进行绘制(表达困难时在路由垂直方向上可以不严格控制比例)，其主要内容包括：管道路由(中心线)平面位置和路面情况、人(手)孔类型和平面位置、管道容量和管道段长、相邻或相交的地下管线情况、邻近地上建筑物和参照物的平面位置示意等内容。

(2) 带状平面图：是指以市政规划部门提供的城市街道带状地形图为基础底图进行管道平面设计的图纸。这种情况下，在不影响规划审批和施工参照的前提下，应该对城市街道带状地形图中其他无关内容适当删减或进行颜色灰度处理，以突出本期新建管道的情况。

警示：

● 绘制管道施工图时，应与建设单位沟通好人(手)孔的编号原则。

● 街道带状图的绘制要求参考当地政府市政规划部门的意见。

2) 纵剖图

管道工程设计中的纵剖图即通信管道的剖面设计图纸，是兼顾直观和准确的施工图，图纸内容、绘制方法和要求在上一节中已详细介绍。

3) 断面图

断面图包括管道断面图和街道断面图。

(1) 管道断面图是对管群排列、基础与包封以及管道沟开挖的设计图纸。简单工程的管道断面图可以放置在平面图或街道断面图中。

(2) 街道断面图主要体现新建通信管道的路由位置及相邻、相交管线情况。街道断面图分为两种：管道所在街道断面图和管道相交街道断面图，其基础数据一般均由规划部门提供。

① 管道所在街道断面图是管道相对于道路中心线的横向位置图，其基本依据是规划设计条件。

② 管道相交街道断面是一种特殊的管道剖面图，一般需要更加精细、严谨的设计，可结合管道剖面图和街道断面图的一般要求和方法进行设计。

4) 特殊施工工艺图

特殊施工工艺图一般包括以下情况：

(1) 地下顶管工艺图。一般可简化为纵剖面图的一部分。

(2) 管道穿越箱涵、桥梁等特殊路段的施工工艺图纸。

(3) 管道穿越其他管线时的特殊保护工艺设计。

(4) 管道与其他通信预留管线衔接时的工艺设计，如交接箱、进线室、小区建筑预留的入楼管等。

(5) 因功能需要和环境条件限制，人(手)孔需要进行特殊设计的情况。该部分一般也可以放置在通用图部分。

3. 管道通用图

管道通用图一般包括设计文件中采用的所有人(手)孔类型的图解和说明。需要进行特殊设计的，应绘制特殊人(手)孔、组部件和材料的建筑并加工图纸。

8.5.3 设计文件实例

下面为本章设计任务书实例项目设计文件中的设计说明和设计图纸。

1. 设计说明

1) 概述

本单项工程为××公司××市分公司和平路(建设街—安园街)通信管道工程，项目编号为 XM20××0069。

××公司××市分公司在××市拥有广泛的移动通信和宽带语音用户，业务发展良好。根据 3 年滚动规划确定的建设目标，今年市区新建基站××个，传输系统成环率达到 90%，宽带用户光缆接入提高 30%。为此，省公司批复了××市公司 20××年管道工程可行性研究报告，着力推动基础资源建设。和平路地处市区东南部，建设街—安园街地段以住宅区为主。和平路在建设街以西、安园街以东均有原有管道，本工程实施后将实现和平路原有管道的连通，为通信网络发展建设提供有力支撑。

本单项工程管道路由总长度为 0.4978 km，新建 5 根 7 孔梅花管和 1 根 $d110$ 双壁波纹管组成的 6 根塑料管道 0.4978 km(2.9868 孔千米)，其中敷设 6 孔(3 孔 × 2 层)塑料管道 0.462 km，微控顶管 35.8 m。新建砖砌小号直通型人孔 5 个，砖砌小号四通型人孔 1 个。

本单项工程采用一阶段设计，预算总值为 269 152 元人民币，其中安装工程费为 175 106 元，工程建设其他费 81 229 元，预备费 12 817 元。平均每管程千米 540 683 元，平均每孔千米 90 114 元。

2) 设计依据

(1) 20××年 1 月 21 日××公司××市分公司网络建设部关于和平路(建设街—安园街)通信管道工程设计的设计任务书。

(2) 《通信管道与通道工程设计规范》(GB50373—2006)。

(3) 《长途通信光缆塑料管道工程设计规范》(YD5025—2005)。

(4) 《通信管道人孔和手孔图集》(YD5178—2009)。

(5) ××公司××市分公司提供的相关资料及要求。

(6) 设计人员于 20××年 1 月 25 日赴现场勘察收集的相关资料。

3) 设计范围和分工

××通信设计咨询有限责任公司为本单项工程的设计单位，设计范围包括通信管道路由的勘察确定、通信管道的敷设安装设计和人手孔建筑的安装设计。本设计未包括引上管道的内容，由光缆线路专业负责该内容的设计。

4) 主要工程量

主要工程量见本单项建筑安装工程量概预算表(表三)甲。

5) 设计方案

(1) 管道位置路由选择。

根据现场勘察情况，市政规划部门给定的规划设计条件可行。本单项工程新建管道位置平行道路中心线，在和平路南侧距离建筑红线 2.5 m 处。

(2) 通信管道建筑设计。

① 容量和管材：本设计全程新建 6 根塑料管道(7 孔梅花管 $d110 \times 6000$ mm × 5 根、双壁波纹管 $\Phi110 \times 6000$ mm × 1 根)，过路顶管部分选用与之对应的软盘管。

② 人孔设计：在石南路口东侧位置，人孔选用砖砌小号四通型人孔，埋设深度为 2.8 m，其余均选用砖砌小号直通型人孔，安园路口小号直通型人孔埋设深度为 3.0 m(人孔净高 2.3 m)，其余小号直通人孔埋设深度为 2.5 m，开挖人孔坑的放坡系数为 0.33。

③ 管群断面设计：本设计 6 根管道选用 3 根×2 层方案组合，管道沟全程修建 C15 混凝土基础，管群用 C15 混凝土包封，过石南路管道基础加筋。包封后的管群断面宽 0.55 m、高 0.41 m。

④ 管道沟断面设计：管道沟底部比管道基础宽度每侧增加 0.15 m，管道沟底部的宽度为 0.85 m；管道沟顶比管道沟底宽 0.30 m，为 1.15 m。管道深度根据剖面图变化。

⑤ 管道的坡度：管道敷设应有一定的坡度，以利于渗入管内的地下水流入人孔。管道坡度可控制在 3‰～4‰，最小不得低于 2.5‰。为保证管道合理的埋深和坡度，本单项工程采用"一字坡"方法。

⑥ 防护措施：新建通信管道与其他管线的交叉处均已包封；过石南路管道基础加筋处理。

6) 施工技术要求

通信管道施工验收规范中有相关内容，此处省略。

7) 其他需要说明的问题

其他需要说明的问题主要包括安全施工等方面的要求，此处省略。

2. 设计图纸

本实例项目的工程设计包括以下图纸：

(1) 和平路(建设街—安园街)街道横断面图(图号 0089S-1)，如图 8-8 所示。

(2) 和平路(建设街—安园街)通信管道平面图(图号 0089S-2)，如图 8-9 所示。

(3) 和平路(建设街—安园街)管线带状图(图号 0089S-3)，如图 8-10 所示。

(4) 和平路(建设街—安园街)通信管道剖面图(图号 0089S-4)，如图 8-11 所示。

(5) 和平路(过安园街)通信管道顶管示意图(图号 0089S-5)，如图 8-12 所示。

(6) 砖砌小号直通人孔建筑装置图(图号 RK(I)-1-1)，参见行业标准《通信管道人孔和手孔图集》(YD5178—2009)。

(7) 砖砌小号分歧人孔装置图(图号 RK(I)-1-1)，参见行业标准《通信管道人孔和手孔图集》(YD5178—2009)。

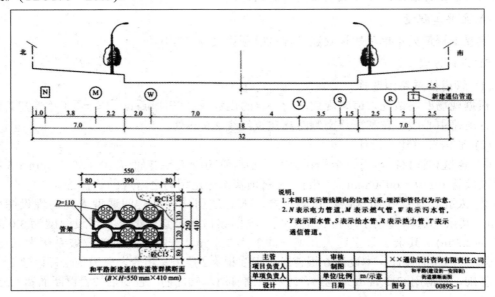

图 8-8　和平路(建设街—安园街)街道横断面图

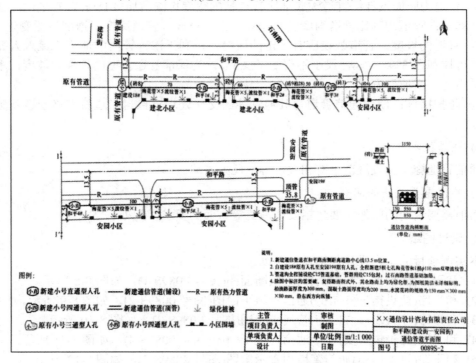

图 8-9　和平路(建设街—安园街)通信管道平面图

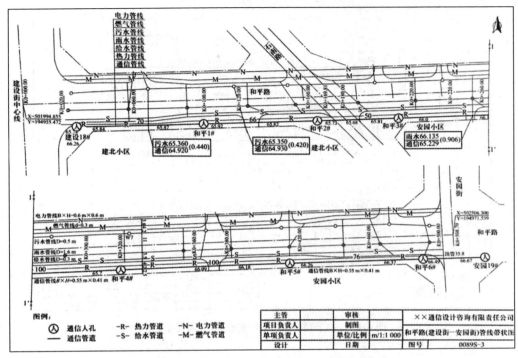

图 8-10　和平路(建设街—安园街)管线带状图

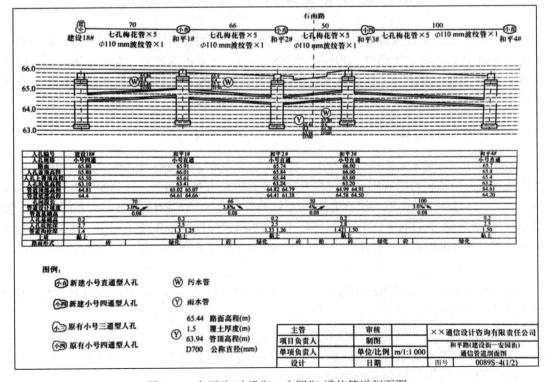

图 8-11　和平路(建设街—安园街)通信管道剖面图

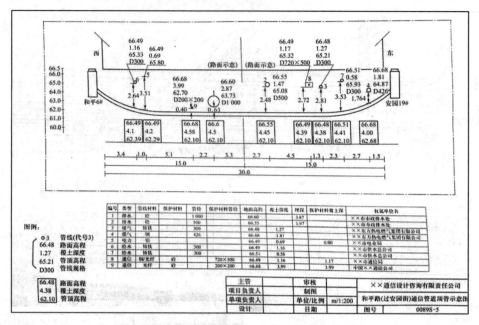

图 8-12　和平路(过安园街)通信管道顶管示意图

8.6　通信管道工程概预算文档编制

编制通信管道工程预算时，既要熟知通信管道建筑安装的主要内容和工序，做到充分考虑管道建设的环境、地质情况和施工季节的影响，又要正确理解、准确运用定额，确保在预算中要合理体现施工工作量。本节先按照预算的一般性编制步骤讲述通信管道工程预算编制的方法，然后结合实例项目详细讲解其预算编制过程。

8.6.1　工程量的统计

通信管道工程的工程量统计工作中，比较烦琐的是根据图纸计算长度、面积和体积。注意事项包括：放坡系数的确定；沟深与土方量计算时是否包含路面。计算的基本思路是沿着基础宽度、沟底(坑底)宽度、沟深(坑深)与放坡系数、沟顶(坑口四边)宽度、沟截面(坑底、坑口)面积、沟(坑)体积的顺序逐步完成计算。定额附录(参阅行业标准)中给出了主要工程量的计算公式和一些标准的表格，在工作中可以灵活应用。下面简单介绍统计工程量的一般方法。

1. 基本统计

基本统计包括计算管道路由总长度、统计各种人(手)孔数量、计算敷设各种管道(管群)和顶管的长度等内容。

2. 路面

(1) 开挖面积 = 管道沟顶的路面开挖面积 + 人(手)孔坑口的路面开挖面积。
(2) 开挖土方量 = 路面开挖面积 × 路面厚度。

3. 基础与包封

1) 基础

根据设计图纸，分别统计不同宽度、不同材质的各管道段的长度。

2) 水泥砂浆的体积

根据各段管群断面图和填充长度，粗略计算管群中填充水泥砂浆的体积。

3) 计算管道包封的体积

根据各段的管群断面图和对应的包封长度，粗略计算管群包封需要的混凝土的体积。统计包封长度时需要考虑设计方案是接头包封还是全程包封。

4. 管道沟体积

根据设计深度的不同要求，可以粗略计算和精细计算管道沟的体积。

体积计算是为了统计土石方工程量，通信工程中涉及的土石方量应按"自然方"(未经扰动的自然状态的土方)计取。

1) 粗略计算

对于没有纵剖面图的设计，可以根据设计给定的管道段标准深度和管道沟横断面图计算横断面面积，再乘以对应长度，各管道段求和即可。

2) 精细计算

管道沟的体积要根据管道沟横断面图和纵剖面图计算。

(1) 根据各段管道沟平均深度、沟顶平均宽度，计算各段管道沟平均截面积。

(2) 根据各段管道长度和管道沟平均截面，计算各管道段的开挖体积，然后求和。

(3) 酌情扣减开挖沟顶路面的体积。

5. 人(手)孔的体积

1) 定型人(手)孔

定型人(手)孔的体积和开挖土方量在定额第五册附录(参阅行业标准)中可以查得。如果人(手)孔的净高和开挖深度在变化，则可以分别根据标准值与实际设计值的比例关系，进行一次方和三次方的系数折算。

2) 一般人(手)孔

人(手)孔自身的体积计算比较简单，不再展开讲述。一般人(手)孔可以按照下述步骤进行开挖土方的计算：

(1) 计算人(手)孔坑底面积。

(2) 计算人(手)孔坑深。

(3) 计算人(手)孔坑上口面积。

(4) 计算人(手)孔开挖体积。

(5) 酌情扣减开挖坑口路面的体积。

6. 土方量

开挖土方体积 = 人孔开挖体积 + 管道沟体积。

回填土方体积 = (人孔开挖体积 – 人孔建筑体积) + (管道沟体积 – 管群建筑体积)。

倒运土方量 = 开挖土方体积 − 回填土方体积 + 施工措施临时倒运量。

施工措施临时倒运量 = 人孔建筑体积 + 管群建筑体积 + 施工措施临时倒运量。

8.6.2　定额的套用

1)　基本方法

由于通信管道工程中材料零散多样,因此理解并灵活使用定额十分关键,总体思路是由工及料,即由建筑安装工程量预算表(表三)到器材预算表(表四)。套用定额的过程,就是根据工程量统计结果,查阅通信管道工程预算定额对应条目,以填写建筑安装工程量概预算表(表三)甲为主线,可以完成工日、机械、仪表和材料的计算汇总的过程。

2)　注意事项

通信管道工程套用定额需要注意以下几点:

(1) 敷设管道、做基础与包封等计算中,长度取值不扣除人(手)孔所占的长度。

(2) 做基础的工日和材料,需根据设计中各段管道基础的实际厚度与宽度折算,工日折算宜按线性插入法,材料折算需根据管种材料的实际变化分别折算。

(3) 敷设管道的工日和材料,需根据设计中各段管道的实际根数折算;多孔复合管按一孔计算。例如对于 8 根 7 孔梅花管塑料管道,可以按定额 TGD2—092 "9 孔(3 × 3)" 的0.9 倍折算工日和材料(塑料管支架除外)。

(4) 如果人(手)孔净空高度大于标准图设计,则超出部分的工日和材料应另行计算。

(5) 与原有通信管道相衔接的新建管道工程,需考虑是否计取原人(手)孔孔壁开窗口的工日。

(6) 注意工程量的单位换算,如定额中施工测量是以 "km" 为单位的。

(7) 地上、地下障碍物处理的用工、用料由设计另列。

(8) 对于一些相对灵活的定额,如挡土板支撑和管道沟人孔坑抽水等工作内容,应提前与建设单位、施工单位取得沟通,避免不必要的设计修改。

8.6.3　费用的计算

一般性费率的取定本小节不再赘述,在通信管道工程中应当注意以下几点:

(1) 赔补费往往在投资中占很大比例,设计时应当详细核实赔补标准,全面考虑赔补内容,精确计算涉及赔补的工作量。

(2) 除设计费外,通信管道工程还需要根据规定计取勘察费。

(3) 考虑是否需要计列购图、验线、围挡等特殊费用,需要时,列入工程建设其他费用预算表(表五)。

(4) 工程用水的费用,需要列入工程措施费用。用水量的标准为管道工程每百米段用水 5 m^3,每人孔用水 3 m^3,每手孔用水 1 m^3。

(5) 在工程实施中,管材和人孔口圈、铁盖一般由建设单位统一采购,而其他材料由施工单位提供,为方便工程成本管理,建设单位往往要求将管材等费用从主要材料费用中独立出来,按 "设备费" 计列,编制预算时应特别注意。

8.6.4　预算说明的编写

下面简要介绍编写通信管道工程预算编制说明的主要内容。

1. 预算总投资

通信管道工程预算投资部分应当说明预算总投资和单位长度造价。

2. 预算编制依据

预算编制依据要写明预算定额、编制办法等相关文件、设计任务书、地方政府有关收费标准文件以及材料价格的依据。

3. 费率与费用

关于费率与费用的取定说明：主要包括委托单位对费用和费率的调整要求，例如是否计取预备费，顶管费用、赔补费用如何计取等，以及地方政府有关收费标准(如围挡费)。

其他费用的说明：如勘察设计费、监理费等可以单独说明，以方便统计。

8.6.5　预算编制实例

1. 统计工程量

为方便工程量统计，本实例利用各种工程量之间的对应关系制作了一张 Excel 电子表格，且表格的单位与定额一致，避免了套用定额时的单位转换。以下选取有代表性的工程量举例说明统计方法和结果。

1) 基本工作量

管道路由总长度为 497.8 m。新建小号直通型人孔 5 个，小号四通型人孔 1 个，敷设 6 孔塑料管道 462 m，微控顶管 35.8 m。

2) 路面开挖

根据本例中的管道沟横断面可知管道沟顶开挖宽度为 1.15 m，花砖(150 mm × 300 mm × 80 mm)路面的开挖宽度应调整为 1.2 m(8 块花砖)，设计深度为 2.8 m 的和平 3#小号四通人孔的坑口面积按 28 m^2 估算(查 08 定额第五册附录十，按 0.87 的面积折算系数折算)，则有：

(1) 混凝土路面面积 $= \dfrac{(8+6+6) \times 1.15}{100} = 0.23$(百平方米)。

(2) 柏油路面面积 $= \dfrac{28 \times 1.15}{100} \approx 0.32$(百平方米)。

(3) 花砖路面面积 $= \dfrac{(8+9+8+3) \times 1.2 + 28}{100} \approx 0.62$(百平方米)。

(4) 路面土方量 $= 0.23 \times 0.2 + 0.32 \times 0.3 + 0.62 \times 0.08 \approx 0.19$(百立方米)。

3) 基础与包封

(1) 基础：混凝土基础宽度为 550 mm，长度为塑料管道的铺设长度(4.62 百米)。

(2) 水泥砂浆的体积：根据实例项目的管道基础与包封示意图(如图 8-13 所示)，填充水泥砂浆的理论面积等于包封的内框面积减去管群的面积，因此有：

水泥砂浆的体积 $= (0.25 \times 0.39 - 0.055 \times 0.055 \times 3.14 \times 6) \times 462 \approx 18.72$(立方米)。

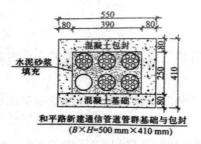

图 8-13　实例项目管道基础与包封

(3) 管道包封的体积：管道包封的体积 = $(0.33 \times 0.55 - 0.25 \times 0.39) \times 462 \approx 38.81$(立方米)。

(4) 基础加筋：石南路管道段长 50 m，扣除两侧靠近人孔 2 m 内的工程量，基础加筋长度为 0.46 百米。

4) 管道沟和人孔的开挖

(1) 若管道沟深度按 1.4 m 粗略计算，则本实例中管道沟开挖土方 = $(1.15 + 0.85) \times 1.4 \div 2 \times 462 \div 100 = 6.47$(百立方米)。

(2) 本实例中，共新建 6 个人孔：和平 6#小号直通人孔设计深度为 3.0 m，和平 3#小号四通设计深度为 2.8 m，其余 4 个小号直通设计深度为 2.5 m。各人孔坑的放坡系数 $i = 0.33$。通过 08 定额第五册附录十可查得开挖深度为 3 m 的定型人孔开挖土方。2.5 m 人孔的体积折算系数约为 0.58，2.8 m 人孔的体积折算系数约为 0.81，则有：

$$人孔坑开挖土方 = \frac{51.4 + 51.4 \times 0.58 \times 4 + 67.4 \times 0.81}{100} \approx 2.25(百立方米)$$

(3) 开挖管道沟人孔坑土方量 = 管道沟开挖土方 + 人孔坑开挖土方 − 开挖坑口路面体积 = $6.47 + 2.25 - 0.19 = 8.53$(百立方米)。

5) 土方回填与倒运

① 管群建筑体积 = $\dfrac{0.41 \times 0.55 \times 462}{100} = 1.04$(百立方米)。

② 人孔建筑体积：查 08 定额第五册附录七可得定型人孔体积，本实例人孔基本采用标准设计，人孔体积不再折算。因此

$$人孔建筑体积 = \frac{10.33 \times 5 + 17.17}{100} = 0.69(百立方米)$$

③ 倒运土方量 = 管群建筑体积 + 人孔建筑体积 = $1.04 + 0.69 = 1.73$(百立方米)。

④ 回填土方量 = 开挖管道沟人孔坑土方量 − 倒运土方量 = $8.53 - 1.73 = 6.80$(百立方米)。

2. 编制预算

本实例利用通信工程定额库进行编制，以下为具体步骤，供参考。

1) 填写基本信息

打开通信工程定额库，翻阅查勘需要的定额编号找出对应的数据，具体操作略。

2) 套用定额输入工程量表

按工程量表的统计顺序或定额编号顺序，在建筑安装工程量概预算表(表三)甲中依次录入各个工程量。套用定额有以下两方面需要注意：

(1) C15 管道基础宽度为 550 mm，本实例预算按一平型基础的 1.1 倍和一平型基础加筋的 1.2 倍计算工日，相应材料按实调整。

(2) 微控顶管的工程量，需要套用"地下定向钻孔敷管"定额，本实例为 6 根 Φ110 mm 塑料管，其等效直径在 Φ360 mm 以下，因此需要套用 TXL2—113 和 TXL2—114 子目，即 30 m 以下"1 处"、长度增加 10 m 的 0.58 倍。

3) 生成并整理材料表和机械表

保存建筑安装工程量概预算表(表三)甲，并通过建筑安装工程量概预算表(表三)甲生成国内器材概预算表(表四)甲、建筑安装工程机械使用费概预算表(表三)乙等预算表格。合并国内器材概预算表(表四)中的同类项，并根据材料价格表输入相关材料的价格。

4) 计算费用

修改建筑安装工程费用概预算表(表二)费率、工程建设其他费预算表(表五)甲、工程预算总表(表一)相关费率(应与预算说明部分保持一致)，或直接计算相关费用，填入相应表格。例如，如果不计取大型施工机械调遣费，则取消建筑安装工程费用概预算表(表二)中的大型施工机械调遣费，其他详见预算说明部分。需要特殊计算的费用如下：

(1) 施工用水费 = $(5 × 4.978 + 3 × 6)m^3 × 5 元/m^3 = 214.45(元)$。

(2) 综合赔补费 = $210 × 62 + 230 × 23 + 280 × 32 + 70 × 386 × 1.15 = 58\,343(元)$。

3. 编写预算说明

以下为预算编制说明和预算表实例。

1) 预算编制说明

(1) 工程预算总投资。

本单项工程为××公司××市分公司和平路(建设街—安园街)通信管道工程，新建 6 孔塑料管道 0.4978 管程千米，即 2.9868 孔千米。

本单项工程预算总值为 450 324 元人民币，其中安装工程费为 287 157 元，工程建设其他费 105 350 元，预备费 12 817 元。平均每管程千米 814 230 元，平均每孔千米 135 705 元。

(2) 预算编制依据。

① 国家工业和信息化部《关于发布〈通信建设工程概算、预算编制办法〉及相关定额的通知》(工信部规[2008]75 号)(本次使用)。

② 国家发展计划委员会、建设部《关于发布〈工程勘察设计收费管理规定〉的通知》(计价格[2002] 10 号)修订本。

③ 国家发展改革委、建设部《关于印发〈建设工程监理费与相关服务收费管理规定〉的通知》(发改价格[2007]670 号)。

④ 工信厅通[2009]22 号《关于停止计列通信建设工程质量监督费和工程定额测定费的通知》。

⑤ ××公司××省分公司《关于启用通信建设工程预算新定额以及下发相关取费标准指导意见的通知》(网建[2010]××号)。

⑥ ××司××省分公司以及××市分公司提供的材料价格。

(3) 费率与费用的取定。

根据建设单位意见，本预算对如下费率、费用进行调整，其余按工信部 [2008]75 号文规定执行。

　　① 建筑安装工程费用概预算表(表二)不计取临时设施费、已完工程及设备保护费、运土费、大型施工机械和施工队伍调遣费、工程排污费这五项费用。

　　② 建筑安装工程机械使用费预算表(表三)乙只计取材料、设备和光缆的原价,不计取国内设备及主材的运杂费、运输保险费、采购及保管费、采购代理服务费(这些费用不在建筑安装工程机械使用费预算表(表三)乙中体现)。

　　③ 工程建设其他费预算表(表五)甲中的综合补偿费取费标准:水泥花砖 210 元/m²、混凝土路面 230 元/m²、柏油路面 280 元/m²、绿地(草坪)70 元/m²(这些价格不在工程建设其他费预算表(表五)甲中体现)。

　　④ 购图费:5000 元/km,本设计按 0.5 km 计列。

2) 预算表

本单项工程预算表格主要包括:

(1) 工程预算总表(表一)(见表 8-10);

(2) 建筑安装工程费用概预算表(表二)(见表 8-11);

(3) 建筑安装工程量预算表(表三)甲(见表 8-12);

(4) 建筑安装工程机械使用费预算表(表三)乙(见表 8-13);

(5) 国内器材预算表(表四)甲(主要材料表)(见表 8-14);

(6) 工程建设其他费预算表(表五)甲(见表 8-15)。

表 8-10 工程预算总表(表一)

建设项目名称:××公司××市分公司 20××年通信管道工程　　建设单位名称:×× 公司 ××市分公司

单项工程名称:和平路(建设街—安园街)通信管道工程　　　　　　表格编号:0089S-B1

序号	表格编号	费用名称	小型建筑工程费	需要安装的设备费	不需要安装的设备、工器具费	建筑安装工程费	其他费用	预备费	总价值	
			(元)						人民币(元)	其中外币
I	II	III	IV	V	VI	VII	VIII	IX	X	XI
1		建筑安装工程费				287 157				
2		引进工程设备费								
3		国内设备费								
4		工具、仪器、仪表费								
5		小计(工程费)				287 157			287 157	
6		工程建设其他费					105 350		105 350	
7		引进工程其他费								
8		合计				287 157	105 350		392 507	
9		预备费								
10		小型建筑工程费						12 817	12 817	
11		总计				287 157	105 350	12 817	405 324	
12		生产准备及开办费								

设计负责人:×××　　　　审核:×××　　　　　编制:×××　　　　编制日期:20××年×月

表 8-11 建筑安装工程费用概预算表(表二)

建设项目名称:×× 公司××市分公司 20×× 年通信管道工程 建设单位名称:××公司 ××市分公司

单项工程名称:和平路(建设街—安园街)通信管道工程 表格编号:0089S-B2

序号	费用名称	依据和计算方法	合计(元)	序号	费用名称	依据和计算方法	合计(元)
I	II	III	IV	V	VI	VII	VIII
	建筑安装工程费		287156.73	12	特殊地区施工增加费		
一	直接费		212045.63	13	已完工程及设备保护费		
(一)	直接工程费		189071.13	14	运土费	不计	
1	人工费		80051.17	15	施工队伍调遣费	不计	
(1)	技工费	技工总价 × 技工单价	27128.58	16	大型施工机械调遣费	不计	
(2)	普工费	普工总价 × 普工单价	52922.59	二	间接费		45629.16
2	材料费		103346.96	(一)	规费		2516.37
(1)	主要材料费		102832.8	1	工程排污费	不计	
(2)	辅助材料费	主要材料费 × 0.5%	514.16	2	社会保障费	人工费 × 26.81%	21461.72
3	机械使用费		5673.00	3	住房公积金	人工费 × 4.19%	3354.14
4	仪表使用费			4	危险作业意外伤害保险	人工费 × 1%	800.51
(二)	措施费		22974.5	(二)	企业管理费	人工费 × 25%	2012.79
1	环境保护费	人工费 × 1.5%	1200.77	三	计划利润	人工费 × 25%	2012.79
2	文明施工费	人工费 × 1%	800.51	四	税金	(直接费 + 间接费 + 计划利润) × 3.41%	9469.15
3	工地器材搬运费	人工费 × 1.6%	1280.82				
4	工程干扰费						
5	工程点交、场地清理费	人工费 × 2%	1601.02				
6	临时设施费	人工费 × 12%	9606.14				
7	工程车辆使用费	人工费 × 2.6%	2081.14				
8	夜间施工增加费	人工费 × 3%	2401.54				
9	冬雨季施工增加费	人工费 × 2%	1601.02				
10	生产工具用具使用费	人工费 × 3%	2401.54				
11	施工用水电蒸汽费	(5× 4.978 + 3 × 6) × 5	214.45				

设计负责人:××× 审核:××× 编制:××× 编制日期:20××年×月

表 8-12　建筑安装工程量预算表(表三)甲

建设项目名称：××公司 ××市分公司 20×× 年通信管道工程 建设单位名称：××公司×× 市分公司

单项工程名称：和平路(建设街—安园街)通信管道工程　　　　表格编号：0089S-B3

序号	定额编号	工程及项目名称	单位	数量	单位定额值(工日)		合计值(工日)	
					技工	普工	技工	普工
I	II	III	IV	V	VI	VII	VIII	IX
1	TGD1—001	施工测量	km	0.4978	30		14.93	
2	TGD1—003	人工开挖路面混凝土路面(250 以下)	100 m³	0.23	16.16	104.8	3.72	24.1
3	TGD1—008	人工开挖路面柏油路面(350 以下)	100 m³	0.32	10	30	3.2	9.6
4	TGD1—013	人工开挖路面水泥花砖路面	100 m³	0.62	0.5	4.5	0.31	2.79
5	TGD1—016	开挖管道沟及人(手)孔坑硬土	100 m³	8.53		43		336.79
6	TGD1—023	回填土方夯填原土	100 m³	6.8		26		176.8
7	TGD1—028	手推车倒运土方	100 m³	1.73	1	16	1.73	27.68
8	TGD2—013	混凝土管道基础(550 宽)C15 一平日型乘 1.1	100 m	4.62	6.96	10.43	32.16	48.17
9	TGD2—037	混凝土管道基础加筋(550 宽)C15 一平日型乘 1.2	100 m	0.46	0.71	1.07	0.33	0.49
10	TGD2—064	敷设塑料管道 6 孔(3×2)	100 m	4.62	3.04	4.56	14.04	21.07
11	TGD2—087	管道填充水泥砂浆 1：2.5	m³	18.72	1.54	1.54	28.83	28.83
12	TGD2—090	管道混凝土包封 C15	m³	38.81	1.74	1.74	67.53	67.53
13	TGD3—001	砖砌人孔(现场浇筑上覆)小号直通型	个	5	9.99	12.2	49.95	61
14	TGD3—003	砖砌人孔(现场浇筑上覆)小号四通型	个	1	14.61	17.85	14.61	17.85
15	TXL2—113	地下定向钻孔敷管Φ360 mm、长度 30 m 以下	处	1	5.94	13.34	5.94	13.34
16	TXL2—114	地下定向钻孔敷管Φ360 mm、长度 30 m 以上	10 m	0.58	1.19	2.67	0.69	1.55
		合计					337.97	867.56

设计负责人：×××　　　审核：×××　　　编制：×××　　　编制日期：20××年×月

表 8-13　建筑安装工程机械使用费预算表(表三)乙

单项工程名称：和平路(建设街—安园街)通信管道工程　　　　　　　　表格编号：0089S-B4A-M

序号	定额编号	项目名称	单位	数量	机械名称	单位定额值		合计值	
						数量	单价	数量	合价
						(台班)	(元)	(台班)	(元)
I	II	III	IV	V	VI	VII	VIII	IX	X
1	TGD1—003	人工开挖路面混凝土路面(250 m² 以下)	100 m²	0.23	燃油式路面切割机	0.7	121	0.161	19.48
2	TGD1—003	人工开挖路面混凝土路面(250 m² 以下)	100 m²	0.23	燃油式空气压缩机	2.5	330	0.575	189.75
3	TGD1—008	人工开挖路面柏油路面(350 m² 以下)	100 m²	0.32	燃油式路面切割机	0.7	121	0.224	27.1
4	TXL2—113	地下定向钻孔敷管 Φ360 mm、长度 30 m 以下	处	1	汽车式起重机	1.96	400	1.96	784
5	TXL2—113	地下定向钻孔敷管 Φ360 mm、长度 30 m 以下	处	1	载重汽车	1.96	154	1.96	301.84
6	TXL2—113	地下定向钻孔敷管 Φ360 mm、长度 30 m 以下	处	1	微控钻孔敷管设备(套)	2.1	1803	2.1	3786.3
7	TXL2—114	地下定向钻孔敷管 Φ360 mm、长度 30 m 以上	10 m	0.58	汽车式起重机	0.39	400	0.2262	90.48
8	TXL2—114	地下定向钻孔敷管 Φ360 mm、长度 30 m 以上	10 m	0.58	载重汽车	0.39	154	0.2262	34.83
9	TXL2—114	地下定向钻孔敷管 Φ360 mm、长度 30 m 以上	10 m	0.58	微控钻孔敷管设备(套)	0.42	1803	0.2436	439.21
		合计							5672.99

表 8-14 国内器材预算表(表四)甲

(主要材料表)

单项工程名称：和平路(建设街—安园街)通信管道工程　　　　　　　　表格编号：0089S-B4A-M

序号	名称	规格程式	单位	数量	单价(元)	合计(元)	备注
I	II	III	IV	V	VI	VII	VIII
1	圆钢	Φ6 mm	kg	8.55	6	51.3	
2	圆钢	Φ10 mm	kg	54.5	6	327	
3	粗砂		t	92	30	2760	
4	碎石	0.5～3.2 cm	t	92	50	4600	
5	红白松板方材 III等	3～3.8 m 厚 25～30 mm	m³	3	1500	4500	
6	硅酸盐水泥	C32.5	t	34	300	10 200	
7	钢筋	Φ6 mm	kg	29.5	6	177	
8	钢筋	Φ10 mm	kg	187.45	6	1124.7	
9	塑料胶	#30	kg	21	16	336	
10	塑料管支架		套	231	10	2310	
11	圆钢	Φ8 mm	kg	83.3	6	499.8	
12	圆钢	Φ14 mm	kg	228.2	6	1369.2	
13	电缆托架	甲式(1200 mm)	根	36.36	30	1090.8	
14	电缆托架穿钉	M16 mm	副	87	5	435	
15	积水罐(带盖)		套	6	40	240	
16	拉力环	大	个	14	15	210	
17	人孔口圈	车行道用	套	6	600	3600	
18	机制红砖	240 mm × 115 mm × 53 mm (甲级)	千块	11.75	300	3525	
19	电缆托架	乙式(600 mm)	根	7	15	105	
20	7孔梅花管	Φ110 mm	m	2334	22	51 348	
21	双壁波纹管	Φ110 mm	m	468	18	8424	
22	7孔梅花盘管	Φ110 mm	m	200	25	5000	
23	HDPE 实壁管	Φ110 mm	m	40	15	600	
	合计					102 832.8	

表 8-15　工程建设其他费预算表(表五)甲

建设项目名称：××公司××市分公司 20××年通信管道工程　建设单位名称：××公司××市分公司
单项工程名称：和平路(建设街—安园街)通信管道工程　　　　　　表格编号：0089S-B5A

序号	费用名称	计算依据及方法	金额(元)	备　注
I	II	III	IV	V
1	建筑用地及综合补偿费		58 343	$210 \times 62 + 230 \times 23 + 280 \times 32 + 70 \times 386 \times 1.15$
2	建设单位管理费	财建[2002]394 号规定	4307.35	工程费 × 1.5%
3	可行性研究费			
4	研究试验费			
5	勘察设计费	计价格[2007]10 号规定	15 774.58	勘察费+设计费(含预算编制费)
6	勘察费		1560.32	$[1000 + (0.497 - 0.2) \times 3200] \times 80\%$
7	设计费		14 214.26	工程费 × 0.045 × 1.1
8	环境影响评价费			
9	劳动安全卫生评价费			
10	建设工程监理费	发改价格[2007]670 号规定	5778.5	
11	安全生产费	建筑安装工程费 × 1%	2871.57	
12	工程质量监督费			
13	工程定额测定费			
14	引进技术及引进设备其他费			
15	工程保险费			
16	工程招标代理费			
17	专利及专利技术使用费			
18	生产准备及开办费(运营费)			
19	其他费用	购图费	2500	5000 × 0.5
	总计		105 349.58	

8.7　实　验　项　目

实验项目：对 FTTx 光纤接入网络工程软件中小区场景预算进行工程勘察、预算编制。设计绘制红线内外跳纤图、拓扑图、路由图。

目的要求：理解通信管道的基本概念，掌握基本绘图、编制概算的方法。

本　章　小　结

本章主要介绍通信管道工程勘察测量、图纸设计和概预算编制的基础知识，主要内容包括：

(1) 通信管道的基本知识，包括基本概念、结构组成、主要材料等。

(2) 勘察测量的步骤，包括资料准备、路由选择、勘察测量等。

(3) 图纸设计的方法，包括容量材料的选择，以及横断面、平面、纵剖面的设计等内容。

(4) 概预算编制的方法，包括统计工程量、套用定额、取费等内容。

复习与思考题

1. 简述通信管道的作用。

2. 试述通信管道工程预算编制中工程量统计的主要内容和方法。

第 9 章　小区接入工程设计及概预算

 **本章内容**

- 小区接入工程概述
- 小区接入工程设计任务书
- 小区接入工程勘察测量
- 小区接入工程设计方案
- 小区接入工程设计文档编制
- 小区接入工程概预算文档编制

 本章重点、难点

- 小区接入工程现场勘察、路由选取
- 小区接入工程设计方案的选择
- 小区接入工程概预算的编制
- 小区接入工程设计图纸绘制
- 小区接入工程工作量统计

 本章学习目的和要求

- 理解小区接入工程的概念和特点
- 掌握小区接入工程勘察设计的一般方法
- 熟悉小区接入工程概预算的编制方法

 本章学时数

- 建议 8 学时

9.1　小区接入工程概述

本节介绍小区接入工程的概念、接入网技术概要、小区接入工程的分类以及小区接入工程的特点。

9.1.1　小区接入工程的概念

1. "小区接入" 概念的提出

人们以不同的方式集聚，在不同的集聚区有不同的通信需求，同时也受制于集聚区所能提供的环境和条件。这种"集聚区"就是相对于公用通信网而存在的用户驻地网(Customer Premises Network，CPN)，它是通信的发起点和终结点。

我国用户驻地网中，语音电话业务主要由普通铜缆双绞线实现接入，有线电视业务以同轴电缆接入方式为主，语音和数据综合业务一般采用综合布线系统。

随着我国城镇化建设进程逐步加快，人们的生活聚集区，也就是通常所说的住宅小区，越来越多地融合、集成了各种接入网技术和应用场景，成为接入网建设的重中之重。本书仍沿用传统意义上"小区"的说法，是广义上的"小区"，是按照一定方式组合而成的、接入层终端固定用户的集合，包括生产、生活、学习等各方面的集聚区，如办公楼、住宅小区、村镇、工厂、医院、学校等。

小区接入工程是实现某个特定区域用户接入通信网络的工程，它涵盖了公用网中接入网(Access Network，AN)的主要内容，并融入了用户驻地网的元素。之所以将"小区接入"工程单独提出来，是因为在技术层面，它是用户接入网研究发展的主要课题；在经营层面，它也是电信运营商展开业务竞争的关注热点；在工程层面，它又具有成本敏感、技术多样、环境复杂等特点。

2. 小区接入工程的内容

从通信业务和通信专业两个层面来看，小区接入工程包括为实现语音、数据和图像通信而建设的接入设备安装工程、通信管道工程和通信线路工程。本章重点介绍有"小区"特色的光、电缆接入线路工程设计的有关内容，作为对线路专业的补充。本章内容包括从电信机房至固网终端用户的光、电缆部分，具体包括主干光(电)缆、配线光(电)缆、用户引入线以及光(电)缆线路的管道、杆路、分线设备和交接设备等。

9.1.2　接入网技术概要

我国传输通信工程采用了无线以及市话电缆和同轴电缆、光缆等多种传输介质。下面以传输介质为主线，简要总结、回顾接入网中用到的几种技术。

1. 基于架空明线的载波技术

架空明线是 20 世纪 50 年代初至 80 年代末，我国利用载波通信技术实现二线传送多路电话的一种通信方式。目前，架空明线载波已被其他通信系统替代。

2. 基于双绞线的接入技术

1) 基于市话电缆双绞线的 xDSL 技术

传统的接入网主要以市话电缆铜质双绞线为介质，应用于公用电话交换网(Public Switch Telephone Network，PSTN)和综合业务数字网(Integrated Services Digital Network，ISDN)，为用户提供语音通话和窄带数据业务。

基于铜质双绞线的接入技术因为能够充分利用现有线路资源，一段时期内得到了较为广泛的应用。这类铜线接入技术主要有高比特率数字用户线(HDSL)、不对称数字用户线(ADSL)、甚高数据速率用户线(VDSL)等技术，一般统称为"xDSL"技术。xDSL 技术利用不同线对数量和不同的编码方式，通过调制解调技术，实现了基于铜缆的不同传输速率和距离的宽带接入问题。其中，ADSL 技术利用一对现有电话线路，实现了下行 8 Mb/s、上行 1 Mb/s 的数据传输。

在采用 ADSL 技术的接入工程实施中，局端需要增加 DSLAM(Digital Subscriber Line Access Multiplexer，数字用户线路接入复用器)设备，用户端需要安装 ADSL Modem。分离语音和数据业务的分频器目前一般内置在 DSLAM 和 ADSL Modem 之中，其结构简图如图 9-1 所示。

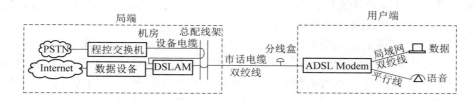

图 9-1　接入工程中的 ADSL 结构简图

2) 基于局域网双绞线的以太网技术

以太网(Ethernet)是目前最为通用的一种计算机局域网(LAN)组网技术，其逻辑拓扑结构为总线型。这里的局域网双绞线是指通常所说的"网线"，根据结构分为非屏蔽双绞线(Unshielded Twisted Pair，UTP)和屏蔽双绞线(Shielded Twisted Pair，STP)两大类。非屏蔽双绞线适用范围更为普遍，超五类(5e)及六类非屏蔽双绞线(如图 9-2 所示)主要用于百兆位快速以太网和千兆位以太网。

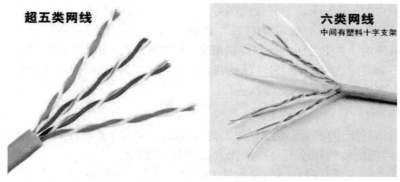

图 9-2　常见网线结构图

3. 基于同轴电缆的接入技术

同轴电缆的基本结构如图 9-3 所示。同轴电缆接入技术包括基于基带同轴电缆的以太网技术、宽带同轴电缆接入技术以及基于光纤和同轴电缆混合网的 Cable Modem 技术。

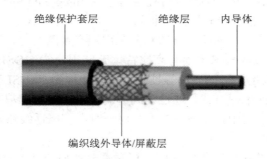

图 9-3　同轴电缆结构图

4. 光纤接入技术

光纤接入网(OAN)是采用光纤传输技术实现信息传送的接入网，即交换机和用户之间全部或部分采用光纤传输的通信系统。光纤具有带宽高、传输距离长、保密性好、抗干扰能力强等优点，光纤接入网已成为接入网的主要发展方向。

光纤接入网由局端的光线路终端(OLT)、用户端的光网络单元(ONU)以及两者之间的光分配网络(ODN)组成(如图 9-4 所示)。其中，OLT 具有复用和交叉连接以及维护管理等功能，实现接入网与业务节点(SN)的连接。ONU 具有光电转换、复用等功能，实现接入网与用户终端的连接。ODN 具有光功率分配、复用、滤波等功能，为 OLT 和 ONU 提供传输通道。

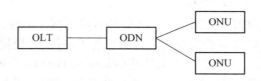

图 9-4　光接入网结构示意图

根据 ONU 的位置不同，光纤接入网可分为光纤到路边(FTTC)、光纤到大楼(FTTB)、光纤到户(FTTH)等形态，一般用"FTTx"代表。FTTC 方式是将 ONU 设备放置于路边或小区的设备机箱内，主要为住宅用户提供服务；FTTB 方式一般将 ONU 设置在大楼的地下室配线箱处，为商业大楼或住宅公寓提供服务；FTTH 是将光纤的距离延伸到终端用户家里，以提供家庭内各种不同的宽带服务。

1) 有源光网络

有源光网络是指由局端设备经有源光传输设备与远端设备相连的光纤数字线路系统。由 SDH 设备组成的本地传输网是一种代表性的有源光网络。

具体到接入网中，有源光网络是指从 OLT 到 ONU 之间的 ODN 采用了有源光纤传输设备(光电转换设备、有源光电器件)。此类设备一般采用 PDH 技术、SDH 技术以及基于

SDH 的多业务传送平台(MSTP)技术。

2) 无源光网络

无源光网络(PON)是指在 OLT 到 ONU 之间的 ODN 中没有任何有源电子设备,光信号在传输过程中不需要经过"光-电-光"的有源变换。

PON 技术始于 20 世纪 80 年代。PON 技术主要分为 APON(ATM PON)、EPON(以太网 PON)和 GPON(千兆比特 PON),可统称为"xPON"技术。

(1) APON:APON 即基于 ATM 的 PON,是在 20 世纪末被提出并研制出产品的,传输速率可达 622/155 Mb/s,但因 ATM 协议复杂,所以 APON 的推广应用并不理想。

(2) EPON:EPON 以 Ethernet 为载体,采用点到多点结构、无源光纤传输方式,下行速率目前可达到 10 Gb/s,上行以突发的以太网包方式发送数据流。另外,EPON 也提供一定的 OAM 功能。

(3) GPON:EPON 被提出不久,支持更高的速率、更多业务的 GPON 标准启动并逐步成为 PON 技术家族中一种新的技术标准。GPON 以宽带接入为主、E1 传输为辅,传输带宽可达 2.5 GHz,覆盖半径一般在 20 km 以内。

5. 无线接入技术

无线接入技术又分为固定无线接入(FWA)和移动无线接入两大类。

1) 固定无线接入

固定无线接入系统主要包括多路多点分配业务(MMDS)、局域多点分配业务(LMDS)、一点多址微波系统、固定无绳通信系统和数字直播卫星系统(DBS)。

2) 移动无线接入

移动无线接入系统包括无绳电话系统、移动卫星系统、无线局域网(Wireless LAN)、集群系统和蜂窝移动通信系统。

本小节需着重掌握以下两点:

(1) 有线接入和无线接入适用的场合有哪些?

(2) 目前有线接入方式中常用的传输介质有哪些?

9.1.3　小区接入工程的分类

现阶段是多种通信技术并存、网络建设交叉融合的特殊时期,各运营商小区接入工程分类标准并不统一。本书以有线通信技术为主,结合工程设计实际中的不同技术和应用场景,对现阶段小区接入工程进行概要性分类介绍。

1. 按小区类别划分

1) 住宅小区接入工程

住宅小区接入工程主要指城镇居民生活小区和农村居民区的接入工程。对于新建住宅小区、原有住宅小区扩容和原有住宅小区竞争性进线等不同情况,设计中应注意其差异性。

2) 非住宅小区接入工程

非住宅小区接入工程主要包括写字楼、宾馆饭店、商场、学校、医院、体育场馆、工厂等建筑和企事业单位的接入工程。其需求比住宅小区更为个性化，布线标准一般较高，方案灵活多样。

2. 按小区建设模式划分

小区的通信市场格局直接影响到该小区的通信网络建设模式，从而形成了垄断性建设模式和竞争性建设模式两种模式。在这两种模式下，小区建设方案中的技术方案、网络结构、设备选型等存在较大差异。我国现在推行的是竞争性建设模式，以保证用户自主选择网络和服务的权利。

3. 按布线方式划分

按配线和引入线的布线方式划分，小区接入工程可分为市话配线电缆布线方式、局域网双绞线布线方式、综合布线方式、光纤布线方式、无线接入方式等。

1) 市话配线电缆布线方式

市话配线电缆布线方式即传统的市话通信用户线路结合接入技术的发展，目前可同时实现语音和数据业务的接入。目前在中低档住宅小区采用纯市话配线电缆的布线方式，数据信号通过 ADSL 方式实现。

2) 局域网双绞线布线方式

通信工程中，常以"LAN"代表局域网双绞线布线方式，且常用的传输介质为超五类4 对非屏蔽双绞线(UTP)。为描述方便，本书后续内容即简称 LAN 布线方式。计算机网络中的局域网还包括光纤等传输介质。

在通信工程中，LAN 布线方式主要有以下两种应用：

(1) 纯数据接入应用：LAN 布线方式在网吧、中小企业数据接入、住宅小区中得到了广泛应用。

(2) 语音、数据综合接入应用：作为 LAN 布线方式的一种拓展应用，部分运营商采用了一种规范中尚未明确的做法，即在 100 Mb/s 带宽及以下的局域网线路中(数据通信只占用白橙、橙和白绿、绿两个线对)，利用 UTP 中的空余线对来接入用户语音业务，即通过一条引入用户的 UTP 电缆，到用户终端后将芯线分别成端到 RJ45 数据模块和 RJ11 语音模块的信息插座上，可以实现一路数据和两路语音的接入。

3) 综合布线方式

综合布线系统(Premises Distribution System，PDS)是我国在 20 世纪末期引进的一套建筑弱电布线理念。它以模块化的结构为现代建筑的系统集成提供了灵活的、可扩展的信息传输通道。它是一种可用于语音、数据、影像和其他信息技术的标准布线系统，可以为建筑物内或建筑群之间的通信设施提供灵活的信息传输通道，并可实现与外部通信数据网络的连接。综合布线系统能支持大多数工业和民用建筑中的智能控制和现代通信设备，在我国主要用于语音和数据通信方面。

按照标准的定义，综合布线系统可划分为工作区子系统、水平配线子系统、干线子系统、管理子系统、设备间子系统和建筑群子系统六个部分。

从建筑与建筑群综合布线系统在通信工程建设中的发展历程来看，引入 UTP 布线是一个显著特征，因此，LAN 布线方式是综合布线系统应用的一个特例，而综合布线系统不仅包括传送数据的 UTP 和光纤，还包括传送语音的大对数电缆。

这里的"综合布线方式"是指以建筑与建筑群综合布线系统为代表的一种布线方式。它以非屏蔽双绞线为典型传输介质，采用结构化的星状拓扑布线方式和标准接口，成为众多现代化建筑的重要组成部分。

本小节需要注意以下两点：

(1) 通信工程中的 LAN 布线方式与计算机局域网的布线方式有何异同？

(2) LAN 布线方式与综合布线方式有什么联系和区别？

4) 光纤布线方式

这里的光纤布线是指全部采用光纤接入技术的布线工程，典型的应用是 FTTH 和 FTTO。建筑物内的光纤布线可以采用光(电)缆的一些传统布线方式，也可以采用微管、微缆气吹法敷设等较先进的敷缆技术。

5) 无线接入方式

无线接入是指从公用电信网的交换节点到用户终端全部或部分采用无线手段的接入技术，即利用无线传输替代接入网的全部或部分，向用户终端提供电话和数据服务。无线接入方式克服了接入网"最后一公里"的瓶颈，是一种灵活、方便、快捷的接入方式。

4. 按宽带接入方式划分

按宽带接入方式划分，常见的小区接入工程有传统方式、xDSL 方式、LAN 方式、FTTH 方式、HFC 方式等。

1) 传统方式

传统方式是指线路侧全部沿用传统的市话通信电缆的接入方式。这种方式一般不需要新建、改造线路，只是在局端和用户端增加相关设备即可。例如，当使用 ISDN 技术时，局端需要采用 ISDN 交换机等设备，而用户端需要安装 ISDN Modem/TA(终端适配器)。这样，在一条 ISDN 电话线上，可以保持一个信道通话，并利用另一条信道上网或收发传真。

2) xDSL 方式

xDSL 方式是以 DSLAM 设备为光电转换节点，局侧线路采用光纤，用户侧线路采用市话通信电缆，通过 xDSL 技术为用户提供宽带接入的一种接入方式。其应用方案一般采用 FTTC+xDSL 方式，其中光纤网络常采用 PON 技术以节约局侧端口和馈线光缆资源。

3) LAN 方式

LAN 方式是以数据交换机为光电转换节点，局侧线路采用光纤，用户侧线路采用局域网双绞线，通过以太网为用户提供 10/100/1000 Mb/s 对称宽带接入的一种接入方式。其应用方案大致可分为 MC + LAN 方式和 PON + LAN 方式。MC+LAN 方式采用基于点对点的拓扑结构，局端和终端一般采用光纤收发器和协议转换器或直接采用带光口的交换机，即光纤从局端机房直接布放至大楼内各个光节点，一般仅限于宽带用户比较分散的场景，如网吧、零散的小企业客户等。PON+LAN 方式主要适用于住宅小区、企事业单位、智能大楼、大专院校等用户。

4) FTTH 方式

FTTH 是指光纤直接入户、ONU 放置到用户家居箱中，是有线接入网的高端解决方案，也是我国各运营商近年来大力推进的一种网络建设方式。

在 FTTH 方式下，用户对光纤的占用量几何级陡增，PON 技术的优势逐步明显。所以，FTTx 建设方式一般都采用基于点对多点的 PON 技术，如图 9-5 所示。

(a) MC + LAN 方式　　　　　　　　(b) POM + LAN 方式

图 9-5　MC+LAN 与 EPON 接入方式

5) HFC 方式

光纤同轴电缆(HFC)混合接入技术是基于电缆调制解调器(Cable Modem，CM)技术在有线电视线上复用数据业务。电缆调制解调器终端系统(Cable Modem Terminal Systems，CMTS)中的局端设备又称有线路由器，是管理和控制 Cable Modem 的设备。在 HFC 有线电视网的基本网络结构(如图 9-6 所示)中，光纤部分为星状结构，电缆部分采用树状结构，下行带宽大，上行带宽小，很适合广播业务。

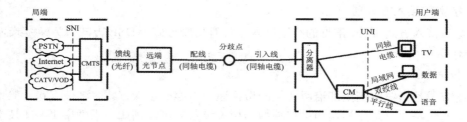

图 9-6　HFC 有线电视网的基本网络结构

目前较为可行的双向改造技术方案有 CMTS、EPON+LAN 和 EPON+基带 EOC 或快速 EOC。各方案均需在局端安装相应接入设备，客户端则需要 Modem 分离业务。

本小节需着重注意以下三点：

(1) FTTx 是从光纤向用户延伸程度的角度，对光接入网多种应用场景的统称。

(2) xPON 是从光接入网点对多点结构的角度，对各种无源光网络技术的统称。

(3) xDSL、LAN、FTTH、HFC 是从基于传输介质的几种接入技术角度，对用户宽带接入方式进行区分。

9.1.4　小区接入工程的特点

1. 范围的不确定性

小区接入工程范围的不确定性是指工程与用户驻地网建设界限的多变性。这种不确定性一方面来源于电信运营商、房地产开发商、物业管理企业之间关于驻地网基础设施的建设权和使用权的各种不规范做法；另一方面来源于传统的城乡建筑规划设计往往不能动态跟踪、适应通信市场和通信专业技术的发展状态，往往需要通信专业设计单位参与设计工作。

2. 内容的复杂性

内容的复杂性主要来源于三个方面。一是在通信领域要涉及光缆、电缆、通信管道、传输或数据设备等多个专业；二是在外围环境上与市政综合管网、工业与民用建筑密切结合；三是小区接入工程在应用场景方面涵盖了城市、农村等区域人们工作、生活的各个方面。

3. 技术的多样性

小区接入工程技术的多样性体现为，实现不同业务甚至相同业务，可选的工程技术方案多种多样。庞大的接入网市场以及现网资源(电话用户线路、有线电视线路甚至电力线路)促使人们不断研究、探讨各种可行的传输技术，在工程实践中也逐步形成了多种基础性接入网技术之间相辅相成、组合应用的局面。这种光与铜之间、有线与无线之间的矛盾统一、螺旋发展的局面仍将持续相当长一段时期。

4. 经济的敏感性

小区接入工程经济的敏感性是指小区接入工程建设成本的变化影响很大。总体来看，小区接入类工程的覆盖范围很广，单位建设成本变化对运营商年度投资影响很大；从某个具体项目来看，它的建设成本与预期收入指标就决定了该项目的收益情况，从而直接决定该项目是否能够通过立项审批。

9.2　小区接入工程设计任务书

本节主要介绍小区接入工程设计任务书的主要内容和实例。

9.2.1　主要内容

小区接入工程设计任务书一般包括以下内容：
(1) 工程的地点、建设目的和预期增加的通信能力。
(2) 工程覆盖范围、建设规模或标准和投资规模或单位投资控制标准。
(3) 设计的名称和设计依据。
(4) 局端情况(机房选址)、专业分工界面、技术方案选用计划。
(5) 其他需要说明的事项。

9.2.2　任务书实例

在各大电信运营商的推动下，曾经制约 FTTH 技术实用推广的成本问题已明显改善，FTTH 接入方式将占有越来越大的份额。因此，本小节以新建小区的 FTTH 接入工程为例。设计任务书如下：

工程设计任务书

××通信设计咨询有限责任公司：

兹委托你公司完成我市中礼花苑新建小区的 FTTH 接入工程的勘察设计工作。该区域用户采用一级集中分光方式，上连华义家园小区机房的 OLT，配线比不低于 100％。

本工程为中礼花苑 FTTH 小区接入一期线路工程，主要解决中礼花苑 1 号楼用户的宽带接入问题。小区管道由开发商负责，请及时接洽管道建设方案。设计采用 1×64 分光器，皮线光缆布放到户，并负责用户光纤插座的安装。各种材料价格和费用标准按市公司 20××年计发×号文件执行。请于 6 月 21 日前提交一阶段设计文件。

××公司××市分公司计划发展部

20××年 6 月 1 日

9.3　小区接入工程勘察测量

本节主要介绍小区接入工程勘察工作的目的和要求、主要步骤以及勘察实例。

9.3.1　勘察工作的目的和要求

与其他通信管线工程相比，小区接入工程涉及的业主单位较为单一，设计、施工协调方面的难度相对较小。但在勘察方面，其他通信管线工程通常是线状展开，而小区接入工程勘察的范围一般是由线到面铺开，且向建筑物内部延伸，从而使小区接入工程的勘察工作成为一种立体勘察工作。

在小区接入工程勘察时，还会面临管线密集、隐蔽性大等复杂情况，且勘察设计工作与建筑专业结合紧密，这是小区接入工程勘察的特点和难点。

1. 勘察目的

小区接入工程勘察工作的目的是通过现场勘察测量来采集、核实现场基础数据，确定光电缆敷设方式、具体路由位置、各种分线设备和终端设备的安装位置等技术方案，为绘制施工图和编制概预算文件提供必要的基础资料。

2. 勘察要求

(1) 影响小区接入工程勘察工作的主要因素有：工程类别、技术方案种类；设计深度的要求；基础资料的完备程度；业主对敷设方式的要求。

(2) 勘察工作的基本要求如下：

① 建筑物(群)尺寸和相对位置必须准确、清晰。

② 勘察过程中要基本确定机房(或外线引入)、交接箱等关键设施的设置方案，以便明确勘察重点。

③ 重点关注相邻、相交管线的情况，初步拟定必要的保护措施。

④ 对单元、楼层、户数等基本数据要认真核查，不能随意推断。

⑤ 勘察成果需满足设计的需要，勘察草图要记录翔实、绘制规范、书写工整。

9.3.2　勘察工作的主要步骤

对于不同的工程类别、技术方案和设计深度要求，小区勘察测量工作的方法和步骤不尽相同。下面简要说明常规的方法和步骤。

1. 准备工作

除做好人员组织安排、准备好勘测所需的仪器设备外，小区工程勘察的准备工作主要是资料准备。资料准备工作主要有下列内容：

(1) 认真分析任务书和建设单位提供的资料，如与用户签订的合同等。

(2) 对于不熟悉的项目类别，还需要翻阅类似项目的工程设计，以明确建设单位更多的、例行或潜在的要求。

(3) 对于已提供建筑图纸的项目，需要复印或打印相关图纸，以便于勘察。

(4) 调查项目可用的网络资源：如果是新建工程，则需要调查研究项目周边的网络资源情况；如果是扩容项目，则需要重点调查项目自身原有资源情况。

2. 现场调查情况

现场调查之前，一般需约好运营商的客户代表、技术负责人以及业主方面的有关负责人(如房地产开发商的工程主管、物业公司的弱电负责人等)。在调查情况和巡察现场过程中，勘察人员可以就初步设计思路与各方初步沟通，听取有关方面的意见，尽量避免后期的方案修改。现场调查的情况有：

(1) 是否可以获取建筑弱电部分所需的图纸。

(2) 本期项目的覆盖范围、规模和建筑布局。

(3) 用户群基本情况和其他运营商的入线情况。

(4) 机房或交接箱的预规划位置和条件。

(5) 业主方对敷设方式的要求和能提供的基础条件、产权或投资界面等。

(6) 其他特殊情况。

3. 勘察测绘

勘察测绘的步骤没有固定的顺序，勘察测绘主要包括下列内容：

1) 外线衔接方案

(1) 路由的衔接：沿外线光电缆的引入方向，找到引入位置(终端杆、末端人孔等)；拟定路由衔接方案，并勘察测绘路由草图。

(2) 缆线的衔接：从引入位置沿原有路由找到指定或最近的缆线衔接点，如机房、交接箱、接头盒或预留分歧点等；核查原有路由资源状况，确定本期新建线缆的管孔或杆位占用方案，包括管道是否需要穿放子管孔，电杆是否需要新增吊线和拉线等细节；勘察或核查相关管道段、杆档的长度；测绘路由草图。

2) 项目总体(建筑群)平面测绘

项目总体平面测绘包括项目外围情况、项目内各建筑物、构筑物的尺寸和相对位置关系、间距大小。需要重点标明城镇小区的周边街道名称、小区内主干道、楼号等信息，农村的街道、胡同名称及住宅排号；在绘制总平面草图时，一定要注意总体布局、比例等问题，力争"草图不草"，做到直观、美观、方便实用。

3) 机房勘测

机房勘测包括建筑结构与材质(面积、高度、承重等)、机房环境(照明、温度、湿度、墙面等)、安全(防雷、防火、抗震)、环保(噪声、电磁和辐射)、市电与外线引入、接地装置等方面的内容，扩容项目还需调查原有设备情况。

4）建筑群布线

（1）敷设方式的选择：小区接入工程的敷设方式需要兼顾成本与美观。农村、乡镇和老城区旧住宅一般选择架空杆路和墙壁方式；城市新建住宅以管道方式为主，条件允许的可以辅以简易塑料管道、槽管、墙壁方式；高档住宅、商务楼宇一般选择管道和桥架方式。

（2）外线引入路由勘察：从外线引入位置到小区的交接箱或小区机房之间的路由是整个小区连接外部网络的"命脉"，勘察时应当多方案比较，选择安全、便捷的路由，同时也需要兼顾配线路由，以节约建设成本。

（3）配线路由勘察。

① 勘测时最好根据经验在现场提出初步方案，与建设单位、物业公司(或村委会)负责人员共同协商，并根据商定的方案完成勘察和绘制配线路由草图。如果工程规模较大，则需要在初步方案的基础上，经过深度、细致的设计过程，拿出系统完整的设计方案后，重新回到现场完成协商和详细勘测工作。

② 确定建筑群布线的路由方案时，应当充分利用建筑物自身结构的特点。楼宇的单元之间一般可以通过地下储藏室连接，大型楼宇群体之间一般会有地下车库或人防通道。这也为配线光电缆提供了一个较为便捷的敷设路由。但如果没有建筑图纸，则勘察难度比较大，需要把地下空间布局和地面建筑之间的对应关系严格对应起来。

（4）配线点勘察：这里的配线点是指光(电)缆交接箱、电缆组线箱、楼层配线间、分线(纤)盒等光缆或电缆配线和分线设备的安装位置。

（5）注意事项如下：

① 以管道方式、直埋方式敷设的，要注意埋深、与邻管线的平行与交叉间距、保护措施、人(手)孔的位置、路面(砼、砂石、花砖等)和土质情况等。

② 以管道方式、直埋方式敷设的，还要确定入楼管(预埋)、引上管(新建)的位置及与管道的衔接方案。

③ 以墙壁电缆方式敷设的，还应注意规范中的要求，如与原有通信电缆、电力电缆以及地面的距离等。

④ 利用原有桥架的，要勘察具体路由和桥架尺寸、容量空间等情况；新建桥架的，除注意与强电及其他建筑管路的间距和交越情况外，还需细致地勘察，以确定楼洞、墙洞、梁柱的处理以及桥架转弯、分歧、变径、终端封堵的位置和数量。

5）楼宇布线

普通住宅楼一般要核查各单元、楼层的户数并绘制户型结构图，确定走线路由和分线(纤)盒的安装位置及暗管的直径。其他楼宇主要包括平面图绘制以及建筑物内的水平和垂直配线路由勘察、线路终端箱体的安装方案等内容。如果系统的用户侧包括有源设备，则勘察时需要注意考虑市电和接地方面的内容。

本小节需着重注意以下两点：

（1）建筑群布线的主要敷设方式有哪些？

（2）建筑物内楼宇布线的敷设方式有哪些，适用于哪些场合？

9.3.3　勘察实例

1. 准备工作与现场调查

1) 准备工作

(1) 到建设单位查阅华义家园 OLT 机房和相关管线的设计、竣工情况；联系机房门禁钥匙事宜。

(2) 联系协调中礼花苑小区开发商提供整个小区的建筑设计图纸。

2) 小区现场调查

(1) 到中礼花苑项目部了解小区基本情况和施工进度。

(2) 查阅总平面图、小区管线图、1 号楼弱电图等资料，获取相关电子版图纸。

(3) 到 1 号楼核查楼道弱电箱的位置和单元连接管情况。

(4) 多方案比选，与开发商商定光缆交接箱的安装位置和安装方式。

(5) 初步调查小区主管道和支路管道的情况。

2. 勘察测绘

经上述工作，已基本掌握小区内部情况，计划由中礼花苑项目所在地向 OLT 机房方向初步勘察，再由机房向中礼花苑小区并最终入户进行详细勘察测量。本实例项目勘察小组为 2 人，测量工具为盒尺和皮尺，勘察测绘的步骤如下。

1) 初步勘察

简要绘制附近建筑、道路情况图，调查兴国路管道和管孔占用情况；过路进入华义家园，简要绘制附近建筑、道路情况图，调查小区管线情况；调查机房进缆路由(原有 3 根 d125 mm 引上钢管，每根钢管内穿 4 根 Φ28/32 mm 塑料子管)。

经初步勘察，掌握了工程沿线城市基本情况和本工程外线光缆的路由情况，确认中礼花苑管道已与兴国路管道 18# 人孔连通(兴国 18#、19# 人孔有积水)，外线路由以管道方式为主，可利用原有通信管道，无需新建。初步勘察形成的草图可为详细勘察草图合理布局提供参考，部分内容也可以为详细勘察草图所用。

2) 机房勘测

(1) 进入机房，在总体上粗略核查机房设备安装情况，查看 OLT 设备端口占用情况，确认尚有可用光口。

(2) 粗略核查 OLT 机房进缆情况：已引入 4 条光缆，均通过原机房进线洞进入。

(3) 确定本期新建光缆路由和安装位置：本期新建光缆可以通过原有机房进线洞进入机房；机房为上走线方式，光缆通过走线架敷设到 ODF，用盒尺测量光缆在机房内的敷设长度；拍照 ODF 占用情况(图片略)，本期新建光缆可成端在 ODF 第 5 框，光缆托盘(含尾纤、法兰盘)已安装到位，本工程可利旧。

3) 外线路由和小区管道的详细勘察测量

该实例项目路由较短，经上述初步勘察，可以确认该路由为最经济合理路由，不必进行其他方案比较，可以展开详细勘察工作。小区接入工程实例勘察草图如图 9-7 所示。

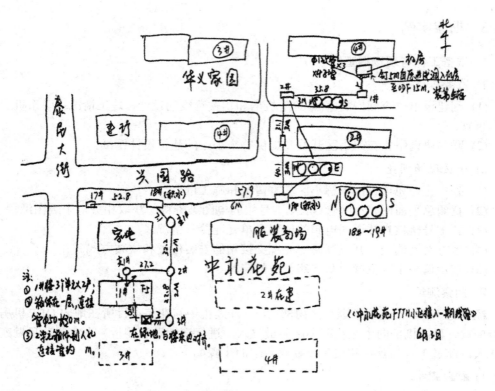

图 9-7　小区接入工程实例勘察草图

（1）由机房向中礼花苑小区方向，到兴国 18#人孔，用皮尺测量路由长度，并根据初步勘察草图的资料和详细测量的数据，详细绘制外线路由勘察草图。

（2）由兴国 18#人孔向中礼花苑小区 1 号楼方向，完成小区管道的详细勘察测量，方法同前。重点确认 1 号楼入楼预埋管与支 1#手孔已可靠衔接。

4）光缆交接箱勘察

按与开发商商定的具体位置，以中礼主 3#手孔和 1 号楼为参照物，完成光缆交接箱的定位测量。

5）楼宇布线勘测

（1）核查 1～3 各单元楼层数、户数和户型结构。

（2）绘制户型结构草图，重点检查测量楼层过线箱和信息插座的安装位置、规格尺寸以及水平和垂直暗管的直径，以备与土建图纸核对。

9.4　小区接入工程设计方案

本节主要介绍小区接入工程系统设计、机房和交接箱选址、路由设计、组网方案、设备材料选型以及设计实例。

9.4.1　系统设计

结合设备和线路特征参数进行光缆系统设计，以保证正常的通信服务。

在城域网或用户接入网中，因传输距离较小，一般情况下均可满足光纤数字传输系统指标要求。因为 PON 网络是树状结构，经分光器后光功率会按比例衰减，因此对于采用了 PON 技术的小区接入工程，应当计算光纤链路的总衰减是否满足系统要求。光纤链路衰减指标设计的光链路参考模型如图 9-8 所示。

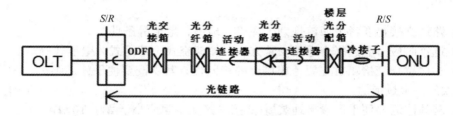

图 9-8　光纤链路衰减指标设计的光链路参考模型

ODN 的光功率预算所容许的损耗定义为 S/R 和 R/S(S 为光发信参考点，R 为光收信参考点)，单位为 dB。这一损耗包括了光纤和无源光元件(例如光分路器、活动连接器和光接头等)所引入的损耗。根据 OLT、ONU 的发送功率和接收灵敏度的相关指标，建议的 ODN 损耗为 8～28 dB。

如果采用最坏值法按照 1310 nm 窗口计算光纤损耗，则可采用以下参数：活动连接器插入损耗取 0.5 dB/个，光缆平均衰减系数取 0.4 dB/km，光纤熔接接头损耗取 0.1 dB/个，光纤冷接损耗取 0.15 dB/个，光分路器(带尾纤端子)损耗技术指标和光纤裕度参数分别见表 9-1 和表 9-2。

表 9-1　光分路器损耗技术指标表

典型规格	1×2	1×4	1×8	1×16	1×32	1×64
典型值/dB	3.3	7.1	10	13.5	16.6	18.3
最大值/dB	3.6	7.2	10.3	13.8	17	21.5

表 9-2　光纤裕度参数表

传输距离/km	≤5	≤10	>10
光纤裕度/dB	≥1	≥2	≥3

9.4.2　机房和交接箱选址

1. 机房选址

机房位置宜选取在覆盖区域的中心附近，覆盖区域要包括后期建设的区域和需要覆盖的邻近小区。机房面积根据通信容量以及中、远期设备安装数量等因素综合考虑。机房位置应方便线缆进出，同时要交通方便，有利于施工及维护。

对于建筑物综合布线系统，设备间位置应根据设备的数量、规模、网络构成等因素，综合考虑确定。每幢建筑物内应至少设置 1 个设备间。设备间宜处于干线子系统的中间位置，并考虑主线的传输距离与数量。设备间宜尽可能靠近建筑物线缆竖井位置，有利于主干缆线的引入。

2. 交接箱选址

交接箱的位置选取和机房选址要求相似，并考虑以下情况：

(1) 交接箱宜选在交接区内线路网的中心，对于电缆交接箱，最好略偏上游电信机房一侧。

(2) 路边交接箱要考虑城市规划、环境、地势、地形等条件。

(3) 选址时应考虑选择合适的安装方式，如架空式、落地式、壁挂式等。

(4) 小区壁挂交接箱首先要考虑墙壁的稳固性，其次既要便于施工维护，又不能设在人流较大的狭窄过道边。

(5) 箱体附近要便于埋设接地装置(交接箱接地电阻应小于等于 10 Ω)。

(6) 对于需要安装有源设备的箱体，选址时应考虑引电方便。

9.4.3 路由设计

路由设计是在勘察工作的基础上，首先确定线缆走向和敷设安装方式，再根据最终的组网方案，完成承载线缆的路由方案。路由设计的基本方法是从机房或主交接箱开始，以星状、树状结构，延伸到所有用户为止。在小区接入工程中，路由建设往往是投资的主要部分，路由方案的变化是工程变更的主要原因。

勘察绘制的项目总体(建筑群)平面图是路由设计的基础底纸。在此基础上，可根据需要设计小区通信管道施工图、墙壁吊线施工图、架空杆路吊线施工图、地下室桥架安装平面图和项目总体路由图，进而完成小区接入工程的路由设计。

1. 小区通信管道设计

小区通信管道设计的重点是根据小区光电缆网络结构，确定需要建设的管道路由，并选择适宜的管材和确定递减的管群及合适的手孔。

小区管道应路由平直、施工方便、经济合理，宜选择在小区主要道路的同一侧，与其他管线平行，具体路由应与小区开发商或物业管理公司协商确定。

在新小区项目中，因为网络主要以光缆为主，电缆一般不会超过 200 对，所以多数采用梅花管等结构的塑料管。若需大口径管孔，则可选用单孔在 $d100$ mm 左右的塑料管，也可以使用 $\Phi90$ mm 规格的水泥管。

对于原有通信管道中的大口径管道，应当在选用的管孔内先穿几根小孔径的塑料子管，然后再在塑料管内穿放电缆或光缆。子管的敷设安装应符合下列规定：

(1) 子管的材质和规格应当符合工程实际需要，各子管的总等效外径不宜大于大孔管内径的 90%。

(2) 工程中可只在本期涉及的大孔管中穿放子管，但每根大孔管中的子管应根据上述规定确定的数量一次性穿放。子管在两人(手)孔间的管道段不应有设计接头。

(3) 子管在人(手)孔内应伸出适宜的长度，可为 200～400 mm。

小区的人(手)孔需要根据管道的容量确定。除了局前和主干路由管道可能会用到人孔之外，一般情况下按手孔设计即可。

2. 墙壁光(电)缆设计

墙壁方式是一种经济适用的光(电)缆敷设方式，主要适用于街道、建筑物比较整齐的多层建筑小区，不适用于立面要求美观的场馆会所和高档住宅小区，以及房屋低矮、墙面不牢固的农村。

墙壁光(电)缆的建筑方式包括吊线式和钉固式。吊线式是采用钢绞线及挂钩挂设电缆，主要用于路由平直、距离较长或者可能敷设多条电缆的主路由上，另外，在建筑物之间需要跨越街坊、院内通道的，也应当选择吊线方式；钉固式是直接用电缆卡钩将电缆钉在墙面上，一般用在路由曲折、距离较短或者配线网的末端位置。

采用墙壁敷设方式时，其路由选择应满足下列要求。

1) 美观

(1) 路由横平竖直，不影响房屋建筑美观。

(2) 安装电缆位置的高度应尽量一致，住宅楼与办公楼以 2.5～3.5 m 为宜，厂房、车间外墙以 3.5～5.5 m 为宜。

2) 可行

(1) 避免选择在影响住户日常生活或生产使用的地方敷设光(电)缆。

(2) 不得妨碍建筑物的门窗启闭，电缆接头的位置不得选在门窗部位。

3) 安全

(1) 避开高压、高温、潮湿、易腐蚀和有强烈振动的地区。

(2) 避免选择陈旧的、非永久性的、经常需修理的墙壁。

(3) 缆线在隐蔽区域安装时，距离地面高度不应小于 3.0 m；在胡同和小区内主要通道一侧安装时，距离地面高度不应小于 4.0 m；跨越胡同和小区内主要通道时，缆线最低点距离地面高度不得小于 5.0 m，不满足时应安装增高装置。

(4) 墙壁光(电)缆尽量避免与电力线、避雷线、暖气管、锅炉及油机的排气管等容易使电缆受损害的管线设备交叉或接近，具体间距要求见表 9-3。

表 9-3　墙壁光(电)缆与其他管线的最小净距表

管线种类	平行净距/m	垂直交叉净距/m
电力线	0.20	0.10
避雷引下线	1.00	0.30
保护地线	0.20	0.10
热力管(不包封)	0.50	0.50
热力管(包封)	0.30	0.30
给水管	0.15	0.10
煤气管	0.30	0.10
电缆线路	0.15	0.10

9.4.4　组网方案

1. 技术方案

在确定技术方案时，需要根据项目规模和业务类型、网络资源状况、建设资金状况、建设单位意向等因素，经技术经济比较，明确总体技术方案。涉及宽带业务的，要首先考虑宽带业务的接入方式，如 xDSL、LAN、WiMAX、WiFi 等。下面简单介绍选择有线接入方式时的注意事项。

1) LAN 方式与 xDSL 方式的对比选择

(1) LAN 方式基于以太技术，适用于局域网应用的场景，如商业用户分布密集的写字楼、工业园区、网吧用户和适于或已经布放 UTP 超五类线的住宅小区。

(2) xDSL 主要适用于宽带提速的网络改造，以及宽带接入用户密度较小或光纤资源短缺的区域(如旧小区、农村地区)。

2) FTTC、FTTB 与 FTTH 的对比选择

(1) FTTC 是将光网络单元(ONU)设置在用户住宅附近的路边，再通过电缆覆盖周边的小区。FTTC 是光纤向用户推进的初级模式，原来主要为住宅用户提供服务，目前该方式也用在农村和城市中用户比较分散的区域。FTTC 比较典型的应用方式是 FTTC+ADSL。

(2) FTTB 是将 ONU 设置在大楼内的配线箱处，在光纤网络尚未普及的情况下，主要用于写字楼、大型商场和娱乐场所，为大中型企事业单位及商业用户服务，提供宽带业务。随着住宅用户对宽带接入需求的增长，FTTB 也成了住宅小区的一种主要接入方式，比较典型的应用方式是 FTTB+LAN。

(3) FTTH 是将 ONU 放置在每个用户住宅内，为用户提供各种综合宽带业务。FTTH 是光纤接入网的最终目标，每个用户都需"专享"一条光纤和配备专用的 ONU。为解决成本问题，FTTH 一般都基于 PON 技术实现。光分路器一般集中设置在一个或多个安装位置(ODF 或光交接箱)，也可根据具体场景分散设置。

3) GPON 与 EPON 的对比选择

与点对点有源方式相比，宽带 PON 技术主要适用于用户区域较分散但区域内用户分布相对集中的密集用户地区。单纯地从技术角度来看，EPON 在普通的以太网用户接入方面较有优势，而 GPON 更适于 TDM 企业级用户。在工程设计中，是否选用 PON 技术，以及选取 EPON 还是 GPON，最终将取决于运营商的建设和管理模式、建设成本及网络演进策略。

4) 综合应用

目前，各种接入技术和接入方式相互结合，实际应用中可综合应用。

2. 光缆线路网设计

1) 光缆线路网设计的基本原则

(1) 光缆线路网应结合业务需求和通信技术两个方面的发展趋势，确定合理的建设规模。

(2) 光缆线路网应调度灵活、纤芯使用率高、投资节省、便于发展、利于运营维护。

(3) 光缆线路网应安全可靠，向下逐步延伸至通信业务最终用户。

(4) 接入网光缆线路的容量和路由宜按中期需求配置，并留有足够余量。

(5) 同一路由上的光缆容量应综合考虑，不宜分散设置多条小芯数光缆。原有多条小芯数光缆时，也不宜再增加新的小芯数光缆。

2) 光缆线路网设计的基本模型

接入网光缆线路可参照电缆交接配线方式进行交接区的划分，并充分考虑光纤接入技术的发展，保证光纤逐步推进。

3) FTTx 中的网络架构

FTTx 网络的原始结构为 OLT 放在中心局，通过城域骨干(馈线)光缆连接到贴近用户的光缆交接箱，再通过 1∶N 分光器分成 N 路，通过配线光缆进小区，再通过皮线光缆接入到终端用户的 ONU/T。

在实际工程中，需要根据建设单位要求和网络的总体部署原则，具体确定 OLT 放在中心局，还是下移到小区机房，分光器是靠近 OLT，还是靠近 ONU，ONU 是装在交接箱，还是直接入户。也就是说，在工程设计中必须关注并确定 ODN 拓扑结构中各级节点的具体位置。

9.4.5　设备材料选型

建筑物综合布线系统对设备材料的定义和要求有一整套系统的标准，不再赘述。下面以新型的 FTTH 为主，讲述小区接入工程中常用的设备材料。

1. 光缆

(1) 目前光缆小区接入工程中宜采用 G.652D 光纤，当需要抗微弯光纤光缆时，宜采用 G.657A 光纤。

(2) 光缆中光纤数量的配置应充分考虑到网络冗余要求、未来预期系统制式、传输系统数量、网络可靠性、新业务发展、光缆结构和光纤资源共享等因素。

(3) 小区接入工程中的馈线光缆和配线光缆一般采用管道、架空、墙壁等方式敷设，因此光缆宜选用 GYTA、GYTS、GYTY53、GYFTY 等结构；在 FTTH 工程中，用户引入光缆一般选用蝶形光缆等适宜在建筑物内灵活敷设的光缆；高层建筑中的垂直光缆可根据需要选用骨架式光纤带光缆(GYDGA)、室内子单元配线光缆(GJFJV)或微束管室内室外通用光缆(IOFA)。

(4) 蝶形入户光缆又称皮线光缆或 8 字光缆，纤芯一般采用 G.657 弯曲不灵敏性单模光纤，常规的纤芯数量为 1～4 芯，带状可做到 8 芯。根据结构和适用场合，蝶形光缆可分为普通蝶形光缆、室内外通用蝶形光缆和自承式蝶形光缆。在满足牵引力强度要求的情况下，为避雷和防火安全，建筑物内宜选用非金属加强件、低烟无卤阻燃护套的入户光缆，如 GJXFH 等。

2. ODN 设备

ODN 的作用是为 OLT 和 ONU 提供光传输媒质作为其间的物理连接，它由光缆、交接设备、终端设备、分光器件和接续器件等设备组成，常见的布置方式如图 9-9 所示。ODN 设备主要包括光纤配线架(ODF)、光缆交接箱、分纤箱、分光器等。

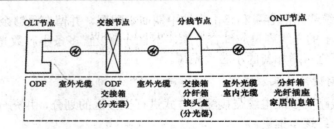

图 9-9　FTTH 系统 ODN 结构示意图

1）ODF

在光纤通信系统中，ODF 用于引入局站的光缆的成端和分配，以实现光纤线路的连接、分配和调度。光缆终端用 ODF 应满足下列要求：

(1) ODF 容量应与引入光缆的终端需求相适应。原有 ODF 空余容量能够满足本期需要的，可不配置新的 ODF。

(2) 新配 ODF 的外形尺寸、颜色应与机房的同期设备或原有设备协调一致。

(3) 常用的 ODF 配线单元框的规格有 12 口、24 口、48 口、72 口，宜采用熔纤和配线一体化模块。

(4) 新建 ODF 可根据实际情况满配或按需配置单元框和单元框中的适配器。盘纤盒应有足够的盘绕半径和容积，以便于光纤盘留。

(5) ODF 内光缆金属加强芯固定装置应与 ODF 绝缘。

2）光缆交接箱

光缆交接箱（如图 9-10 所示）配置应满足下列要求：

(1) 应符合 YD/T9888—2007《通信光缆交接箱》的有关规定。

(2) 有光缆固定与保护功能、纤芯终接与调度功能。

(3) 新配置交接箱容量应按规划期末的最大需求进行配置，参照交接箱常用容量系列选定。

(4) 交接箱颜色和标识应符合建设单位要求。

(5) 光纤终接装置的容量应与光缆的纤芯数相匹配，盘纤盒应有足够的盘绕半径，便于光纤盘留。

图 9-10　光缆交接箱

3) 建筑物光纤箱体

建筑物光纤箱体是指以室内安装为主的靠近用户侧的用于光缆分歧、接续、成端或安装有分光器、ONU 设备的综合箱体。

(1) 光分纤箱：明装在弱电井或楼道内。直熔型分纤箱主要用于光缆的熔接，如图 9-11(a)所示；成端型分纤箱安装有固定法兰盘的面板，可根据实际用户情况灵活调整；分光型分纤箱可安装分光器，为光纤分路提供安装固定条件。图 9-11(b)为内置分光器的成端型分纤箱。

(a) 直熔型光缆分纤箱

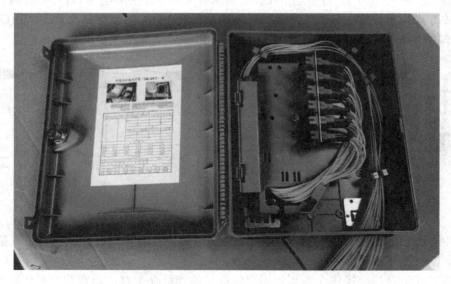

(b) 成端型分纤箱

图 9-11　光分纤箱

(2) 家居智能信息箱：壁嵌式安装在用户住宅内的家居信息箱主要用于安装 ONU 设备，提供各类弱电信息布线的端接、汇聚、配线以及设备供电。

4) 分光器

分光器也称光分路器，在 FTTH 系统中常用的输入光纤路数为 1 路和 2 路，可按均分光或不均分光方式，输出 2、4、8、16、32、64、128 路光纤。

根据制作工艺可分为平面光波导分光器(PLC Splitter)和熔融拉锥式分光器(FBT Splitter)。平面光波导分光器体积小、各波长插入损耗接近、分光均匀、可靠性高，适用于用户密集且接入距离差异小的场合，一般应用在 1×8 以上的高分路多波长传输系统中。熔融拉锥式分光器以 1×2 为基本耦合单元，可多级串联分光，因此分光比可根据需要现场控制，适用于用户数量少、距离差异大的场合，一般应用在 1×4 以下低分路、单波或双波传输系统中。

根据不同的光网络应用场合，可选择单模或多模型，以及对应的接头类型。

根据安装条件和分光器封装方式的不同，分光器可分为盒式分光器、机架式分光器、托盘式分光器、接头盒式分光器等。

5) 用户侧光纤成端器件

用户侧光纤成端位置一般可概括为两种情况：FTTH 场景下，将蝶形光缆在信息智能箱成端；FTTO 场景下，将蝶形光缆在光纤插座成端。

(1) 在光分路箱、家居信息箱内，普通光缆、蝶形光缆的成端方式是分别与尾纤直接连接。

尾纤(如图 9-12 所示)分为多模尾纤和单模尾纤。多模尾纤为橙色，波长为 850 nm，用于短距离互联。单模尾纤为黄色，波长为 1310 nm 和 1550 nm。常用的尾纤连接头有圆头尾纤(FC)、方头尾纤(SC)、方型尾纤(LC)、接头外壳为圆形并带有卡口的尾纤(ST)等类型，端面接触方式即光纤接头截面工艺有微球面研磨抛光(PC)、信号衰耗比 PC 要小(UPC)、呈 8°角并做微球面研磨抛光(APC)型。

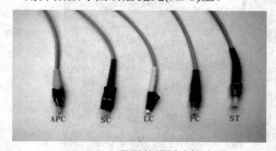

(a) 常用的尾纤连接头

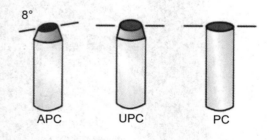

(b) 端面接触方式

图 9-12　尾纤连接头

(2) 蝶形光缆在光纤面板内采用冷接的方式成端，可以采用光纤冷接子、直插型光纤连接器、L 型光纤连接器等。

室内光纤信息插座提供光缆到达用户做终结的光纤保护盒，通常装有光快速连接器，可以根据工程需要采用明装或暗装方式。一般采用 86 型面板，且外观应与强电面板、弱电面板的外观相同或基本一致。安装底盒应具有足够的空间，能够盘留 0.4～0.5 m 的皮线光缆。

6) 终端设备的选择

接入网中的 OLT 设备提供 ODN 的光接口。在通信工程设计中，OLT 设备一般由建设单位指定厂商，并由设备专业的施工方根据业务需求、网络资源状况，对新旧技术和新旧产品进行多方案比选，从而确定 OLT 设备是一种性价比高、扩展性强、可靠性高、可运营的设备配置方案。

PON 系统中，ONU 提供 ODN 的光接口，实现 OAN 用户侧的接口功能。在 FTTx 网络中，ONU 设备的应用场景和设备形态多种多样，设计时应按照业务接口类型和数量来选择 ONU 的类型。

9.4.6　设计实例

9.2.2 节设计任务书实例项目中已明确了总体技术方案，在勘察阶段交接箱选址方案已确定，因此设计方案比较简单，不必进行多方案比选。

1) 组网方案

中礼花苑新建小区按 FTTH 方式，采用 GPON 技术实现小区住宅用户的光纤接入，并上连到华义家园小区机房的 OLT 设备。其 ODN 组网方案(如图 9-13 所示，图中 12D 表示 12 芯光缆)如下：

(1) 由华义家园小区机房 ODF 至中礼花苑小区的光缆交接箱间新建 1 条 12 芯光缆。

(2) 在小区光缆交接箱内安装 1 台 1 × 64 分光器。

(3) 小区光缆交接箱至 1 号楼 2 单元楼层分线箱新建 1 条 36 芯光缆，2 单元楼层分线箱至其他两个单元之间各新建 1 条 12 芯光缆。

(4) 各单元楼层分线箱到本单元用户插座各布放 1 条皮线光缆。

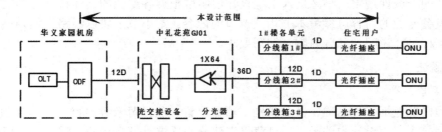

图 9-13　中礼花苑 FTTH 接入工程组网方案

2) 路由方案

本实例项目外线引入和小区配线均以管道方式为主。在小区外，利用原有管道布放由 OLT 机房引出的光缆；在小区内，利用开发商建设的弱电管道布放配线光缆、引入光缆；皮线光缆沿土建预埋暗管敷设。

3) 设备材料选型

(1) 分光器：1 × 64 分光器 1 台，采用盒式，以便安装在小区光缆交接箱内。

本期覆盖 30 户，实现 100%全接入，并将皮线光缆布放到每户的主卧室的信息插座。

在小区光缆交接箱内安装 1 台 1×64 分光器，接入工程的勘察设计工作。该区域用户采用一级集中分光方式。

(2) 光缆：由 OLT 到光交箱的光缆和小区配线光缆均采用管道方式敷设，因此选用 GYTA 结构，采用 G.652D 纤芯；建筑物内的入户光缆选用 GJXFH 结构，采用 G.657A 纤芯。

① 中礼花苑建成后，住宅用户为 120 户，按一级 1×64 分光方式计算，2 用 2 备共 4 芯光缆即可。考虑商场和附近其他潜在用户接入需求，并保持 FTTH 工程中的光缆型号简化以便于管理，确定本工程 OLT 机房引出的光缆选用 12 芯。

② 各单元均为 10 户，从交接箱到楼层分线箱的配线光缆也应选用 12 芯(即 2 芯备用)，因此到 2 单元的光缆选用 36 芯。

③ 因距离短，均在暗管内保护，入户光缆坏芯的最大可能性出现在施工过程中，且一般是缆中的各芯同时受到损害，因此皮线光缆不宜增加备用芯，本工程采用单芯皮线光缆。

(3) 交接箱：选用 288 芯单面落地式光缆交接箱。

(4) 用户光纤插座：插座底盒暗装，已由土建工程完成预埋，面板采用 86 型单口面板；法兰盘为 SC 型；插头选用 SC 直插型光纤连接器。

9.5　小区接入工程设计文档编制

本节主要介绍小区接入工程设计说明的编写、设计图纸的组织以及设计文件实例。

9.5.1　设计说明的编写

在满足设计深度要求的前提下，小区接入工程设计说明的格式、结构和内容应当符合设计文件的一般性规定。小区接入工程设计说明可根据各专业的具体特点适当变化，通信管道和设备专业的内容可参考本书相关章节的内容。本小节主要以线路工程为例，讲述小区布线工程设计说明各部分内容及编写要求。

1. 概述

1) 工程概况

工程概况包括工程名称、专业类别、项目位置、项目背景等内容。

小区接入工程设计中关于"项目背景"部分的要求不是必需的。对于新开拓的业务领域，或者采用新技术方案、新设备器材、新安装工艺的小区接入工程，应当在项目背景中阐述论证阶段的过程和结果。对于单项工程设计，应在项目背景中概括总体工程的情况。其他的常规性建设项目，可以省略项目背景。

2) 建设规模

建设规模包括楼群栋数、小区户数、实际覆盖户数、配线比以及管道、线路、设备的主要工程量等内容。对于包含多个单项工程的项目，需要分别描述各个单项工程的建设规模。

例如，某住宅小区共 600 户，现网已接入 280 户，主干电缆 300 对，本工程扩容主干

200 对，工程实施后可提供 500 户的接入能力。

3) 工程投资和技术经济分析

该部分包括总投资、每户或每线造价分析等内容。

2. 设计依据

对于采用运营商集团内部标准的设计，应当予以说明。

3. 设计范围和分工界面

1) 设计范围

小区工程的设计范围包括设计包含的专业内容以及各专业的主要内容。

小区接入工程设计范围可能涉及的内容包括通信管道的敷设、光(电)缆的布线安装、设备和机箱的安装等内容，一些边缘性的工作，例如楼内分线(纤)箱的安装、交流供电、接地、电力电缆布放等，也需要特殊说明。

小区工程的设计范围主要反映于网络向用户侧的延伸程度，对于运营商而言则是工程与装机、维护的界面。对于传统的市话电缆工程设计，一般负责到分线盒，不负责皮线、电话插座等；对于大楼综合布线工程设计，则应当负责到信息插座；对于以 LAN 方式接入的工程，一般情况下工程设计负责到楼道交换机。

2) 分工界面

分工界面包括本设计文件中各专业之间的设计分工界面、本设计文件与其他设计文件之间的设计分工界面，以及设计对工程实施过程中建设单位与厂商、设备器材安装单位等各方的界面划分。

市话电缆专业人员与交换专业人员的分工一般以机房光纤分配架为界，总配线架直列以外由电缆专业负责，总配线架至交换设备的线缆由设备专业人员负责。

光缆部分应注意与传输、数据设备专业的分工界面，一般以机房光纤分配架为界，外部由光缆专业负责。

新建大楼的接入工程，还需要与土建设计协调专业人员分工，或在说明中的"其他需要说明的问题"部分对土建专业人员提出需求。

4. 主要工程量

小区接入工程的主要工程量一般在设计说明中以表格方式分专业列明，具体以各专业相关内容为准。

5. 设计方案

小区接入工程设计要说明相关的业务需求和网络建设方案。应在符合设计规范要求的基础上，结合设计任务书和工程实际情况，在勘察测量之后对小区接入工程建设提出具体实施方案，内容包括机房和交接设备的选址方案，光(电)缆的路由选择、建筑方式的选择，线路组网方案，光(电)缆等设备材料的选择等。

6. 技术标准与要求

1) 设备材料方面

设备材料方面包括光(电)缆及设备的主要技术标准、箱体材料的主要要求等。

2) 施工安装方面

施工安装方面包括通信管道、光缆、电缆、设备安装中相关的设计规范、施工验收规范中的重点内容，以及建设单位、设计单位提出的技术标准和施工要求的具体说明等。一般分专业描述，如管道建设及管道电缆施工要求、光(电)缆线路敷设施工要求等。另外，还需要对线路的防潮、防雷等方面的保护措施进行阐述。

7. 其他需要说明的问题

1) 环境保护要求

环境保护要求主要包括在工程实施过程中对小区环境(如土壤、植被)和居民生活(如交通、噪音)方面的影响，以及相应的保护措施。

2) 安全生产要求

安全生产要求包括管线交叉作业注意事项、小区接入施工安全的要求和注意事项，避免损坏相邻设计或建筑，避免塌方现象的发生。特殊情况下还应考虑堆土、排水、支撑、危房处理等问题。

3) 项目协调

项目协调包括小区开发商、业主管理委员会、其他通信运营商等需要与建设单位、施工单位沟通协调的事宜，例如弱电专业的管道、桥架、箱体的位置安排等。

4) 其他

其他包括勘察设计条件所限未详细说明的事项、工程中可能遇到变更的内容，以及施工作业和技术处理的特殊问题等。

9.5.2　设计图纸的组织

小区接入工程的类型、规模、专业范围、设计深度不同，需要绘制的图纸种类也不尽相同。图纸的基本要求是能够真实客观反映现场情况，完整体现设计方案、布线方式并且能够指导施工。下面简单介绍小区接入工程设计中常用的图纸。

1. 管道路由图

小区接入工程的管道路由图是与本小区接入工程相关的管道建筑路由的平面示意图。绘制管道路由图的目的是表达工程的全貌和特点，要求是简洁、直观、示意性强，比例不做统一要求，一般应布置在一幅整图中，不宜分割。对于管道施工距离短、用一张施工图即可完整表达的工程，可以省略管道路由图。

管道路由图的内容包括工程总体平面、管网总布置和总体情况说明三个方面。

1) 工程总体平面

工程总体平面应包括小区各建筑物名称和分布情况、邻近街区道路的走向和名称、小区边界和周围的主要标志物、建筑物、障碍物等。

2) 管网总布置

管网总布置应包括城域网原有或新建的引接管道，小区内原有管道和新建管道，机房和交接箱位置以及连接方案，与建筑弱电或其他运营商相关的需在图纸上注明共建、共享的段落、人孔、手孔位置及入楼管的情况。

3) 总体情况说明

总体情况说明应包括施工总说明、总工程量表和其他需要标明的信息。

2. 管道施工图

管道施工图是与本小区接入工程相关的管道路由平面图，主要包括：管道平面图、管道断面图、管道建筑通用图和特殊设计图。对于管道断面较简单的工程，管道断面可在管道平面图中适当位置绘制。

小区管道设计中的管道施工图应标明下列信息：

(1) 机房或交接箱位置和连接方案。

(2) 新建或原有管道段的情况(路由、位置、管材、规格、长度)。

(3) 人(手)孔的位置与规格。

(4) 路面开挖情况。

(5) 管道沟和管道断面情况(尺寸、管孔排列、基础和包封)。

(6) 与建筑物的位置关系以及预留管线的衔接。

(7) 应在图纸上标注的工程量、材料表、施工注意事项等。

3. 光(电)缆路由图

小区接入工程的光(电)缆路由图是与本小区接入工程相关的光(电)缆路由走向和光(电)缆网络结构关系的平面示意图。其绘制目的和要求与管道路由图相同。其内容主要包括杆路和吊线、墙壁吊线以及直埋、管道、槽管的敷设安装方案。原则上应以建筑物平面布置图为基础，重点标明电杆和拉线、吊线、管道、槽管的性质(新建或原有)、产权、规格、程式以及数量或长度等信息。以下主要介绍杆路吊线、墙壁吊线和槽管部分的内容和要求。

(1) 杆路吊线部分应标明下列信息：

① 电杆的材质、规格和杆距。

② 吊线的起点和终点、程式及长度(用杆距不能表达时需单独标明)。

③ 拉线的程式、条数，以及是否安装拉线保护管。

④ 杆路的定位信息(如与房屋、路边的距离等)、两侧的参照物。

⑤ 电力线等架空交越管线的信息、交越位置、保护方式。

⑥ 平行管线、杆路的信息与间距等信息。

(2) 墙壁吊线部分应标明下列信息：

① 吊线沿墙壁的走向。

② 吊线的程式和长度。

③ 终端拉攀和中间支撑物的位置。

④ 电力线等架空交越管线的信息、交越位置保护方式。

⑤ 平行线缆的信息与间距等信息。

(3) 槽管部分应标明的信息如下：

槽管是指在建筑物内利用线槽、桥架、线管等材料支撑和保护光(电)线缆的一种走线方式，常用的材质分为 PVC 和金属两种。槽管的安装方式有预埋和非预埋两种，因预埋的槽管一般由建筑设计单位负责，所以小区接入工程中主要涉及非预埋安装方式，主要应用在建筑物的弱电竖井、楼道、地下室等场所。槽管施工图应标明槽管的材质、敷设安装方式、规格、长度以及平面和立面安装位置。

4. 电缆施工图

电缆施工图包括主干电缆和配线电缆两部分。主干电缆施工图内容比较简单，可参考配线电缆施工图有关要求绘制。

市话电缆配线是指将从机房或交接箱引出的市话配线电缆分配到各分线设备的芯线分配方式。配线电缆施工图是表达电缆配线设计方案的示意性图纸，以反映网络的逻辑关系为主，但空间相对关系宜与建筑物平面或立面布局一致。

在小区接入工程设计中，配线电缆施工图应标明下列信息：

(1) 成端电缆在配线架上的安装位置。

(2) 电缆配区划分情况。

(3) 每条电缆的程式和长度。

(4) 电缆程式的变化点(单元号或楼层杆号、人孔号等)。

(5) 分歧电缆占用总电缆的线序。

(6) 分线盒对数、电缆芯线线序、分线盒安装位置(单元号、杆号等)和编号。

(7) 电缆的管孔占位、杆面占位。

(8) 用户线路的割接方案。

(9) 施工要求的说明和其他相关内容。

5. 光缆施工图

小区接入工程的光缆施工图详细反映了光缆从机房或交接箱至用户侧光纤终端设备的敷设方式，是小区内光缆敷设安装的指导性图纸。其内容包括光缆的安装位置、敷设方式、保护方式、光缆规格、长度、接头位置、纤芯分配方案等信息。纤芯分配方案难以在施工图中描述的，应单独绘制光缆纤芯分配图。

6. 楼层平面布线图

楼层平面布线图主要描述从楼层分线设备或 ONU 设备到各信息点之间光(电)缆的敷设安装方式和走线路由，是一种室内光(电)缆施工图。目前的线缆类型以 UTP 五类线、电话皮线、蝶形光缆为主。图纸中应以楼层平面图为基础，一般包括光(电)缆规格型号、敷设方式、走线路由以及各信息点的位置、类型(数据、语音和视频)、编号等信息。

平面布线图要求按比例绘制，结构相同或相似的楼层可绘制一份代表性图。

7. 光(电)缆系统图

小区接入工程的光(电)缆系统图是反映光(电)缆网络逻辑组织关系的图纸，内容主要包括小区接入工程涉及的光(电)缆设备、交接设备、配纤(线)设备、成端设备等的分布位置、连接关系，以及连接缆线的性质和条数。另外，系统图还应当标明系统的总出口和上连关系。系统图的基本要求是关系明确、层次清晰、内容简洁、与施工图一致。

8. 通用图及其他图纸

小区接入工程的通用图主要包括：管道和人(手)孔建筑图纸；光(电)缆设备、交接设备、配纤(线)设备、成端设备等的安装图纸；光(电)缆引上安装图纸；光(电)缆接头盒安装图纸；人孔内光缆安装图纸等。

其他图纸包括楼面及墙壁上预留孔洞尺寸及位置图、与预埋入楼管连接的工艺图纸等。

9.5.3　设计文件实例

下面为本章设计任务书实例项目设计文件中的设计说明和设计图纸。

1. 设计说明

1) 概述

本工程为××公司××市分公司中礼花苑 FTTH 小区接入一期工程，本单项工程为××公司××市分公司中礼花苑 FTTH 小区接入一期线路工程，采用一阶段方式进行设计。

当前，住宅用户对宽带业务的需求明显增大，原有的宽带接入方式(ADSL 和 LAN)将制约高带宽、多业务接入的发展。另一方面，FTTH 的综合成本已显著下降，因此，对新建小区以 FTTH 方式实现接入已成为必然选择。

中礼花苑小区在××市兴国路与泰民大街交叉口东南角附近，规划建设 4 栋多层高档住宅楼，共计 120 套住宅。目前 1 号楼已封顶，其余 3 栋正在地基施工阶段。

本工程采用 FTTH 方式 GPON 技术，在小区新建的 288 芯落地式光缆交接箱内安装 1 台 1×64 分光器，以 36 芯配线光缆实现光纤覆盖 1 号住宅楼 30 家住户，可以为用户提供语音、数据和图像接入业务。本设计结合建设单位的指导意见，综合考虑了方案的经济性、合理性以及环境保护等问题。

单项工程预算总值为 41 088.69 元人民币，平均每户投资 1370 元，每芯投资 1141.4 元。本单项工程平均投资较高的原因可概况为三个方面：一是包括了小区外线接入光缆的建设投资；二是包括了光缆交接箱的建设投资；三是实际配纤数量略高于住宅用户数量。

2) 设计依据

(1) 20××年 6 月 1 日××公司××市分公司计划发展部关于中礼花苑 FTTH 小区接入一期线路工程设计的设计任务书。

(2)《本地通信线路工程设计规范》(YD5137—2005)。

(3)《综合布线系统工程设计规范》(GB50311—2007)。

(4)《通信管道与通道工程设计规范》(GB50373—2006)。

(5)《××公司××省分公司 FTTH 建设指导意见》。

(6) ××公司××市分公司提供的相关资料及要求。

(7) 设计人员于 20××年 6 月 3 日赴现场勘察收集的相关资料。

3) 设计范围和分工

(1) 设计范围包括馈线光缆、配线光缆、引入光缆的敷设安装与测试、光缆交接箱的安装、用户光信息插座面板的安装。

(2) 设计分工：机房侧以机房 ODF 为界，外部由线路专业负责，用户侧到光信息插座为止，不负责安装调测 ONU 设备，不负责机房和交接箱分光器等所有光跳线的设计。

4) 主要工程量

主要工程量见本单项工程量预算表(表三)甲。

5) 设计方案

(1) 组网方案。

FTTH 组网方式的基本特点是：OLT 设备放置在机房内，配置 PON 口，将光纤拉到各住宅楼内，再通过分光器将光纤引入每户家庭，以户为单位，配置家庭网关型的 ONU 设备，能为用户提供包括语音、上网、视频等各种业务。

中礼花苑小区 FTTH 工程采用 GPON 技术、一级集中分光方式，实现小区住宅用户的光纤接入，按自上而下顺序，其光缆网络结构为：由华义家园小区 OLT 机房的 ODF 到小区新建光缆交接箱(含 1×64 分光器)，再到 1 号楼单元分线箱(含熔纤盘)，最后到各层用户信息插座。

用户插头选用直插型光纤连接器，其他光缆成端采用热熔方式。

(2) 光缆路由与敷设方式的选择。

本工程在××市市区内，中礼花苑小区至 OLT 机房(华义家园小区)的距离较近，借助市区的通信管道可以很方便地连接起来。

根据现场勘察情况，本工程外线引入和小区配线均以管道方式为主，在中礼花苑小区内，与 1 号楼相关的弱电管道已竣工(其余管道尚未开挖沟槽)，不影响本工程的使用。因此，室外各部分光缆可利用管道方式敷设，并且小区管道已与入楼管衔接。楼层分线箱到用户信息插座的皮线光缆沿住宅楼内的暗管敷设。具体设计方案详见施工图纸。

(3) 设备材料选型。

① 分光器：1×64 分光器 1 台，采用盒式，安装在小区新建光缆交接箱内。

② 光缆：OLT 机房引接光缆选用 12 芯 GYTA 光缆；小区配线光缆选用 12 芯和 36 芯 GYTA 光缆，均采用 G.652D 纤芯；入户光缆选用单芯 GJXFI 光缆，采用 G.657A 纤芯。

③ 交接箱：选用 288 芯单面落地式光缆交接箱。

④ 用户光纤插座：插座底盒暗装，已由土建工程完成预埋；面板采用 86 型单口面板；法兰盘为 SC 型；插头选用 SC 直插型光纤连接器。

(4) 系统设计。

本工程 ODN 链路光通道损耗满足系统设计要求，计算结果见表 9-4。

表 9-4　ODN 传输损耗计算表

指标内容	活接头	冷接点	熔接点	光缆线路	光分路器	光缆裕度	合计
单位损耗/dB	0.5	0.15	0.1	0.4	21.5	1	—
数量/个	3	1	5	0.4	1		—
损耗/dB	1.5	0.15	0.5	0.16	21.5	1	24.81

6) 技术标准与要求

技术标准与要求包括光纤、交接箱、分光器的技术标准以及光缆、设备安装要求，具体从略。

7) 其他需要说明的问题

其他需要说明的问题主要包括安全施工等方面的要求，从略。

2. 设计图纸

本实例项目的工程设计包括以下图纸：

(1) 中礼花苑 FTTH 小区接入一期线路工程管道光缆路由图(20××0098S-1)，如图 9-14 所示。

(2) 中礼花苑 FTTH 小区接入一期线路工程管道光缆施工图(20××0098S-2)，如图 9-15 所示。

(3) 中礼花苑 FTTH 小区接入一期线路工程皮线光缆平面布线图(20××0098S-3)，如图 9-16 所示。

(4) 中礼花苑 FTTH 小区接入一期线路工程光缆系统图(20××0098S-4)，如图 9-17 所示。

(5) 中礼花苑 FTTH 小区接入一期线路工程光交面板及纤芯分配图(20××0098S-5)，如图 9-18 所示。

(6) 人孔光缆安装示意图(T-GDGL-01)(略)。

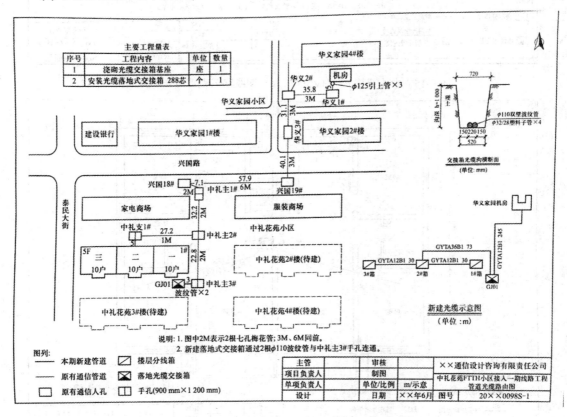

图 9-14　中礼花苑 FTTH 小区接入一期线路工程管道光缆路由图

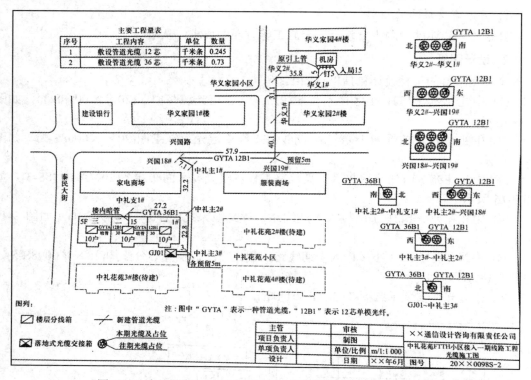

图 9-15　中礼花苑 FTTH 小区接入一期线路工程管道光缆施工图

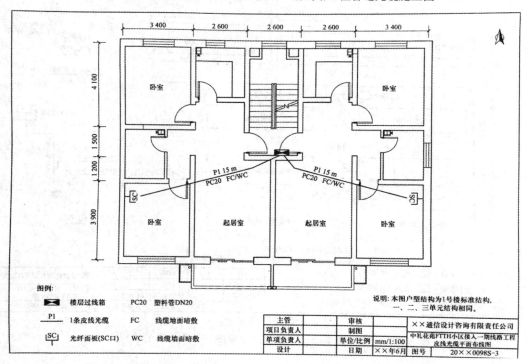

图 9-16　中礼花苑 FTTH 小区接入一期线路工程皮线光缆平面布线图

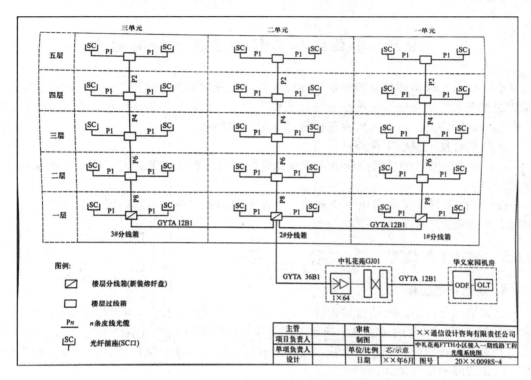

图 9-17　中礼花苑 FTTH 小区接入一期线路工程光缆系统图

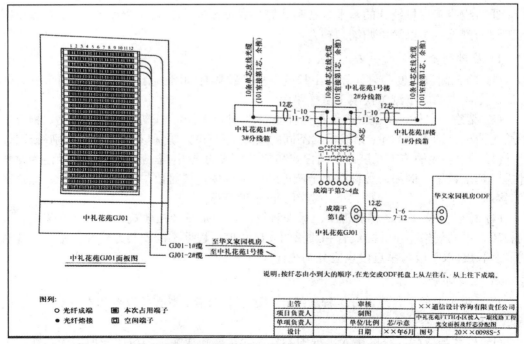

图 9-18　中礼花苑 FTTH 小区接入一期线路工程光交面板及纤芯分配图

9.6　小区接入工程概预算文档编制

小区接入工程概预算文档包括概预算表格和概预算编制说明两部分，其中概预算文档编制的重点工作是根据施工图纸来统计工作量和工程材料。为简化描述，本节以预算编制工作为例进行讲解，有关内容也可作为概算编制的参考。

本节需着重注意以下两点：

(1) 行业标准《信息通信建设工程预算定额》第四册是小区接入工程概预算编制的重要依据。

(2) 室内工作量优先套用《信息通信建设工程预算定额》第四册第七章"建筑与建筑物综合布线系统"的定额。

9.6.1　统计工程量

1. 通信管道工程

一般情况下，小区通信管道需要单独编制预算，统计工程量。编制预算的方法可参考第 8 章的内容。需要注意的是，统计工程量前要重新审视与光(电)缆相关的设计图纸，如图纸上的入楼管的衔接段、引上管、交接箱引接管以及新建或原有管道中穿放的子管等内容，避免遗漏或重复统计。

2. 通信线路工程

通信线路工程量统计的基本方法和计算公式可参考第 7 章有关内容。本小节以小区接入工程为侧重点予以简单归纳和补充。

1) 基础部分

(1) 施工测量长度：只计算路由长度。多条线缆有同路由情况时，同路由部分只计取一次。定额中的施工测量仅限于室外路由。

(2) 架空：立杆、拉线等数量根据杆质(水泥杆、木杆)、杆高或拉线的规格、种类以及土质等情况分别统计数量；吊线根据不同的安装地区(市区等)和不同的规格分别统计长度。

(3) 光(电)缆的施工长度：不同程式和敷设方式的光(电)缆应分别统计，以便为材料统计提供基础数据。例如，敷设通信全塑电缆的工程量，按对数、线径分别统计，但定额只按对数划分子目，不论线径大小，定额工日不做调整。

(4) 槽管部分：分砖槽和混凝土槽两种情况，分别统计在建筑物内的开槽长度。按不同材质、不同规格，统计配线管和线槽的安装长度；根据不同安装方式和规格，统计桥架的安装长度(水平段与垂直段也应分别统计)。

2) 光缆部分

小区接入工程中光缆部分工程量统计方法可参考第 7 章有关内容和本章实例。下面强调两个方面的内容：

(1) 接续与成端：小区接入工程中，光缆的接续和成端工程量比一般的光缆线路工程要大得多，且一般为树状结构。不管是否采用 PON 技术，从光缆网的"根部"到各"分枝"，一般情况下纤芯不是严格的一一对接关系，且到末端的"叶子"也很少全部成端，所以要结合纤芯分配图认真统计各个分歧节点及线路终端的接续和成端数量。

(2) 光缆测试包括中继段测试、用户段测试和光纤链路测试。

① 中继段测试：适用于小区接入机房到邻近接入机房或上游汇聚机房的线路段测试，以"中继段"为单位统计工程量。

② 用户段测试：适用于汇聚机房或接入机房至用户端的线路段测试，以"段"为单位统计工程量。有交接设备的，交接设备两端各为一段分别统计。

③ 光纤链路测试：综合布线工程中，为了区分单纤系统和双纤系统，以"光纤链路"为单位统计工程量。在 PON 网络中，一般按每户一个链路统计工程量。

9.6.2　统计材料

小区接入工程的多数材料可以按根据工程量与预算定额给定的材料与数量的乘积确定。另有部分材料需要单独统计用量，并根据《信息通信建设工程预算定额》第四册附录二"主要材料损耗率及参考容量表"考虑一定的损耗量。下面简要说明其统计方法。

(1) 交接箱、分线盒、多媒体箱、信息插座、电缆接头套管等材料在统计工程量时以实物安装量为依据，据实统计。

(2) 对于工程实际与预算定额给定的材料消耗量有较大差异的，应根据图纸单独统计材料用量。例如，对于安装吊线式墙壁光(电)缆需要的终端转角墙担，预算定额按每百米 4.04 个给定。因建筑物外围轮廓差异较大，工程实际中宜根据需要单独统计终端转角墙担的用量，最终确定终端转角墙担、衬环、膨胀螺栓等配套材料的总消耗量(铁件应考虑 1% 的损耗量)。

(3) 对于由设计根据需要计列的材料，也应根据图纸单独统计材料用量。常用的有光缆接头盒、管道中的光缆托板和托板垫、光(电)缆挂牌、过路警示管等。

本小节需着重注意以下两点：

(1) 定额中布放光(电)缆包括使用量和规定的损耗量，但不包括预留量。设计图纸若标明了预留量，则材料应据实计列。

(2) 光(电)缆材料实际用量 = 图纸测量长度 + 自然弯曲长度 + 损耗量 + 预留量。

9.6.3　编制预算

1. 基本步骤

使用 451 定额库，寻找需要的定额编号数据等编制预算的基本步骤如下：

(1) 打开 Excel 软件，新建小区接入工程的工程预算文件，填写预算基本信息。

(2) 根据需要的定额库中的定额编号、数据进行填写。

(3) 根据图纸和工程量统计结果，输入建筑安装工程量预算表(表三)。

(4) 添加和修改器材预算表(表四)主材的种类、规格、数量、价格等信息。

(5) 根据工程实际情况，填写建筑安装工程费用预算表(表二)中的有关费用；根据建设单位特殊要求，调整建筑安装工程费用预算表(表二)有关费率。

(6) 根据工程实际情况，填写工程建设其他费预算表(表五)中的有关费用；根据建设单位特殊要求，调整工程建设其他费预算表(表五)有关费率。

2. 注意事项

1) 套用定额

套用定额是将施工图纸要求的工作内容和工程量统计结果输入表格，根据预算定额计算人工、机械、仪表的消耗量的过程。小区接入工程利用预算定额库编制预算时，套用定额的主要工作是合理选择定额并完成建筑安装工程量预算表(表三)的输入。一般可概括为以下两种情况：

(1) 直接套用。对于根据施工图、设计说明、通用标准图确定的与定额项目相对应的标准工作量，可以直接套用定额。

直接套用定额时应当注意定额的适用范围。17 版定额将建筑综合布线系统和光缆、电缆各子专业汇编到行业标准第四册《通信线路工程》预算定额中。因此，在综合布线类的小区接入工程预算编制时，如果 17 版定额第四册第七章有相应子目，则优先直接套用该章定额；如果第七章没有对应子目，则可套用其他章节的内容，以保证套用的准确性。例如：

① 对于槽道光缆，综合布线工程应当套用定额 TXL5—074 "桥架、线槽、网络地板内明布光缆"，而 TXL5—044 "槽道光缆"则适用于综合布线以外的工程。

② 综合布线的系统测试应当套用 "光纤链路测试"(定额编号 TXL6—132～TXL6—139)，而非综合布线类的工程，光缆、电缆测试应当套用其他章节的子目。

(2) 补充套用。在小区接入工程预算中，补充套用定额有以下两种情况：

① 估列：对于定额中未规定的某项工作内容，可以根据实际情况，估列该项工作内容工日和台班。

② 企业定额：运营商根据预算管理需要，结合本企业对施工工艺、技术等方面的改进和具体要求制定的小区接入工程的人工、材料和机械台班消耗量标准。如中国电信对 FTTx 工程的施工定额，又如 ONU、光分路器等装调工作明确了执行标准。

2) 计算材料费

(1) 主要材料的数量：一般可以将根据定额计算或单独统计出来的结果，直接填入器材预算表(表四)。特殊情况下，还需要根据计算方便或货物包装、运输、存储的需要，对上述结果进行微调后填入器材预算表(表四)。例如，综合布线工程中用到的五类以上非屏蔽线缆一般为 305 m/箱，编制预算时宜按整箱计取。

(2) 输入材料原价：根据建设单位提供或授权询价得到的材料价格表，在器材预算表(表四)"单价"一栏输入对应的材料原价。

(3) 主要材料费：以主要材料原价为基础，计算采备材料所发生的各项费用并总计求和，即可得到主要材料费。

(4) 利旧材料和回收材料：凡由建设单位提供的利旧材料，其材料费不计入工程成本；回收材料(如电缆等)宜单独列表，但不冲抵工程成本。

3) 计算设备、工器具购置费

设备、工器具购置费的计算方法与主要材料费的计算方法一致，只是费率不同，根据建设单位要求，一些投资不高的设备可不单独列表或直接按主要材料计算相关费用。

4) 费率和其他费用

建设单位对费率和其他费用会有一些特殊要求，编制预算时应当依据建设单位要求逐个调整、计算。通常情况下，预算定额库均提供标准费率的查询功能和有关费用的计算功能，有的还可以提供计算器和可编辑公式，以便编制预算时使用。

5) 自检

预算编制完成后，需要自我检查有无疏漏。而对于常用的套用预算模板来编制预算的情况，更需要通过自检来纠正未删减和调整的内容。一般可以结合建设单位的要求，从以下几个方面重点审视预算表。

(1) 项目名称等基本信息是否正确。在套用模板编制预算时尤其要注意。

(2) 工程总工日在 250 个工日以下时，是否根据定额规定比例调增了工日。例如，总工日在 100 个工日以下时，调增比例为 15%。

(3) 建筑安装工程量概预算表(表三)甲的"数量"是否与定额中的"单位"对应，系数是否需要调整。

(4) 针对需要单独统计的材料和输入之类的材料，检查有没有遗漏和多余的情况出现。核对主要材料的"数量"和"单价"。

(5) 建筑安装工程费用预算表(表二)、工程建设其他费用预算表(表五)的有关费率设置和费用计取是否正确、有无遗漏。

9.6.4　预算文档编制实例

1. 统计工程量

小区接入工程线路部分工程量比较烦琐，一般也需要制作一个表格以防遗漏。以下选取有代表性的工程量举例说明统计方法和结果。

1) 施工测量

若机房内和住宅楼内长度不计，则有：

(1) 架空光缆施工测量：机房外钉固光缆 5 m，即测量长度为 0.05 百米。

(2) 管道光缆施工测量：含机房、交接箱和 2 单元的引上管道部分，长度为 2.672 百米。

2) 土方量

本实例把交接箱的引接管道按挖、夯填光缆沟计算，并粗略估算交接箱底座的土方，计算过程略。

3) 敷设光缆

(1) 局内光缆长度为 0.15 百米条，架设钉固式墙壁光缆长度为 0.05 百米条。

(2) 敷设 12 芯管道光缆长度 = 路由长度 + 预留长度 = 0.235 + 0.01 = 0.245(千米条)。

(3) 敷设 36 芯管道光缆长度 = 路由长度 + 预留长度 = $(3 + 22.8 + 27.2 + 15) + 5 = 0.073$(千米条)。

(4) 暗管内穿放光缆：为便于统计材料，本实例已将 36 芯光缆入楼部分的长度统计在管道光缆中，因此仅包括 2 条 12 芯楼内光缆的长度，即 0.6 百米条。

(5) 穿放皮线光缆：按层高 3 m 计算，则从一楼到五楼每户垂直段光缆长度为 6 m；1

号楼每户水平段光缆长度为 15 m,因此,30 户皮线光缆总长度 = (6 + 15) × 30 = 6.3(百米条)。

4) 其他

(1) 本实例项目中敷设波纹管和穿放子管工作量较小,应包含在"浇砌光缆交接箱基座"工作内容中,故本实例中不单独计算相应工作量。

(2) 交接箱引接管道需接入中礼 3#手孔,本例需统计"人孔壁开窗口"1 处。

(3) 穿放引上光缆:仅在机房处计取 1 条,交接箱处的 2 条光缆本实例统一按管道光缆统计其布放长度。

2. 统计材料

以下仅就根据建设单位要求需要列入设备表、光缆表的材料的计算过程予以说明,作为参考,其余材料从略。

1) 线路设备

(1) 光缆交接箱:中礼花苑小区内安装 288 芯落地式光缆交接箱 1 座。

(2) 光缆托盘:交接箱光缆托盘按本工程实际需要配置。ODF 上的光缆托盘利旧;光缆交接箱的光缆托盘型号为 12 芯,12 芯、36 芯光缆成端共需 4 个。

(3) 盒式分光器:本工程配置 1 × 64 盒式分光器 1 台。

(4) 楼层分线箱内的熔纤盘:选用 12 芯熔纤盘,2 单元楼层分线箱入线 36 芯需配置 3 个,其他两个单元各入线 12 芯共需配置 2 个,本工程需要配置 5 个熔纤盘。

2) 光缆

12 芯馈线光缆长度 = 路由长度 × (1 + 自然弯曲率) + 人孔弯曲 + 成端损耗及预留 + 管道损耗及预留 = [(235 + 5 + 15) × (1 + 1%) + 0.5 × 8 + (5 + 5) + (5 + 5)]m ≈ 282 m。

12 芯配线光缆长度 = 路由长度 × (1 + 自然弯曲率) + 成端损耗及预留 = [60 × (1 + 1%) + 3 × 2 × 2]m ≈ 73 m。

12 芯 GYTA 光缆长度 = (282 + 73)m = 355 m。

36 芯配线光缆长度 = 路由长度 × (1 + 自然弯曲率) + 人孔弯曲 + 成端损耗及预留 + 管道损耗及预留 = [(3 + 22.8 + 27.2 + 15) × (1 + 1%) + 0.5 × 3 + (5 + 3) + 5]m ≈ 83 m。

单芯皮线光缆长度 = 路由长度 × (1 + 自然弯曲率) + 接续和成端损耗及预留 = [630 × (1 + 1.5%) + (1 + 1) × 30]m ≈ 700 m。

3. 编制预算

1) 填写基本信息

查找行业标准 451 定额库,编写预算文档。

2) 套用定额输入工程量表

按工程量表的统计顺序或定额编号顺序,在建筑安装工程量概预算表(表三)甲中依次录入各个工程量。以下简单说明几项特殊情况,其余不再具体说明。

(1) 穿放皮线光缆:套用 TXL4-056"墙壁方式敷设蝶形光缆"子目。

(2) 布放局内光缆:根据现场情况,直接套用 TXL5-044"槽道光缆"子目。

(3) 安装、测试光分路器 1 × 64:直接套用定额 TXL7-036"光分路器本机测试① 1:64"子目。

3) 生成并整理材料表和机械表

保存建筑安装工程量概预算表(表三)甲,并通过建筑安装工程量概预算表(表三)甲生成国内器材概预算表(表四)甲、建筑安装工程机械使用费概预算表(表三)乙等预算表格,输入材料价格,制作国内光电缆表和国内需要安装的设备表。

4) 计算费用

修改建筑安装工程费用预算表(表二)费率、工程建设其他费预算表(表五)甲、工程预算总表(表一)相关费率(应与预算说明部分保持一致),或直接计算相关费用,填入相应表格。

4. 编写预算说明

1) 预算编制说明

(1) 工程预算总投资。本单项工程为××公司××市分公司中礼花苑 FTTH 小区接入一期线路工程,本工程共接入住宅用户 30 户。

本单项工程预算总值为 41 088.69 元人民币,其中建筑安装工程费 28 825.71 元,需要安装的设备费 6948 元,工程建设其他费 5314.98 元。平均每户投资 1370 元,每芯投资 1141.4 元。

(2) 预算编制依据如下:

① 国家工业和信息化部《关于发布〈通信建设工程概算、预算编制办法〉及相关定额的通知》(工信部规[2016]451 号)。

② 国家发展计划委员会、建设部《关于发布〈工程勘察设计收费管理规定〉的通知》。(计价格[2002]10 号)修订本。

③ 国家发展改革委、建设部《关于印发〈建设工程监理费与相关服务收费管理规定〉的通知》(发改价格[2007]670 号)。

④ 《××公司××省分公司 FTTH 建设指导意见》(20××版)。

⑤ ××公司××省分公司以及××市分公司提供的材料价格。

(3) 费率与费用的取定。根据建设单位意见,本预算对如下费率、费用进行调整,其余按工信部规[2016]451 号文中综合布线工程的费用标准执行。

① 工程预算总表(表一)不计取预备费。

② 建筑安装工程费用预算表(表二)不计取大型施工机械和工程排污费这两项费用。

③ 国内器材预算表(表四)甲只计取材料、设备和光缆的原价。

2) 预算表

根据建设单位意见,本预算对如下费率、费用进行调整,其余按工信部规[2016]451 号文中综合布线工程的费用标准执行。本单项工程预算表格主要包括:

(1) 工程预算总表(表一)(见表 9-5);

(2) 建筑安装工程费用预算表(表二)(见表 9-6);

(3) 建筑安装工程量预算表(表三)甲(见表 9-7);

(4) 建筑安装工程机械使用费预算表(表三)乙(见表 9-8);

(5) 建筑安装工程仪器仪表使用费预算表(表三)丙(见表 9-9);

(6) 国内器材预算表(表四)甲(需要安装的设备表)(见表 9-10);

(7) 国内器材预算表(表四)甲(主要材料表)(见表 9-11);

(8) 工程建设其他费预算表(表五)甲(见表 9-12)。

表 9-5　工程预算总表(表一)

建设项目名称：××公司××市分公司中礼花苑 FTTH 小区接入一期工程

建设单位名称：××公司××市分公司

单项工程名称：××公司××市分公司中礼花苑 FTTH 小区接入一期线路工程

表格编号：20××0098S-B1　　　　第　页

序号	表格编号	费用名称	小型建筑工程费	需要安装的设备费	不需要安装的设备、工器具费	建筑安装工程费	其他费用	预备费	总价值	
			(元)						人民币 (元)	其中外币( )
I	II	III	IV	V	VI	VII	VIII	IX	X	XI
1		建筑安装工程费				28 825.71			28 825.71	
2		引进工程设备费								
3		国内设备费	6948.00						6948.00	
4		工具、仪器、仪表费								
6		工程建设其他费					5314.98		5314.98	
7		引进工程其他费								
8		合计								
9		预备费								
10		小型建筑工程费								
11										
12										
13										
14		总计	6948.00			28 825.71	5314.98		41 088.69	
15		生产准备及开办费								
16										

设计负责人：×××　　　　审核：×××　　　　编制：×××　　　　编制日期：20××年 6 月

表 9-6 建筑安装工程费用预算表(表二)

建设项目名称:××公司××市分公司中礼花苑 FTTH 小区接入一期工程

建设单位名称:××公司××市分公司

单项工程名称:××公司××市分公司中礼花苑 FTTH 小区接入一期线路工程

表格编号:20××0098S-B2　第　页

序号	费用名称	依据和计算方法	合计(元)	序号	费用名称	依据和计算方法	合计(元)
I	II	III	IV	I	II	III	IV
	建筑安装工程费	一+二+三+四	28 825.71	(二)	措施费	1~15 之和	3892.19
一	直接费	直接工程费+措施费	19 440.79	1	文明施工费	(人工费)×1.5%	125.13
(一)	直接工程费	1~4 之和	15 548.60	2	工地器材搬运费	(人工费)×3.4%	283.62
1	人工费	技工费+普工费	8341.84	3	工程干扰费	(人工费)×6%	500.51
(1)	技工费	技工总工日×114 元/日	6161.70	4	工程点交、场地清理费	(人工费)×3.3%	275.28
(2)	普工费	普工总工日×61 元/日	2180.14	5	临时设施费	(人工费)×2.6%	216.89
2	材料费	主要材料费+辅助材料费	4773.10	6	工程车辆使用费	(人工费)×5%	417.09
(1)	主要材料费	国内主材费	4773.10	7	夜间施工增加费	(人工费)×2.5%	208.55
(2)	辅助材料费			8	冬雨季施工增加费	按实计列	
3	机械使用费	建筑安装工程机械使用费概预算表(表三)乙一总计	521.86	9	生产工具用具使用费	(人工费)×1.5%	125.13
4	仪表使用费	建筑安装工程仪器仪表使用费概预算表(表三)一总计	1911.80	10	施工用水电蒸汽费	按实计列	

续表

序号	费用名称	依据和计算方法	合计(元)	序号	费用名称	依据和计算方法	合计(元)
11	特殊地区施工增加费	按实计列		三	利润	(人工费) × 20%	1668.37
12	已完工程及设备保护费	按实计列		四	销项税金	(直接费 + 间接费 + 利润) × 10%(本书未算材料税)	2620.52
13	运土费	按实计列					
14	施工队伍调遣费	174 × (5) × 2	1740.00				
15	大型施工机械调遣费	按实计列					
二	间接费	规费 + 企业管理费	5096.03				
(一)	规费	1~4 之和	2810.37				
1	工程排污费	按实计列					
2	社会保障费	(人工费) × 28.5%	2377.42				
3	住房公积金	(人工费) × 4.19%	349.52				
4	危险作业意外伤害保险费	(人工费) × 1%	83.42				
(二)	企业管理费	(人工费) × 27.4%	2285.66				

设计负责人：×××　　　　审核：×××　　　　编制：×××　　　　编制日期：20××年6月

表 9-7 建筑安装工程量预算表(表三)甲

建设项目名称：××公司××市分公司中礼花苑 FTTH 小区接入一期工程

建设单位名称：××公司××市分公司

单项工程名称：××公司××市分公司中礼花苑 FTTH 小区接入一期线路工程

表格编号：20××0098S-B3　　　第　页

序号	定额编号	项目名称	单位	数量	单位定额值		合计值	
					技工	普工	技工	普工
I	II	III	IV	V	VI	VII	VIII	IX
1	TXL1—002	光(电)缆工程施工测量架空	百米	0.05	0.46	0.12	0.023	0.006
2	TXL1—003	管道光(电)缆工程施工测量	百米	2.672	0.35	0.09	0.9352	0.240 48
3	TXL2—008	挖、夯填光(电)缆沟、接头坑硬土	百立方米	0.02		55	0	1.1
4	TXL7—043	安装光缆落地式交接箱 288 芯以下	个	1	0.78	0.78	0.78	0.78
5	TXL7—039	砌筑交接箱基座	座	1	1.67	1.67	1.67	1.67
6	TXL4—001	布放光(电)缆人孔抽水积水	个	2	0.25	0.5	0.5	1
7	TXL4—011	敷设管道光缆 12 芯以下	千米条	0.245	5.5	10.94	1.3475	2.6803
8	TXL4—013	敷设管道光缆 36 芯以下	千米条	0.073	8.02	15.35	0.58546	1.12055
9	TXL5—074	桥架、线槽、网络地板内明布光缆	百米条	0.4	0.4		0.16	0
10	TXL4—050	穿放引上光缆	条	1	0.52	0.52	0.52	0.52
11	TXL4—054	布放钉固式墙壁光缆	百米条	0.05	1.76	1.76	0.088	0.088
12	TXL5—044	槽道光缆	百米条	0.15	0.5	0.5	0.075	0.075
13	TXL4—056	墙壁方式敷设蝶形光缆	百米条	7.5	2	2.5	15	18.75
14	TXL7—027	增(扩)装光纤一体化熔接托盘	块	5	0.1		0.5	0
15	TXL7—018	安装光纤信息插座双口	10 个	3	0.3		0.9	0
16	TXL6—003	机械法光缆接续	芯	30	0.1		3	0
17	TXL6—005	光缆成端接头束状	芯	60	0.15		9	0
18	TXL6—008	光缆接续 12 芯以下	头	2	1.5		3	0
19	TXL6—010	光缆接续 36 芯以下	头	1	3.42		3.42	0

续表

序号	定额编号	项目名称	单位	数量	单位定额值		合计值	
					技工	普工	技工	普工
I	II	III	IV	V	VI	VII	VIII	IX
20	TXL6—103	用户光缆测试 12 芯以下	段	1	0.92		0.92	0
21	TXL6—137	光分配网(ODN)光纤链路全程测试光纤链路衰减测试 1:64	链路组	1	0.93		0.93	0
22	TGD4—015	升、降人(手)孔上覆	处	1	2.95	3.05	2.95	3.05
23	TXL7—036	光分路器本机测试 1:64	套	1	0.7		0.7	0
		小于 100 工日调整 15%					47.00	31.08
		合计					54.05	35.74

设计负责人：×××　　　　审核：×××　　　　编制：×××　　　　编制日期：20××年 6 月

表 9-8　建筑安装工程机械使用费预算表(表三)乙

建设项目名称：××公司××市分公司中礼花苑 FTTH 小区接入一期工程

建设单位名称：××公司××市分公司

单项工程名称：××公司××市分公司中礼花苑 FTTH 小区接入一期线路工程

表格编号：20××0098S-B3A　　　　第　　页

序号	定额编号	项目名称	单位	数量	机械名称	单位定额值		合计值	
						数量	单价	数量	合价
						(台班)	(元)	(台班)	(元)
I	II	III	IV	V	VI	VII	VIII	IX	X
1	TXL6—010	光缆接续 36 芯以下	头	1	光纤熔接机	0.45	144	0.45	64.8
2	TXL6—010	光缆接续 36 芯以下	头	1	汽油发电机	0.25	202	0.25	50.5
4	TXL6—005	光缆成端接头	芯	60	光纤熔接机	0.03	144	1.8	259.2
5	TXL6—008	光缆接续 12 芯以下	头	2	光纤熔接机	0.2	144	0.4	57.6
6	TXL6—008	光缆接续 12 芯以下	头	2	汽油发电机	0.1	202	0.2	40.4
8	TXL2—008	挖、夯填光(电)缆沟、接头坑硬土	百立方米	0.02	夯实机	0.75	117	0.015	1.755
9	TXL4—001	布放光(电)缆人孔抽水积水	个	2	抽水机	0.2	119	0.4	47.6
		合计							521.86

设计负责人：×××　　　　审核：×××　　　　编制：×××　　　　编制日期：20××年 6 月

表 9-9　建筑安装工程仪器仪表使用费预算表(表三)丙

建设项目名称：××公司××市分公司中礼花苑 FTTH 小区接入一期工程

建设单位名称：××公司××市分公司

单项工程名称：××公司××市分公司中礼花苑 FTTH 小区接入一期线路工程

表格编号：20××0098S-B3B　　　第　页

序号	定额编号	项目名称	单位	数量	仪表名称	单位定额值		合计值	
						数量	单价	数量	合价
						(台班)	(元)	(台班)	(元)
I	II	III	IV	V	VI	VII	VIII	IX	X
1	TXL6—010	光缆接续 36 芯以下	头	1	光时域反射仪	0.95	153	0.95	145.35
2	TXL4—011	敷设管道光缆 12 芯以下	千米条	0.245	可燃气体检测仪	0.25	117	0.06	7.17
3	TXL4—011	敷设管道光缆 12 芯以下	千米条	0.245	有毒有害气体检测仪	0.25	117	0.06	7.17
4	TXL4—013	敷设管道光缆 36 芯以下	千米条	0.073	有毒有害气体检测仪	0.42	117	0.03	3.59
5	TXL4—013	敷设管道光缆 36 芯以下	千米条	0.073	可燃气体检测仪	0.42	117	0.03	3.59
6	TXL1—002	架空光(电)缆工程施工测量	百米	0.05	激光测距仪	0.05	119	0.00	0.30
7	TXL6—005	光缆成端接头	芯	60	光时域反射仪	0.05	153	3.00	459.00
8	TXL6—008	光缆接续 12 芯以下	头	2	光时域反射仪	0.7	153	1.40	214.20
9	TXL6—103	用户光缆测试 12 芯以下	段	1	光时域反射仪	0.15	153	0.15	22.95
10	TXL6—137	光分配网(ODN)光纤链路全程测试光纤链路衰减测试 1∶64	链路	30	稳定光源	0.15	117	4.50	526.50
11	TXL6—137	光分配网(ODN)光纤链路全程测试光纤链路衰减测试 1∶64	链路	30	光功率计	0.15	116	4.50	522.00
	合计								1911.80

设计负责人：×××　　　　审核：×××　　　　编制：×××　　编制日期：20××年 6 月

表 9-10　国内器材预算表(表四)甲
(需要安装的设备表)

建设项目名称：××公司××市分公司中礼花苑 FTTH 小区接入一期工程

建设单位名称：××公司××市分公司

单项工程名称：××公司××市分公司中礼花苑 FTTH 小区接入一期线路工程

表格编号：20××0098S-B4A-E　　第　　页

序号	名　称	规格程式	单位	数量	单价(元)	合计(元)	备　注
Ⅰ	Ⅱ	Ⅲ	Ⅳ	Ⅴ	Ⅵ	Ⅶ	Ⅷ
1	光缆交接箱	288 芯落地式箱体	座	1	4200	4200	
2	光缆托盘	12 芯(带尾纤、法兰盘)	套	4	180	720	安装于光缆交接箱
3	盒式分光器	1×64	套	1	1968	1968	安装于光缆交接箱
4	熔纤盘	12 芯	个	5	12	60	安装于楼层分线箱
5	小计					6984	
	合计					6948	

设计负责人：×××　　　审核：×××　　　编制：×××　　　编制日期：20××年 6 月

表 9-11　国内器材预算表(表四)甲
(主要材料表)

建设项目名称：××公司××市分公司中礼花苑 FTTH 小区接入一期工程

建设单位名称：××公司××市分公司

单项工程名称：××公司××市分公司中礼花苑 FTTH 小区接入一期线路工程

表格编号：20××0098S-B4A-M　　第　　页

序号	名　称	规格程式	单位	数量	单价(元)	合计(元)	备注
Ⅰ	Ⅱ	Ⅲ	Ⅳ	Ⅴ	Ⅵ	Ⅶ	Ⅷ
1	镀锌铁线	$\Phi 4.0$ mm	kg	6.47	7.5	48.53	
2	镀锌铁线	$\Phi 1.5$ mm	kg	1.98	7.8	15.44	
3	钢丝	$\Phi 1.5$ mm	kg	3	7.8	23.4	
4	地脚螺钉	M12××100	副	4	2	8	
5	粗砂		t	0.13	50	6.5	

续表

序号	名称	规格程式	单位	数量	单价(元)	合计(元)	备注
6	碎石	0.5～3.2 cm	T	0.24	37	8.88	
7	光纤面板	单口，含 SC 法兰	个	30	9	270	
8	光纤机械接续插头	SC 直插头，光纤直插型	套	30	27	810	
9	光缆标志牌		个	20	2	40	
10	地气棒	$\Phi16$ mm× 1800 mm	根	1	23	23	
11	软铜绞线	7/1.33 mm	kg	0.2	45	9	
12	钢钉线卡	32 mm	个	60	0.48	28.8	
13	钢钉线卡	12 mm	套	11	0.1	1.1	
14	小计(钢材及其他)					1292.65	
15	双壁波纹管	$\Phi110$ mm	m	4	18	72	
16	双壁波纹 PVC 塑料管	$\Phi28$ mm× 3 mm	m	8.55	2	17.1	
17	塑料子管	$\Phi32$ mm× 28 mm	m	36	3.5	126	
18	小计(塑料及其他制品)					215.1	
19	硅酸盐水泥	C32.5	kg	60	0.3	18	
20	小计(水泥及其他制品)					18	
21	皮线光缆	单芯 GJXFH	m	700	0.63	441	
22	光缆	GYTA—12B1	m	355	2.47	876.85	
23	光缆	GYTA—36B1	m	85	4.75	403.75	
	合计					4773.1	

设计负责人：×××   审核：×××   编制：×××   编制日期：20××年

表 9-12　工程建设其他费预算表(表五)甲

建设项目名称：××公司××市分公司中礼花苑 FTTH 小区接入一期工程

建设单位名称：××公司××市分公司

单项工程名称：××公司××市分公司中礼花苑 FTTH 小区接入一期线路工程

表格编号：20××0098S-B5A　　　　　第　页

序号	费用名称	计算依据及方法	金额(元)	备注
I	II	III	IV	V
1	建筑用地及综合补偿费			
2	建设单位管理费	(建筑安装工程费) × 1.5%	432.4	
3	可行性研究费			
4	研究试验费			
6	勘察费	管道光缆勘察长度 $L \leqslant 1.0$ km，勘察取费 2000 元；1.0 km$<L\leqslant$ 10.0 km，勘察取费 15 770 元	2000	
7	设计费	(建筑安装工程费) × 4.5%	1297.16	
8	环境影响评价费			
9	劳动安全卫生评价费			
10	建设工程监理费	(建筑安装工程费) × 4%	1153.03	
11	安全生产费	(建筑安装工程费) × 1.5%	432.39	
12	工程质量监督费			
13	工程定额测定费			
14	引进技术及引进设备其他费			
15	工程保险费			
16	工程招标代理费			
17	专利及专利技术使用费			
18	生产准备及开办费			
19	其他费用			
	合计		5314.98	

设计负责人：×××　　　审核：×××　　　编制：×××　　　编制日期：20××年 6 月

9.7　实　验　项　目

实验项目一：对 FTTx 光纤接入网络工程软件中小区场景进行工程勘察，绘制勘测草图。

目的要求：理解小区通信网络基本结构，掌握小区勘测的方法和步骤。

实验项目二：以实验项目一为基础，完成 FTTx 光纤接入网络工程软件中小区场景勘察设计模块的编制预算步骤。

目的要求：掌握小区接入工程的工程量统计和预算编制的基本方法。

本　章　小　结

本章主要介绍小区接入工程勘察设计和预算编制方法，主要内容包括：

(1) 小区接入工程的相关知识，包括小区接入工程的概念、分类，并概要性地介绍了与小区接入工程相关的接入网技术。

(2) 小区接入工程的勘察测量知识，包括勘察工作的目的和要求以及主要步骤。

(3) 小区接入工程设计基础知识，包括线路传输指标设计、机房和交接设备选址、路由设计、组网方案和设备材料选型。

(4) 小区接入工程设计文档的编制方法，包括设计说明和图纸的基本组成以及注意事项。

(5) 小区接入工程预算文档的编制方法，包括工程量和材料的统计方法、预算及其说明的编制。

(6) 以具体设计任务书为例，对勘察设计及预算编制各环节进行介绍。

复习与思考题

1. 简述小区接入工程的含义及其分类。
2. 简述 PON 的基本组成及它在 FTTx 工程中的作用。
3. 简述小区接入工程勘察的主要要求。
4. 列举小区接入工程常用材料。
5. 试述小区接入工程的工程量的具体统计规则及套用定额的方法。

参 考 文 献

[1]　孙青华，张志平，等. 光电缆线务工程(下)：光缆线务工程[M]. 北京：人民邮电出版社，2011.

[2]　陈小冬. FTTx 网络建设与维护[M]. 北京：人民邮电出版社，2014.

[3]　中华人民共和国工业和信息化部. 通信建设工程概算、预算编制办法[M]. 北京：人民邮电出版社，2008.

[4]　孙青华. 通信工程设计及概预算(上册)：通信工程设计及概预算基础[M]. 北京：高等教育出版社，2011.

[5]　孙青华. 通信工程设计及概预算(下册)：通信工程设计及概预算实务[M]. 北京：高等教育出版社，2012.

信息通信建设工程定额宣贯